中文版 Photoshop CC 必练 102 例

高军锋　编著

清华大学出版社

北京

内 容 简 介

本书选用102个在生活、工作中常见的实例，带你走进Photoshop的殿堂，即使对Photoshop陌生的读者也可以通过学习本书得心应手地应用它并创作出精美的图像。本书共分13章，从几分钟就能完成的简单实例开始，由浅入深地讲解图层、蒙版、滤镜的操作技巧，以及图像色彩的调整、特效字的制作、图像的合成、数码照片的处理、光影与图像的制作、电脑手绘的方法等内容。让读者通过一个个实例掌握Photoshop的各种操作技巧和图像创意方法。书中的实例效果新颖、实用，应用领域广泛。

本书可以作为广大初、中级读者Photoshop的自学成才指导书，还可以作为社会培训机构、高等院校平面设计专业的教材。

本书的配套资源以视频讲解的方式演示了Photoshop的基础操作，可以帮助读者快速地掌握Photoshop的操作技巧。另外，配套资源中还附有学习本书实例需要的图像素材。

本书封面贴有清华大学出版社防伪标签，无标签者不得销售。

版权所有，侵权必究。侵权举报电话：010-62782989 13701121933

图书在版编目(CIP)数据

中文版 Photoshop CC必练102例/高军锋编著．—北京：清华大学出版社，2020.6

ISBN 978-7-302-53923-0

Ⅰ．①中…　Ⅱ．①高…　Ⅲ．①图象处理软件　Ⅳ．①TP391.413

中国版本图书馆CIP数据核字(2019)第224353号

责任编辑：陈冬梅　李玉萍
装帧设计：刘孝琼
责任校对：王明明
责任印制：丛怀宇

出版发行：清华大学出版社

    网 址：http://www.tup.com.cn, http://www.wqbook.com
    地 址：北京清华大学学研大厦A座   邮 编：100084
    社 总 机：010-62770175   邮 购：010-62786544
    投稿与读者服务：010-62776969, c-service@tup.tsinghua.edu.cn
    质量反馈：010-62772015, zhiliang@tup.tsinghua.edu.cn

印 装 者：三河市龙大印装有限公司

经 销：全国新华书店

开 本：185mm×260mm   印 张：25.75   字 数：620千字

版 次：2020年6月第1版   印 次：2020年6月第1次印刷

定 价：88.00元

产品编号：073975-01

12年前我第一次接触电脑，那时连电脑的启动和关机都不知道该怎样操作。后来一个在广告公司工作的好友，他用不到2分钟的时间给我演示了如何为图像添加柔焦效果，并修饰了图像中人物衣服的颜色，一幅普通的图像顿时变得光彩照人。我当时不禁惊叹道："这简直就是奇迹，真不可想象啊！"从那以后我便像着了魔一样迷上了Photoshop。

如今，Photoshop已在图像处理、平面设计领域独领风骚十余年，几乎在各个领域都有它的身影，越来越多的人开始学习它。但是大部分人都在无奈地啃着枯燥的Photoshop教程，而且还常常遇到做不出来的实例，不禁感慨："想学会个软件怎么这么难啊！"

为了改善读者的学习状况，本着易学实用、尽可能详细地讲解Photoshop的各种操作技巧的宗旨，特别编写了本书，且附赠配套资源（其二维码见右侧）。扫描二维码后产生压缩包，压缩包中的视频演示了Photoshop的基础操作，并配有语音讲解，以使读者尽可能快速地掌握Photoshop的各种操作技巧。

没有接触过Photoshop的读者也不用担心，本书从最简单的小实例讲起。当你亲自完成那些小实例后，一定会对Photoshop更加感兴趣。兴趣是最好的老师，在兴趣的带领下，你将很快掌握书中各种精彩效果实例的制作方法，进而成为图像设计的行家里手。

在生活中经常会看到这种情况，有很多人可以熟练地操作Photoshop的每一个命令，似乎已对这个软件了如指掌，但是他们经常在想让图像实现某种效果时感到力不从心。因此，一个人的设计能力并不能用会操作多少个命令来衡量，只有将这些命令融会贯通，掌握其核心原理，才能真正得心应手地使用软件。因此，本书所挑选的实例很多都注重多个处理命令的配合使用，这样既可以开阔设计图像的思路，又能使读者对软件有更深刻、更系统的了解，从而更好地控制图像的最终效果。也唯有这样，当灵感闪现的时候，才能将图像按照心中所想进行升华，使整个作品焕发出奇异的光彩。

本书选择的实例涵盖Photoshop应用的多个领域，有很强的实用性。本书在制作实例的过程中，不但告诉你怎么做，还会告诉你为什么要这么做。综上所述，这是一本追求易学实用、努力教会你制作各种技巧效果并开拓设计思路的Photoshop学习用书。在本书的配套光盘中为广大读者提供了制作本书实例所需的图像素材和配有语音讲解的视频教学程序。

本书既可以作为广大初、中级读者快速上路的自学指导用书，也可以作为平面设计培训班和高等院校平面设计专业学生的配套教材。

本书在写作过程中难免有疏漏和不妥之处，还请广大读者多提宝贵意见和建议。

编　者

目　　录

中文版 Photoshop CC 必练 102 例

Photoshop CC

第0章　初次接触Photoshop必练4例

Photoshop并不要求使用者具备哪方面的专业基础。相反，它是一个人人都能使用的大众软件。许多人没有用过Photoshop，但谁没有在纸上涂抹过？有谁没有用剪刀拼接图片的经历？Photoshop最基本的功能就是画图和剪接图片。该软件中有类似生活中铅笔、毛笔、剪刀一样的工具。一旦开始接触Photoshop，你会觉得软件中的很多工具都似曾相识，就会体会到学习Photoshop并不是一件难事。

本章使用一些几分钟就能完成的简单实例，使读者了解Photoshop的实用功能和操作流程。这些实例虽然简单，但却能借此学会Photoshop的几个基本的绘图工具。对Photoshop陌生的读者由此会真切地感受到这个软件操作起来原来是那么方便。

0.1　绘制小鸭子

实例简介

本节内容面向没有使用过 Photoshop 的初学者，使用软件的 🪣（油漆桶工具）、✏（铅笔工具）、⭕（椭圆选框工具）绘制一幅神气的小鸭子的图画，你会感觉到 Photoshop 绘图工具就像日常生活中的工具一样简单好用。

最终效果

本例所绘制的小鸭子的图画如图 0.1 所示。

图 0.1　神气的小鸭子的图画

操作步骤

Step 01 启动 Photoshop。如果你的电脑里安装了中文版 Photoshop CC 2015，那么

在桌面上双击 Ps 图标即可启动 Photoshop，它的界面如图 0.2 所示。如果界面的颜色不是这样，在菜单栏中执行【编辑】>【首选项】>【界面】命令，在弹出的面板中将【颜色方案】设置为浅灰色，如图 0.3 所示。

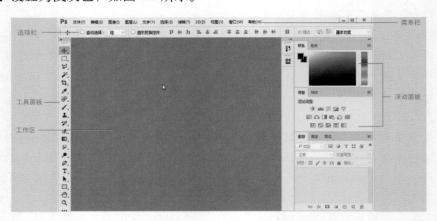

图 0.2　中文版 Photoshop CC 2015 的操作界面

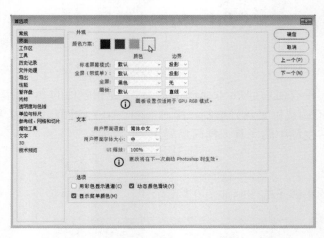

图 0.3　设置操作界面的颜色

> **说明：** Photoshop 的大部分常用功能都能在浮动面板上找到，并且可以改变浮动面板的位置。使用鼠标拖动浮动面板上的深灰色菜单条可以移动它的位置；双击深灰色菜单条可以使该面板最大化或最小化显示。

Step 02 新建图像。在菜单栏上执行【文件】>【新建】命令，打开【新建】对话框。在【名称】栏中输入新建图像的文件名，在【宽度】、【高度】栏中设置图像的尺寸，如图 0.4 所示。

Step 03 单击【确定】按钮，观察到此时在 Photoshop 的界面中出现了新建的图像文件窗口，如图 0.5 所示。

Step 04 设置所需的前景色。在工具栏中单击前景色设置图标，如图 0.6 所示。弹出【拾色器（前景色）】对话框，用鼠标在色相区、亮度/饱和度区单击，就可以方便地设置前景色。请将前景色设置为绿色，如图 0.7 所示。然后单击【确定】按钮。

图 0.4　【新建】对话框

图 0.5　出现新建文件窗口

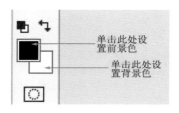

图 0.6　前／背景色设置图标

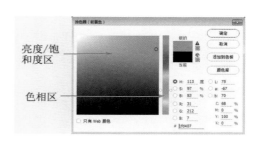

图 0.7　【拾色器（前景色）】对话框

Step 05 为图像填充前景色。在工具栏中按住 ▣（渐变工具）不放，在其下拉工具列表中选择 ◇（油漆桶工具），如图 0.8 所示。在图像中任意一处单击，画面就会被填充为前景色，如图 0.9 所示。

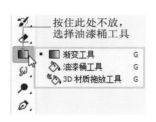

图 0.8　选择油漆桶工具

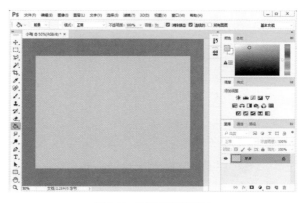

图 0.9　使用油漆桶填充

Step 06 在工具栏中用鼠标左键按住 ✎（画笔工具）不放，在其下拉工具列表中选择 ✐（铅笔工具），如图 0.10 所示。使用鼠标在画面上拖动，就可以随心所欲地绘制线条。如果你需要调节铅笔头的粗细，可以参照图 0.11 设置笔头直径的像素值。

Step 07 现在你手中的鼠标已经成为一支近似于实际生活中的铅笔。将前景色设置为草绿色，在工具栏中选择 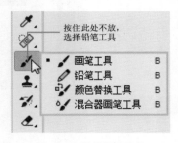 （铅笔工具），在视图中绘制封闭的曲线，如图0.12所示。

Step 08 如果绘错了，可在工具栏中选择 ✐ （橡皮擦工具），如图0.13所示。像设置铅笔的粗细一样，在选项栏中也可以设置橡皮头的粗细。用橡皮工具可以擦去你所绘错的线条，擦除区域的颜色取决于当前所设置的背景色。

图 0.10　选择铅笔工具

图 0.11　铅笔工具的选项栏

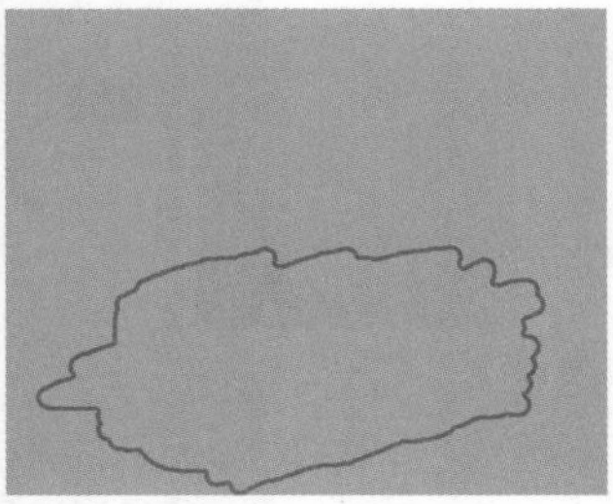

图 0.12　绘制封闭的图形

图 0.13　选择橡皮擦工具

Step 09 在工具栏上选择 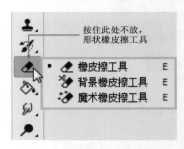 （油漆桶工具），在封闭的曲线内单击，此时图像的效果如图0.14所示。

Step 10 将前景色设置为深绿色。在工具栏中选择 ✐ （铅笔工具），绘制几簇小草的图案，如图0.15所示。

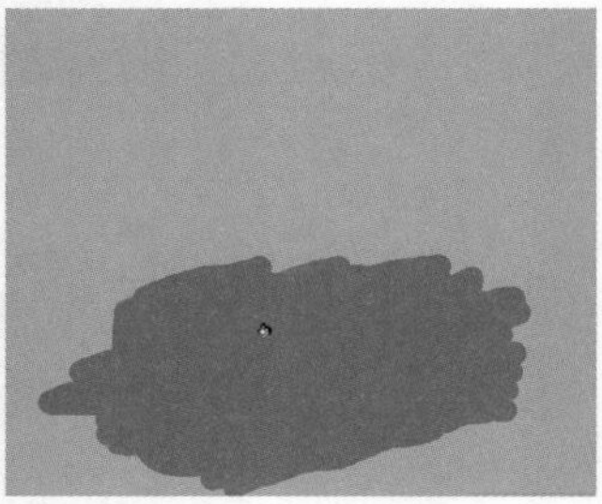

图 0.14　填充封闭的图形

图 0.15　绘制小草的图案

Step 11 将前景色设置为黑色。在工具栏中选择 ✐ （铅笔工具），绘制小鸭子的轮廓线条。如果对绘制的线条形状不满意，可以使用橡皮工具擦除不满意的线条。图像效果如图0.16所示。

Step 12 将前景色设置为黄色，在工具栏上选择  （油漆桶工具），在小鸭子的轮廓线条内单击，此时图像效果如图0.17所示。

图 0.16　绘制小鸭子的轮廓线条

图 0.17　使用油漆桶工具填充黄色

Step 13 在工具栏上按住 ⬚（矩形选框工具）不放，在其下拉工具列表中选择 ◯（椭圆选框工具），在小鸭子头部的眼睛区域建立椭圆选区。在视图中右击，在弹出的快捷菜单中选择【描边】命令，如图 0.18 所示。打开【描边】对话框，将描边【宽度】设置为 3 像素、【颜色】设置为【黑色】，单击【确定】按钮，效果如图 0.19 所示。

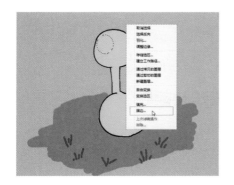

图 0.18　选择【描边】命令

图 0.19　描边后的图形效果

Step 14 将前景色设置为白色，在工具栏上选择 ◇（油漆桶工具），在椭圆图形内填充白色。将前景色设置为黑色，在工具栏中选择 ✐（铅笔工具），在眼睛区域绘制眼珠图形，如图 0.20 所示。

Step 15 在工具栏中选择 ✐（铅笔工具），继续绘制小鸭子的嘴、足的轮廓线条，如图 0.21 所示。

图 0.20　绘制眼睛区域眼珠的图案

图 0.21　绘制嘴、足的轮廓线条

Step 16 将前景色设置为橙色，在工具栏上选择 ◇（油漆桶工具），在小鸭子的嘴、足的轮廓线条内单击，效果如图0.22所示。这样，小鸭子就绘制完成了。虽然图画很简单，但我们由此学会了Photoshop的几个绘图工具。

Step 17 现在保存作品。在菜单栏上执行【文件】>【存储为】命令，打开【另存为】对话框。输入文件名"神气的小鸭子"，设置图像格式为bmp，如图0.23所示，单击【保存】按钮即可。

图 0.22　完成的小鸭子图画　　　　　　　　　图 0.23　【另存为】对话框

0.2　更换帽子和皮球的颜色

实例简介

以前看到有人瞬间将图片中红色的衣服变成了黄色，心中赞叹不已。由此，我才对Photoshop念念不忘。后来我也学会了Photoshop，原来羡慕已久的绝技仅需要用鼠标拖动一个色彩调整命令中的滑杆而已。现在就把这招绝技原封不动地教给大家，将为一幅图像中人物的帽子和皮球更换颜色。

最终效果

本例将图像中的帽子和皮球的颜色进行更换，得到的几种效果如图0.24所示。

图 0.24　使用色彩调整命令更换帽子和皮球的颜色

Photoshop CC

操作步骤

Step 01 启动 Photoshop。在菜单栏上执行【文件】>【打开】命令，弹出【打开】对话框。打开本书配套资源【素材】>【第0章】文件夹中的"衣服变色.jpg"图像文件，这是一幅小女孩和皮球的图像，如图 0.25 所示。

Step 02 选取图像中帽子的区域。在工具栏中按住 ◯（套索工具）不放，在其下拉工具栏中选择 ☑（多边形套索工具），沿帽子边缘依次单击，将帽子的区域选择，观察到此时帽子周围会出现游动的蚂蚁线，如图 0.26 所示。

图 0.25　打开一幅小女孩和皮球的图像　　　　图 0.26　帽子周围出现游动的蚂蚁线

> **说明：** 当需要修改图像的局部区域时，通常要建立选择区域来限制修改的范围。选区建立后会出现游动的蚂蚁线，蚂蚁线的内部区域为被选区域。

Step 03 调整帽子的颜色。在菜单栏上执行【图像】>【调整】>【色相/饱和度】命令，打开【色相/饱和度】对话框。使用鼠标拖动【色相】栏中的调节滑块，观察到帽子的颜色产生了变化，如图 0.27 所示。

Step 04 在菜单栏上执行【选择】>【取消选择】命令，观察到帽子周围的蚂蚁线消失了。

Step 05 在工具栏中选择 ☑（多边形套索工具），沿皮球边缘依次单击，将图像中皮球的区域选中。在菜单栏上执行【图像】>【调整】>【色相/饱和度】命令，打开【色相/饱和度】对话框。使用鼠标拖动【色相】栏中的调节滑块，调整皮球的颜色，如图 0.28 所示。

图 0.27　拖动色相调节滑杆调整帽子的颜色　　　　图 0.28　拖动色相调节滑杆调整皮球的颜色

Step 06 使用上面介绍的方法可以根据你的喜好将小女孩的帽子和皮球调节成多种颜色，如图 0.29 所示。

图 0.29　将帽子和皮球调节成各种颜色

0.3　拼合两张图片

实例简介

　　Photoshop 的中文意思是"照片商店"，它可以完成以前摄影师只有在暗房里才能做到的特技效果，但它却远比暗房功能更强大、更省力。有人称 Photoshop 为"暗房终结者"一点也不过分，因为现在几乎没有人躲在阴暗潮湿的暗房里做特技了。过去在暗房里经常做的是将两张底片上的景物洗印到一张照片上，那可是一项很复杂的制作工艺。而现在使用 Photoshop 可以很方便快捷地将两幅图像中的内容合成到一幅图像中。使用这种合成技术，你可以和总统握手，或者拥有一张你自己登上月球的画面。而这个操作只需要几分钟！本例介绍将地面上停放的飞机图像合成到山区的天空图像中。

最终效果

　　地面上停放的飞机图像、山区的天空图像以及合成后的效果如图 0.30 所示。

图 0.30　将地面上停放的飞机图像合成到山区的天空图像中

操作步骤

Step 01 启动 Photoshop。在菜单栏上执行【文件】>【打开】命令，打开本书配套资源【素材】>【第 0 章】文件夹中的 "飞机 .jpg" "天空 .jpg" 图像文件。这样就在操作界面中同时打开了两幅图像，如图 0.31 所示。

图 0.31　同时打开两幅图像

Step 02 选择图像中飞机的区域。在工具栏中选择 ▽ (多边形套索工具)，沿着飞机的轮廓依次单击，观察到飞机的周围显示出游动的蚂蚁线，表示该区域被选择。

Step 03 在工具栏上选择 ✛ (移动工具)，在选择区域内按住鼠标左键不放，将选择的图像区域拖曳到天空的图像中后释放鼠标，如图 0.32 所示。

图 0.32　将选区内的图像拖曳到天空图片中

> **说明：** 通过上面的步骤飞机的图像已经被复制到天空的图像中。但是飞机的大小和位置并不合适。现在调整它的大小。

Step 04 在菜单栏上执行【编辑】>【自由变换】命令，观察到飞机的周围出现了变换控制框，如图 0.33 所示。使用鼠标拖动调节手柄，观察到飞机的大小随之发生变化。将飞机调整到合适大小，在选项栏中按下 ☑ （进行变换）按钮，这样就改变了飞机的大小。

Step 05 在工具栏中选择 ✛ （移动工具），在视图中拖动鼠标即可移动飞机图形。将飞机拖动到合适的位置，如图 0.34 所示。

图 0.33　出现变换控制框　　　　　　　　　　　图 0.34　拖动到合适的位置

Step 06 合并图层。在菜单栏上执行【窗口】>【图层】命令，打开【图层】面板。观察到图层面板上显示有两个图层栏，这表示图像中有两个图层。单击【图层】面板右上角的 ▤ 图标，弹出图层命令面板。选择【拼合图像】命令，如图 0.35 所示。这样，两个图层就被拼合成为一个图层。

Step 07 将图像另存一个文件。在菜单栏上执行【文件】>【存储为】命令，为文件输入新名称，单击【保存】按钮。如图 0.36 所示。这样就完成了合成图片的全过程。

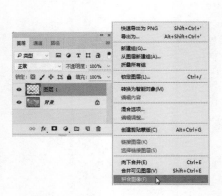

图 0.35　选择【拼合图像】命令　　　　　　　　图 0.36　输入新文件名

0.4　为图片加入文字

实例简介

为画面加入文字是经常遇到的工作。在 Photoshop 中能很方便地加入各种字体、各种颜色的文字。下面介绍为一幅帆船的图像加入文字。

最终效果

本例帆船的图像和为其加入文字后的效果如图 0.37 所示。

图 0.37　帆船的图像和为其加入文字后的效果

操作步骤

Step 01 启动 Photoshop。在菜单栏上执行【文件】>【打开】命令，打开本书配套资源【素材】>【第 0 章】文件夹中的"帆船 .jpg"图像文件，这是一幅帆船在海上航行的图片，如图 0.38 所示。

Step 02 在工具栏中选择 **T** （横排文字工具），在画面上单击，会出现闪烁的光标。这时就可以使用键盘输入文字了。本例输入"乘风破浪"，如图 0.39 所示。

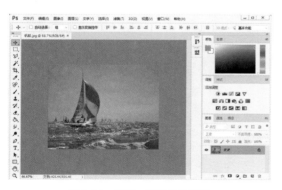

图 0.38　打开一幅帆船的图像　　　　　　图 0.39　使用文字工具输入汉字

Step 03 在工具栏选择 **T** （横排文字工具）时，在菜单栏下方即会显示出文字工具的选项栏，如图 0.40 所示。这时将视图中的文字选中，在选项栏上可以再次改变文字的字体、颜色、字号等。

图 0.40　文字工具的选项栏

Step 04 也可以在【字符】面板设置文字的各种属性。在菜单栏上执行【窗口】>【字符】命令，打开【字符】面板。使用鼠标将"乘风"两字选中，设置参数如图 0.41 所示。

Step 05 在选项栏中单击 工（创建文字变形）按钮，打开【变形文字】面板。在该面板中将【样式】设置为【波浪】，观察到图像中的文字产生了波浪状的变形，如图 0.42 所示。

图 0.41　改变文字的字体　　　　　　　　　　　图 0.42　设置文字变形

Step 06 使用【样式】面板的功能可以快捷地为文字制作特效。在菜单栏上执行【窗口】>【样式】命令，打开【样式】面板。单击【样式】面板中的【雕刻天空】按钮，观察到文字产生雕刻效果，并且呈现天空的蓝色，效果如图 0.43 所示。

Step 07 在【样式】面板中单击一种按钮就可以为文字选择一种效果，例如单击【内斜面投影】按钮，即可使文字产生内斜面并且投下阴影的效果，如图 0.44 所示。

图 0.43　使用【样式】面板制作特效　　　　　图 0.44　使用【内斜面投影】的文字特效

Photoshop CC

第1章　图层操作必练8例

本章学习图层的操作技巧。图像的最终效果常常是多个图层相混合所得到的，而图层的混合模式有多种，比如使用上层图像的饱和度与下层图像的亮度相叠加等。许多图像中梦幻般的效果都是通过调节图层的混合模式来实现的。熟练掌握图层的操作技巧是运用好Photoshop的必要基础。

1.1　图层的运用

实例简介

本例使用一片树叶和一个球状图案素材，将它们多次复制、变形并调整其大小、颜色。通过这个实例来学习复制图层中所选择的区域、变换图层中的图像、根据需要重新排列图层的顺序等操作。

最终效果

本例的最终效果如图 1.1 所示。

图1.1　最终效果

操作步骤

Step 01 启动 Photoshop。在菜单栏上执行【文件】>【打开】命令，打开本书配套资源【素材】>【第 1 章】文件夹中的 "101.jpg" 图像文件，这是一幅由蓝色渐变色填充的背景图像，如图 1.2 所示。

Step 02 在菜单栏上执行【文件】>【打开】命令，打开配套资源【素材】>【第 1 章】文件夹中的 "102.jpg" 图像文件，这是一幅树枝的图像，如图 1.3 所示。

图1.2 渐变色背景图像

图1.3 一树枝的图像

Step 03 在工具栏中选择 魔棒工具工具，在图像中的灰色区域单击鼠标选择灰色区域，在菜单栏上执行【选择】>【反选】命令，观察到树枝区域被选择，边缘出现游动的蚂蚁线，如图1.4所示。

Step 04 在工具栏中选择 移动工具（移动工具），按住鼠标左键不放，拖曳鼠标，将树枝图形拖动到蓝色背景图像中，并将其放置在合适的位置，效果如图1.5所示。

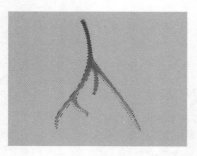

图1.4 选择树枝图形

图1.5 拖动到背景图像

Step 05 此时在【图层】面板上多了一个【图层1】图层，如图1.6所示。打开本书配套资源【素材】>【第1章】文件夹中的"103.jpg"图像文件，这是一幅树叶的图像，使用步骤3中介绍的方法选择树叶区域，如图1.7所示。

图1.6 【图层】面板上的状态

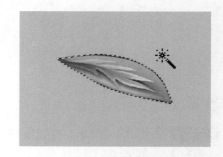

图1.7 选择树叶区域

Step 06 在菜单栏上执行【编辑】>【副本】命令，激活"101.jpg"图像文件的窗口，在菜单栏上执行【编辑】>【粘贴】命令，观察到树叶图像被复制到画面中，如图1.8所示。此时【图层】面板状态如图1.9所示。

Photoshop CC

图 1.8　将树叶图像复制到画面中

图 1.9　复制树叶后的【图层】面板状态

Step 07 在工具栏中选择 ✛（移动工具），按住鼠标左键不放拖动鼠标，将树叶图形移动到合适的位置，释放鼠标后，效果如图 1.10 所示。

Step 08 复制树叶图层，使画面更加丰富。在【图层】面板上，按住左键不放，拖动【图层 2】图层到 🖿（创建新图层）按钮上，如图 1.11 所示。

图 1.10　将树叶图形拖动到合适的位置

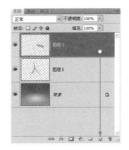

图 1.11　复制【图层 2】图层

Step 09 释放鼠标，观察到【图层】面板上又增加了一个图层，如图 1.12 所示。在工具栏中选择 ✛（移动工具），在图像中拖动鼠标，观察到图像中多了一片树叶，如图 1.13 所示。

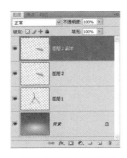

图 1.12　【图层】面板上又增加一个图层

图 1.13　图像中增加了树叶图形

> **说明：**
> 　快捷方法：当需要复制图层时，在【图层】面板上的图层栏单击右键，在弹出的快捷菜单中选择【复制图层】命令，即可快捷地将图层复制。

Step 10 使用【自由变换】命令调整图形的大小。在菜单栏上执行【编辑】>【自由变换】命令，观察到在树叶图形周围出现了调节手柄，用鼠标拖动调节手柄，即可调整树叶的大小，如图 1.14 所示。调整满意后按 Enter 键确认。

Step 11 在【图层】面板上，按住左键不放，拖动【图层2】图层到 ▣（创建新图层）按钮上，释放鼠标，再次复制树叶图形。在菜单栏上执行【编辑】>【自由变换】命令，调整复制图形的大小和位置，如图 1.15 所示。

图 1.14　调整树叶图形大小　　　　　　　　　图 1.15　调整复制图形的大小和位置

Step 12 【自由变换】命令不但可以改变图像的大小、角度，还可以对图像进行变形。拖动【图层2】图层到 ▣（创建新图层）按钮上，再次复制树叶图形。

Step 13 在菜单栏上执行【编辑】>【自由变换】命令，在选项栏中按下 ▣（在自由变换和自由模式之间切换）按钮，观察到变换控制框内出现网格和调节手柄，拖动调节手柄改变树叶的形状，如图 1.16 所示。

Step 14 打开本书配套资源【素材】>【第1章】文件夹中的"水晶球.psd"图像文件，如图 1.17 所示。

图 1.16　调整复制图形的形状和位置　　　　　图 1.17　打开一幅水晶球图像文件

Step 15 使用本例前面介绍的方法将水晶球图案复制到树叶图像中，如图 1.18 所示。

Step 16 在【图层】面板上，按住左键不放，拖动水晶球所在的图层栏到 ▣（创建新图层）按钮上，复制水晶球图层。在菜单栏上执行【编辑】>【自由变换】命令调整水晶球图形的大小和位置，如图 1.19 所示。

Step 17 再次复制水晶球图层。在菜单栏上执行【编辑】>【自由变换】命令，调整复制图像的大小和位置，如图 1.20 所示。

Step 18 经过多次这样的操作，画面中水晶球变得多了起来。在【图层】面板上可以清楚地看到图像中图层的排列状态。如果想对图像中的某一个图层进行调整，就要在【图层】面板上激活该图层栏，如图 1.21 所示。

图 1.18　将水晶球图形复制到画面中

图 1.19　调整复制图形的大小和位置

图 1.20　调整复制图形的大小和位置

图 1.21　激活需要调整图形的图层栏

Step 19 调节各图层的颜色。在菜单栏上执行的【图像】>【调整】>【色相／饱和度】命令，打开【色相／饱和度】对话框，如图 1.22 所示。拖动【色相】调节滑块，观察到图层的颜色发生了变化，如图 1.23 所示。

图 1.22　【色相／饱和度】对话框

图 1.23　拖动滑块调整图像颜色

Step 20 用鼠标在【图层】面板上激活其他图层栏，使用同样的方法将水晶球各图层调节成不同的颜色，效果如图 1.24 所示。

Step 21 在【图层】面板上，单击右上角的 图标，在其下拉菜单中选择【拼合图像】命令，如图 1.25 所示。在菜单栏上执行【文件】>【存储为】命令，将该作品保存为一个新的文件。

图1.24　调整水晶球各图层的颜色

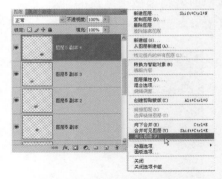

图1.25　拼合图像并进行保存

1.2　图层的变换

实例简介

　　本例在一幅纸飞机的图像上贴上花纹拼合成人物的图像，将用到【变换】命令组的其他命令，将图像进行各种扭曲和倾斜。操作时要使图像产生远小近大的透视效果，使其符合透视原理。

最终效果

　　实例的原始图像如图 1.26 所示。为纸飞机贴上花纹拼合成人物的图像的效果如图 1.27 所示。

图1.26　原始图像

图1.27　图像的最终效果

操作步骤

　　Step 01 启动 Photoshop。在菜单栏上执行【文件】>【打开】命令，打开本书配套资源【素材】>【第 1 章】文件夹中的"纸飞机 .psd"图像文件，这是在一幅风景背景之上绘制了一个纸飞机的图像，如图 1.28 所示。

　　Step 02 在菜单栏上执行【文件】>【打开】命令，打开配套资源【素材】>【第 1 章】

文件夹中的"贴图01.jpg"图像文件。

Step 03 在菜单栏上执行【选择】>【全选】命令，将贴图图像的区域全部选中。在工具栏中选择 ✛（移动工具），将贴图拖动到风景图像中，如图1.29所示。

图1.28　打开一幅纸飞机的图像

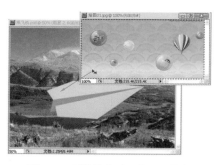

图1.29　将贴图拖动到风景图像中

Step 04 在菜单栏中执行【编辑】>【自由变换】命令，在贴图的四周即会出现变换调节框；在图像中单击鼠标右键，在弹出的快捷菜单中选择【扭曲】命令，如图1.30所示。

Step 05 使用鼠标拖动调节框四角的手柄,贴图图案随即被改变形状,如图1.31所示。

图1.30　选择【扭曲】命令

图1.31　调整贴图形状

Step 06 在【图层】面板上，将贴图所在图层的【不透明度】设置为60%，如图1.32所示。观察到贴图图层呈现半透明状态，此时透过贴图可以看到下层纸飞机的图像。

Step 07 在工具栏中选择 ⯒（多边形套索工具），选择贴图图形上部多余的区域，如图1.33所示，按Delete键将其删除。

图1.32　设置贴图图层的不透明度

图1.33　选择贴图图形多余的区域删除

Step 08 在工具栏中选择 ⬊（多边形套索工具），选择贴图图形下部多余的区域，在图像中右击，弹出快捷菜单后选择【通过剪切的图层】命令，如图 1.34 所示。此操作会将选区内的图像剪切到新的图层。

Step 09 在菜单栏中执行【编辑】>【变换】>【扭曲】命令，对剪切到新图层中的图案进行扭曲变形操作，如图 1.35 所示。

图 1.34　将多余图形剪切到新的图层

图 1.35　对剪切图形进行扭曲变形

Step 10 在菜单栏上执行【图像】>【调整】>【亮度/对比度】命令，打开【亮度/对比度】对话框，向左拖动亮度调节滑块，降低贴图的亮度，效果如图 1.36 所示。

Step 11 在工具栏中选择 ⬊（多边形套索工具），选择图案下部的多余区域，如图 1.37 所示。按 Delete 键将其删除。

图 1.36　降低贴图的亮度

图 1.37　选择下部多余的区域删除

Step 12 在工具栏中选择 ✛（移动工具），再次将"贴图 01.jpg"图像拖动到视图中。在菜单栏中执行【编辑】>【变换】>【扭曲】命令，使用鼠标拖动调节框四角的手柄，使贴图改变形状，如图 1.38 所示。

Step 13 在【图层】面板上，将贴图所在图层的【不透明度】设置为 60%，如图 1.39 所示。在工具栏中选择 ⬊（多边形套索工具），选择贴图图形多余的区域，按 Delete 键将其删除。

Step 14 在菜单栏上执行【图像】>【调整】>【色相/饱和度】命令，打开【色相/饱和度】对话框，在【色相】栏中拖动调节滑块，改变贴图颜色，如图 1.40 所示。满意后单击【确定】按钮。

Step 15 在【图层】面板上选择其他贴图图层，在菜单栏上执行【图像】>【调整】>【色相/饱和度】命令，调节各图层贴图的颜色，调整后的效果如图 1.41 所示。

Photoshop CC

图 1.38　使贴图扭曲变形

图 1.39　设置贴图图层的不透明度

图 1.40　调整贴图颜色

图 1.41　调整后的图形效果

Step 16 在菜单栏上执行【文件】>【打开】命令，打开本书配套资源【素材】>【第 1 章】文件夹中的"人物 01.jpg"图像文件，这是一幅有两个人物坐在台阶上的图像。在工具栏中选择 ☑（多边形套索工具），选择图像中的人物区域，如图 1.42 所示。

Step 17 在菜单栏上执行【图像】>【副本】命令，将选区中的图像复制到剪贴板中。激活纸飞机图像，在菜单栏中执行【图像】>【粘贴】命令，将人物粘贴到该图像中。效果如图 1.43 所示。

图 1.42　选择图像中的人物区域

图 1.43　将人物图像粘贴到飞机图像中

Step 18 在菜单栏中执行【编辑】>【自由变换】命令，当贴图四周出现变换控制框后，拖动控制框四角的控制手柄改变人物的大小，如图 1.44 所示。

Step 19 在工具栏中选择 ☑（多边形套索工具），选择人物腿部多余的区域，按 Delete 键将其删除。在菜单栏中执行【选择】>【取消选择】命令，取消图像中的选区。本例的最终效果如图 1.45 所示。

图 1.44 调整人物图像的大小   图 1.45 本例的最终效果

1.3 图层的混合模式

实例简介

Photoshop 中的图像可以是多层的，上层的图像可以遮盖下层的图像。然而，图层的功能远不止这些，这是因为图层之间有多种混合模式。我们可以使用上层图像的亮度与下层图像的色相相混合，也可以以将上层图像的色相与下层图像的饱和度相叠加，等等。这样图层混合后就产生了多种效果。本例在风景图层之上叠加光芒图层，利用不同的图层混合模式产生多种图层的叠加效果。

最终效果

本例将产生多种图层叠加效果，图 1.46 和图 1.47 是其中的两种图层叠加效果。

图 1.46 图层叠加效果（1）   图 1.47 图层叠加效果（2）

操作步骤

Step 01 启动 Photoshop。打开本书配套资源【素材】>【第 1 章】文件夹中的"湖面 .jpg"图像文件，这是一幅傍晚的风景图片，如图 1.48 所示。再打开"光芒 .jpg"图像文件，这是一幅光芒的图片，如图 1.49 所示。

Step 02 在菜单栏上执行【编辑】>【副本】命令，激活风景图片的窗口，在菜单栏上执行【编辑】>【粘贴】命令，观察到光芒的图层覆盖住了风景的图层。在【图层】

面板上将光芒图层的混合模式设置为【滤色】，观察到上层图像的颜色与下层图像融合在一起，如图 1.50 所示。

图 1.48　傍晚的风景图片

图 1.49　光芒的图片

> **注释**
>
> 　　【滤色】效果产生的原理是：上层中的图像以非线性的方式与下层图像的色彩和亮度相加，这种非线性的方式保证了图像中的所有像素均不超过图像能够显示的最高亮度的阈值。实际效果就像在一幅图片上用幻灯机又投射上了另一幅图片。

Step 03 在【图层】面板上将光芒图层的混合模式设置为【强光】，此时图形效果如图 1.51 所示。

> **注释**
>
> 　　【强光】效果产生的原理是：上层中的像素亮度如果超过 50% 的灰色，则会与下层图像的色彩和亮度进行相加计算，上层中的像素亮度如果低于 50% 的灰色，则会使下层图像变暗。实际效果就像在一幅图片上用强烈的聚光灯投射另一幅反差强烈的图片。

图 1.50　设置图层混合模式为【滤色】

图 1.51　设置图层混合模式为【强光】

Step 04 在【图层】面板上将光芒图层的混合模式设置为【亮光】，此时图形效果如图 1.52 所示。

> **注释**
>
> 　　【亮光】混合模式的作用原理是：上层图像的像素亮度如果超过 50% 的灰色，则减少图像的对比度使图像变亮；上层图像的像素亮度如果低于 50% 的灰色，则增加图像的对比度使图像变暗；最终得到的效果是亮处的像素越亮，暗处的像素越暗。

Step 05 在【图层】面板上将光芒图层的混合模式设置为【点光】，混合后的效果如图 1.53 所示。

> **注释**
> 　　【点光】混合模式的作用原理是：两个图层中图像的像素亮度均值如果超过50%的灰色，则以两个图层中较亮的像素作为混合后的像素；两个图层中图像的像素亮度均值如果低于50%的灰色，则以两个图层中较暗的像素作为混合后的像素。

图 1.52　设置图层混合模式为【亮光】　　　　图 1.53　设置图层混合模式为【点光】

Step 06 在实际应用中，除了运用混合模式在图像中叠加新的内容外，也经常使用混合模式将相同内容的图层进行混合，从而使图像改变色调。例如在本例中，删除【背景】图层之外的其他图层，复制【背景】图层，使图像增加一个背景图层，如图 1.54 所示。

Step 07 将复制的【背景】图层的混合模式设置为【正片叠底】，观察到图像变暗了，如图 1.55 所示。这种方法纠正一些由于拍摄时曝光过度造成的图片偏亮的缺陷。

图 1.54　删除其他图层并复制【背景】图层　　　图 1.55　设置图层混合模式为【正片叠底】

Step 08 将复制的【背景】图层的混合模式设置为【滤色】，观察到图像变亮了，如图 1.56 所示。这种方法纠正一些由于拍摄时曝光不足造成的图片偏暗的缺陷。如果想使图片更亮一些，可以将该图层复制，这样图像中就有了两个【滤色】混合模式的图层，图片进一步变亮，图像中暗部的层次更加丰富，如图 1.57 所示。

Step 09 也经常使用单色图层与原有的图像进行混合，用于改变图像的颜色。例如在本例中，删除【背景】图层之外的其他图层。在【图层】面板上单击 ◻ （创建新图层）按钮，新建一个图层。将该图层填充为青色，设置其图层混合模式为【颜色】，观察到图像变成青色调，如图 1.58 所示。

Step 10 选择青色图层，在菜单栏上执行【图像】>【调整】>【色相/饱和度】命令，拖动调节滑块进行调整，观察到图像的色调随之发生改变。本例将青色图层改变为黄色图层，图像的效果如图 1.59 所示。

图 1.56　设置图层混合模式为【滤色】

图 1.57　再次叠加【滤色】混合模式

图 1.58　设置图层混合模式为【颜色】

图 1.59　拖动调节滑块设置图像色调

1.4　混合模式与滤镜配合

实例简介

通过前面的实例我们知道凭借图层的混合模式可以产生多种图层叠加效果。如果选择恰当的图层混合模式与各种滤镜巧妙地配合应用就能产生更多特效。本例将图层的混合模式与滤镜配合使用，将一幅卡通画修改成线条绘画、毛毯印刷效果和淡彩绘画效果。

最终效果

本例制作的线条绘画、毛毯印刷效果和淡彩绘画效果如图 1.60 所示。

图 1.60　图层混合模式与滤镜配合使用后的效果

操作步骤

Step 01 启动 Photoshop。打开本书配套资源【素材】>【第 1 章】文件夹中的"卡通少女 .jpg"图像文件，如图 1.61 所示。

Step 02 复制【背景】图层，在菜单栏上执行【图像】>【调整】>【反相】命令，此时图像的效果如图 1.62 所示。

图 1.61　打开一幅卡通少女图片

图 1.62　执行【反相】后的图像效果

Step 03 在【图层】面板上将【背景副本】图层的混合模式设置为【线性减淡】，如图 1.63 所示。此时图像的最终效果应为纯白色。

Step 04 在菜单栏上执行【滤镜】>【模糊】>【高斯模糊】命令，在弹出的【高斯模糊】对话框中，设置【半径】参数为 1 像素，此时图像出现淡淡的线条。如图 1.64 所示。

图 1.63　设置图层混合模式为【线性减淡】

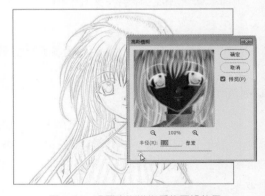

图 1.64　设置高斯模糊后的图像效果

Step 05 复制背景图层。按住 Shift 键，将【背景副本】与【背景副本 2】图层同时选择，单击【图层】面板右上角的 ≡ 图标，在其下拉菜单中选择【合并图层】命令。

Step 06 在菜单栏上执行【图像】>【调整】>【去色】命令，再执行【图像】>【调整】>【亮度 / 对比度】命令，打开【亮度 / 对比度】对话框，拖动调节滑块，适当降低图像亮度、提高对比度。观察到图像呈现单线条绘画的效果，如图 1.65 所示。

Step 07 复制背景图层。将复制得到的图层与单线条绘画图层合并。将合并后的图层的混合模式设置为【溶解】，适当降低该图层的【不透明度】参数，得到卡通画印刷在毛毯或类似材质上的效果，如图 1.66 所示。

图1.65 图像呈现单线条绘画的效果

图1.66 卡通画印刷在毛毯上的效果

Step 08 图层的混合模式与滤镜配合使用还可以得到许多图像特效。例如在本例步骤4中，将【高斯模糊】的【半径】参数设置为70像素，则会得到线条淡彩绘画效果，如图1.67所示。图1.68中的效果是将【半径】参数设置为200像素的效果。

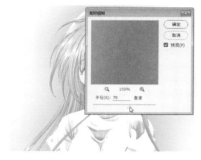

图1.67 线条淡彩绘画效果

图1.68 设置模糊半径为200像素的效果

1.5 混合模式与蒙版配合

实例简介

　　图层的混合模式与蒙版配合使用可以像万花筒一样使图像产生千变万化的特殊效果。本例将使用这种方法在一幅风景的图像中制作薄雾效果。

最终效果

　　本例风景的原始图像与制作薄雾后的效果如图1.69所示。

图1.69 制作薄雾前后的效果对比

操作步骤

Step 01 启动 Photoshop。打开配套资源【素材】>【第 1 章】文件夹中的"园景 .jpg"图像文件，这是一幅园林的图片。在【图层】面板上单击 ▣ （创建新图层）按钮，新建一个图层，如图 1.70 所示。

Step 02 在菜单栏上执行【滤镜】>【渲染】>【云彩】命令，此时在新图层中出现滤镜生成的云层图像，如图 1.71 所示。

图 1.70　打开图片并新建图层　　　　　　　　　图 1.71　执行"云彩"命令后的效果

Step 03 在【图层】面板上，将云彩图层的混合模式设置为【滤色】，此时图像上方呈现出笼罩了一层薄雾的效果，如图 1.72 所示。

Step 04 在菜单栏上执行【图像】>【调整】>【亮度/对比度】命令，拖动调节滑块设置雾效的强烈程度，如图 1.73 所示。

图 1.72　设置图层混合模式为【滤色】　　　　　　图 1.73　拖动滑块调节雾效的强烈程度

Step 05 在【图层】面板下方单击 ▣ （添加图层蒙版）按钮，在工具栏上选择 ▣ （渐变工具），在图层中从上至下填充由灰色至白色的渐变色，观察到图像中雾的效果由上至下逐渐变浓，如图 1.74 所示。

Step 06 在【图层】面板下方单击 ▣ （创建新图层）按钮，新建一个图层。在工具栏中选择 ✐ （画笔工具），在图像中水面的上方绘制一条横向的白线，如图 1.75 所示。

Step 07 在菜单栏上执行【滤镜】>【模糊】>【高斯模糊】命令，拖动调节滑块使白线变得模糊。在【图层】面板上，适当降低该图层的【不透明度】，通过这样的方法可调节水面区域雾效的强烈程度，最终如图 1.76 所示。

图 1.74　雾的效果由上至下逐渐变浓

图 1.75　在水面的上方绘制横向白线

图 1.76　设置水面上雾效的强烈程度

1.6　调整图层的运用

实例简介

　　调整图层是一种特殊的图层，在调整图层中并没有图像内容，而是可以置入色相、对比度等调整命令，这些命令可对下层的图层产生作用。调整图层相对于单纯的调整命令来说，它的优势在于可以反复地修改参数并实时地显示图层叠加后的最终效果。在本例中，图像要依次使用【亮度／对比度】、【色彩平衡】、【色相／饱和度】3 种调整命令。如果使用单纯的调整命令进行调节，那么在使用【亮度／对比度】命令时是看不到【色相／饱和度】调整后的效果的。但如果使用调整图层，那么改变任何一个调整命令的参数都可以实时地看到这些调整命令配合调整的最终效果。

最终效果

　　本例的原始图像和使用 3 个调整图层后的最终效果如图 1.77 所示。

图 1.77　使用调整图层前后对比的效果

操作步骤

Step 01 启动 Photoshop。打开配套资源【素材】>【第 1 章】文件夹中的"树林 .jpg"图像文件，如图 1.78 所示。

Step 02 在菜单栏上执行【图层】>【新建调整图层】>【亮度/对比度】命令，在新【图层】面板中观察到出现了一个调整图层栏，如图 1.79 所示。

图 1.78　打开一幅树林图片

图 1.79　出现一个调整图层栏

Step 03 打开【调整】面板，观察到在该面板上出现了【亮度】和【对比度】的调节滑块，拖动调节滑块即可改变图像的亮度和对比度，如图 1.80 所示。

Step 04 在菜单栏上执行【图层】>【新建调整图层】>【色彩平衡】命令，在【图层】面板中观察到出现了第二个调整图层栏，如图 1.81 所示。

图 1.80　调整图层亮度、对比度

图 1.81　出现第二个调整图层栏

Step 05 打开【调整】面板，观察到在该面板中出现了有关于色彩平衡的设置选项和调节滑块。拖动调节滑块即可改变图像的色彩，如图 1.82 所示。

Photoshop CC

Step 06 在菜单栏上执行【图层】>【新建调整图层】>【色相／饱和度】命令，观察到在【图层】面板中，出现了【色相／饱和度】调整图层栏，如图 1.83 所示。

图 1.82 调整图层色彩平衡效果

图 1.83 出现第三个调整图层栏

Step 07 打开【调整】面板，观察到在该面板中出现了【色相】、【饱和度】、【亮度】的调节滑块，如图 1.84 所示。

Step 08 此时在【图层】面板上共有三个调整图层栏。选择【亮度／对比度】图层栏，在【调整】面板上将图像的对比度调整至如图 1.85 所示。

图 1.84 调整图像色相、饱和度和亮度

图 1.85 调整图像对比度后的效果

Step 09 选择【色相／饱和度】图层栏，在【调整】面板上将图像的色调调整为以黄绿色为主，如图 1.86 所示。

Step 10 选择【色彩平衡】图层栏，在【调整】面板上略增加图像的红色调，最终效果如图 1.87 所示。

图 1.86 调整图像色调后的图形效果

图 1.87 调整图像色彩平衡后的效果

1.7　运用图层样式

实例简介

　　在【图层样式】对话框中，预置了【投影】、【斜面和浮雕】、【渐变叠加】等图层特效。只要在该面板中设置少量参数，就可以使图层生成相应的效果。本例将为一个内容为卡通画的图层生成投影、外发光等效果。

最终效果

　　本例所使用的原始图像如图 1.88 所示。运用【图层样式】对话框生成的两种图层效果如图 1.89 所示。

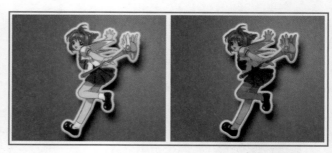

图 1.88　原始图像　　　　　　图 1.89　运用【图层样式】对话框生成的两种图层效果

操作步骤

Step 01 启动 Photoshop。打开配套资源【素材】>【第 1 章】文件夹中的"卡通少女 2.psd"图像文件，如图 1.90 所示。

Step 02 在【图层】面板上观察到该图像共有 2 个图层，选择【图层 1】图层，如图 1.91所示。

图 1.90　打开一幅卡通图片　　　　　图 1.91　选择【图层 1】图层

Step 03 在【图层】面板下部单击 *fx* (添加图层样式)按钮，在其下拉选项中选择【投影】选项，打开【投影】设置面板，设置参数如图 1.92 所示。观察到卡通画的图层产生了投影效果，如图 1.93 所示。

Photoshop CC

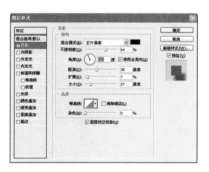

图 1.92 【投影】设置面板

图 1.93 图像产生投影效果

Step 04 在【图层样式】对话框中,勾选【外发光】复选框,单击【外发光】选项栏,设置参数如图 1.94 所示。观察到卡通画的图层边缘产生了外发光效果,如图 1.95 所示。

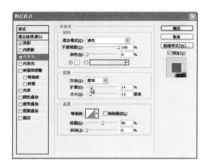

图 1.94 设置【外发光】参数

图 1.95 图像产生外发光效果

Step 05 【外发光】效果的颜色是可以灵活设置的,并且可以设置为渐变色的外发光效果。选中渐变色单选按钮,单击渐变色示意窗,打开【渐变编辑器】对话框,设置一种自己喜欢的渐变色,如图 1.96 所示。此时观察到外发光的颜色变成了所设置的渐变色效果,如图 1.97 所示。

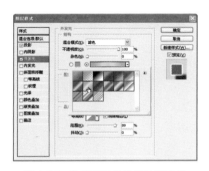

图 1.96 设置外发光效果为渐变色

图 1.97 设置渐变色后的图像效果

Step 06 在【图层样式】中,勾选【渐变叠加】复选框,单击渐变色示意窗,设置合适的渐变色效果,【混合模式】设置为【正片叠底】,如图 1.98 所示。

Step 07 单击【确定】按钮,观察到卡通画的图层被叠加了半透明效果渐变色,如

图 1.99 所示。

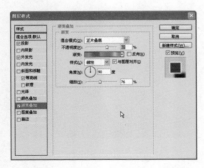

图1.98 设置【渐变叠加】参数　　　　图1.99 渐变叠加后的图像效果

1.8 两种图层样式的配合

实例简介

本例将一个图层通过剪切的方法拆分为两个图层，并分别设置两个图层不同的图层样式，使图像的一部分在视觉上产生凹陷效果。这种技巧在实际工作中经常会用到，例如绘制静物的凹凸花纹、工业产品的凹凸压线等。

最终效果

本例在一块石头的图像上制作兔子形状的凹陷，并可以在凹陷区域隐约看到兔子的图像，效果如图 1.100 所示。

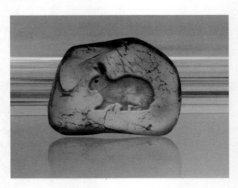

图1.100 本例的最终效果

操作步骤

Step 01 启动 Photoshop。打开配套资源【素材】>【第 1 章】文件夹中的"石头 .jpg"图像文件，如图 1.101 所示。再打开"兔子 .jpg"图像文件，如图 1.102 所示。

Step 02 在菜单栏上执行【选择】>【全选】命令，将兔子图像全部选中。在工具栏中选择 ✛（移动工具），将兔子图像拖曳到石头的图像中，如图 1.103 所示。

Step 03 在工具栏中选择 （魔棒工具），在兔子图像的白色区域单击，按 Delete
键，删除白色背景。在菜单栏上执行【选择】>【取消选择】命令，取消图像中的选区，
此时图像效果如图 1.104 所示。

图 1.101　打开一幅石头的图片

图 1.102　打开一幅兔子的图片

图 1.103　将兔子图像拖曳到石头图像中

图 1.104　选择并删除白色背景

Step 04 在【图层】面板上，将【背景】图层拖动到 （创建新图层）按钮上，复制【背
景】图层。按住 Ctrl 键不放，单击【图层 1】的示意窗口，提取兔子图形的选区。

Step 05 单击【图层 1】前面的图标，隐藏兔子图形所在的图层，观察到此时在石
头图像中出现兔子的选择区域，如图 1.105 所示。

Step 06 选择【背景 副本】图层，在图像中单击鼠标右键，在弹出的快捷菜单中选
择【通过剪切的图层】命令，将兔子选区中的图像剪切到新的图层中，【背景 副本】
图层中留下兔子形状的空白区域。此时【图层】面板状态如图 1.106 所示。

图 1.105　提取兔子图形选区

图 1.106　【图层】面板状态

Step 07 选择通过剪切得到的新图层，在【图层】面板下方单击 （添加图层样式）

按钮，在其下拉选项中选择【内阴影】选项，打开【内阴影】设置面板，单击【确定】
按钮。

Step 08 选择【背景 副本】图层，在【图层】面板下方单击 **fx.** （添加图层样式）按钮，
在其下拉选项中选择【斜面和浮雕】选项，打开【斜面和浮雕】设置面板，单击【确定】
按钮。此时【图层】面板状态如图 1.107 所示。

Step 09 观察到在石头图像上出现了兔子形状的凹陷效果，适当调整两个图层中的
【内阴影】、【斜面和浮雕】的参数，使凹陷的效果如图 1.108 所示。

图 1.107 【图层】面板状态

图 1.108 兔子形状的凹陷效果

Step 10 单击【图层 1】前面的图标，显示隐藏的兔子图层。将该图层的混合模式
设置为【正片叠底】，【不透明度】设置为 60%，此时【图层】面板的状态如图 1.109
所示。在石头图像的凹陷区域可隐约看到兔子的图像，效果如图 1.110 所示。

图 1.109 【图层】面板状态

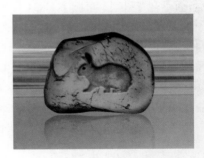

图 1.110 兔子图像的凹陷效果

第2章　蒙版运用必练5例

在进行图像处理时，常常需要保护一部分图像，以使它们不受各种处理操作的影响。蒙版就是这样一种工具，它是一种灰度图像，可以遮盖住处理区域中的一部分，当我们对处理区域内的整个图像进行模糊、上色等操作时，被蒙版遮盖起来的部分就不会受到改变。

蒙版还可以达到这样的效果：当蒙版中的灰度增加时，被蒙版覆盖的区域会变得更加透明。利用这一特性，我们可以用蒙版中不同区域的灰度色深来控制图层中不同区域的透明度。

本章通过实例介绍蒙版功能和蒙版在实际工作中的灵活运用。

2.1　使用快速蒙版

实例简介

快速蒙版是一种比较简单的临时蒙版。快速蒙版经常用来在图像中建立精细的选区。在很多情况下，使用快速蒙版比使用一般的选择工具（如套索工具）的效率高数倍。选区和快速蒙版是可以转化的。当图像中的一个选区需要修改时，也可以把这个选区转化为快速蒙版，通过修改快速蒙版达到修改选区的目的。本例利用快速蒙版选择铜狮子图像，然后将其合并到一幅风景图像中。

最终效果

原始的风景图像和合成铜狮子图像后的效果如图2.1所示。

图2.1　风景图像与合成铜狮子图像后的效果

操作步骤

Step 01 启动 Photoshop。打开本书配套资源【素材】>【第2章】文件夹下的 FJ045.jpg、GD007.jpg 图像文件，这是一幅风景图片和一幅铜狮子的图像，如图2.2所示。

Step 02 激活铜狮子图像文件，在菜单栏上执行【选择】>【全选】命令，在工具

箱中选择 ✛ （移动工具），将铜狮子图像拖动到风景图像中。

Step 03 在工具栏下方按下 ▣ （以快速蒙版模式编辑）按钮，将前景色设置为黑色，使用 ✎ （画笔工具）在铜狮子区域拖动鼠标，观察到绘出的竟然是半透明的红色，这是因为快速蒙版工具是使用半透明的红色来表示选区的，如图 2.3 所示。

图 2.2　打开风景图片和铜狮子图片　　　　图 2.3　绘制出半透明红色

Step 04 在工具栏中选择 ✎ （画笔工具），为铜狮子身体区域绘制半透明的红色，效果如图 2.4 所示。

Step 05 在工具栏下方单击 ▣ （以标准模式编辑）按钮，观察到画笔所绘制的红色区域转换成了选区，如图 2.5 所示。

图 2.4　绘制铜狮子身体区域　　　　图 2.5　红色区域转换为选区

Step 06 在工具栏下方按下 ▣ （以快速蒙版模式编辑）按钮，将选择区域转化成快速蒙版。在工具栏中选择 ✎ （画笔工具），设置较小的笔刷，描绘选区的细节部分，如图 2.6 所示。

> 说明：仔细观察绘制的选区与铜狮子的轮廓有无不相符的地方。如果有，按下 ▣ （以快速蒙版模式编辑）按钮，将选择区域转化成快速蒙版进行修改。如果红色区域超出了铜狮子的轮廓，可以使用画笔工具，用白色将超出的部分去除。

Step 07 快速蒙版绘制满意后，在工具栏下方单击 ▣ （以标准模式编辑）按钮，将蒙版转换为选区。在菜单栏上执行【编辑】>【反选】命令，将铜狮子以外的区域选中，按 Delete 键将其删除。此时图形效果如图 2.7 所示。

图2.6　描绘选区的细节部分

图2.7　删除多余区域后的图形效果

Step 08 在菜单栏上执行【编辑】>【自由变换】命令，按住 Shift 键不放，拖动调节框的边角，将铜狮子图形进行等比例缩放。释放鼠标，将铜狮子图形放置在合适的位置，效果如图 2.8 所示。

Step 09 制作铜狮子的阴影。在【图层】面板中，将铜狮子图层拖动到 ▣ （创建新图层）按钮上，复制该图层，这样图像中就有了 2 个铜狮子的图层。选择排列在下方的铜狮子图层，在菜单栏上执行【图像】>【调整】>【亮度/对比度】命令，勾选【使用旧版】复选框，降低亮度和对比度，使其成为黑色，效果如图 2.9 所示。

图2.8　调整铜狮子图形的大小和位置

图2.9　将下层铜狮子图形调整为黑色

Step 10 在菜单栏上执行【编辑】>【变换】>【斜切】命令，拖动调节框边角，将黑色的铜狮子图案变形，效果如图 2.10 所示。在【图层】面板上，将阴影图层的【不透明度】设置为 40%。这样就制作完成了铜狮子图形的阴影效果，如图 2.11 所示。

图2.10　调整阴影图形的形状和位置

图2.11　设置不透明度后的效果

2.2　图层蒙版的运用

实例简介

　　图层蒙版可以把蒙版的效果直接作用在图层上。当蒙版中的灰度增加时，它所控制的图层中的对应区域的不透明度就会降低。而蒙版中的图像灰度色深是可以用多种方法进行调整的，这使我们可以灵活地控制图层中各个区域的不透明度。本例利用图层蒙版，将鹰的图像与蒲公英图像进行合成。

最终效果

　　本例中鹰的图像与蒲公英图像合成后的效果如图 2.12 所示。

图 2.12　鹰与蒲公英图像合成后的效果

操作步骤

Step 01 启动 Photoshop。打开本书配套资源【素材】>【第 2 章】文件夹下的"鹰.jpg""271.jpg"图像文件，这是一幅蒲公英和一幅鹰的图像，如图 2.13 所示。

Step 02 激活"鹰.jpg"图像文件。在工具栏中选择 ▣（矩形选框工具），将鹰的头部区域选中。在菜单栏上执行【编辑】>【副本】命令，再执行【编辑】>【粘贴】命令，将鹰的头部区域复制到蒲公英的图像中，如图 2.14 所示。

图 2.13　打开一幅蒲公英和一幅鹰的图像

图 2.14　将鹰图像复制到蒲公英图像中

Photoshop CC

Step 03 在【图层】面板下部单击 ■ （添加图层蒙版）按钮，为鹰的图层添加蒙版。观察到在鹰的图层栏右侧多了一个蒙版示意窗口，如图 2.15 所示。

Step 04 在工具栏中选择 ✎ （画笔工具），将前景色设置为黑色，在鹰头部周围的区域拖动鼠标，观察到鼠标拖过的区域变得透明了。同时在蒙版示意窗口中可以观察到画笔所绘制的蒙版形状，如图 2.16 所示。

图 2.15　为鹰图层添加蒙版　　　　　　　图 2.16　绘制后的【图层】面板状态

Step 05 在画笔工具的选项栏上，将流量参数设置为 30%，在鹰图形眼睛和嘴的周围拖动鼠标，观察到鼠标拖过的区域变成了半透明状态。反复拖动使该区域的图像更加透明直至完全透明。这样可将鹰图形眼睛和嘴的周围区域的图像隐藏，效果如图 2.17 所示。

Step 06 在蒙版示意窗上单击鼠标右键，在弹出的快捷菜单中选择【应用图层蒙版】命令，如图 2.18 所示。

图 2.17　绘制完成后图形的效果　　　　　　图 2.18　选择【应用图层蒙版】命令

Step 07 观察到此操作后图层蒙版消失，而蒙版的效果已经作用在该图层上。在【图层】面板上的图层示意窗口中可以看到鹰的图层只保留了眼睛和嘴的区域，其他部位已经被删除，如图 2.19 所示。

Step 08 将应用图层蒙版后的鹰的图层复制，在菜单栏上执行【编辑】>【变换】>【水平翻转】命令，将图像水平翻转。再执行【编辑】>【自由变换】命令，将图像变换至合适的大小并移动到另一棵蒲公英处，效果如图 2.20 所示。

图2.19 应用蒙版后的【图层】面板状态　　　　　图2.20 调整复制图形的大小和位置

2.3 使用矢量蒙版

实例简介

Photoshop 可以使用路径类工具产生矢量图形。矢量图形可以与蒙版的功能联系起来成为矢量蒙版。它的作用就是让路径图形内的图像变得透明，也可以设置反向的效果使路径图形之外的区域变得透明。路径曲线分为闭合曲线和不闭合曲线两种，但是在矢量蒙版中不闭合的路径会显示出自动闭合的效果。本例运用矢量蒙版对图层进行抠像操作，将足球图像与西瓜图像进行合成。

最终效果

本例将足球图像与西瓜图像进行合成后的效果如图 2.21 所示。

图2.21 足球与西瓜合成后的最终效果

操作步骤

Step 01 启动 Photoshop。在菜单栏上执行【文件】>【打开】命令，打开本书配套资源【素材】>【第 2 章】文件夹下的"蓝色背景 .jpg"图像文件，如图 2.22 所示。

Step 02 在菜单栏上执行【文件】>【打开】命令，再打开配套资源【素材】>【第 2 章】

夹下的"足球.jpg"图像文件。将图像全部选择，使用 ⊕（移动工具），将足球图像拖动到蓝色背景图像中，此时图像的效果如图 2.23 所示。

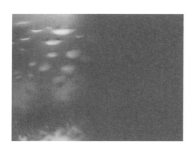

图 2.22　蓝色背景图像

图 2.23　将足球图形拖动到背景图像中

Step 03 在工具栏中选择 ⬠（钢笔工具），沿着足球的边缘绘制路径曲线，如图 2.24 所示。在菜单栏上执行【图层】>【矢量蒙版】>【当前路径】命令，观察到足球周围的区域被隐藏了，在【图层】面板中出现了矢量蒙版的示意窗口，如图 2.25 所示。

图 2.24　沿足球边缘绘制路径曲线

图 2.25　出现了矢量蒙版的示意窗口

Step 04 打开本书配套资源【素材】>【第 2 章】文件夹下的"西瓜.jpg"图像文件。在工具栏中选择 ⊕（移动工具），将西瓜图像拖动到蓝色背景图像中，如图 2.26 所示。

Step 05 在【图层】面板上，将西瓜图层的【不透明度】设置为 50%，在工具栏中选择 ⊕（移动工具），将西瓜图案与下层的足球图案对齐，如图 2.27 所示。将西瓜图层的【不透明度】恢复为 100%。

图 2.26　将西瓜图像拖动到蓝色背景中

图 2.27　将西瓜与下层的足球图案对齐

Step 06 在工具栏中选择 ⬠（钢笔工具），沿着西瓜图像的瓜瓤边缘绘制路径曲线，如图 2.28 所示。

Step 07 在菜单栏上执行【图层】>【矢量蒙版】>【当前路径】命令，观察到瓜瓤以外的区域被隐藏了，同时在【图层】面板中出现了矢量蒙版的示意窗口，如图2.29所示。

图 2.28 沿瓜瓤边缘绘制路径曲线

图 2.29 瓜瓤以外的区域被隐藏

Step 08 在【图层】面板中，单击足球图层栏右侧的矢量蒙版示意窗口，在工具栏中选择 （直接选择工具），调整路径曲线，使足球的上部被隐藏，如图2.30所示。

Step 09 当矢量蒙版的形状调整满意后，在【图层】面板上的矢量蒙版示意窗口单击右键，在弹出的快捷菜单中选择【栅格化矢量蒙版】命令，如图2.31所示。此操作后矢量蒙版的示意窗口就消失了，但矢量蒙版的效果已经作用在图层的图像上了。

图 2.30 调整路径曲线以隐藏足球上部

图 2.31 选择【栅格化矢量蒙版】命令

Step 10 在【图层】面板中，单击西瓜图层栏右侧的矢量蒙版示意窗口，在工具栏中选择 （直接选择工具），仔细调整西瓜瓤边缘的路径曲线。调整满意后使用【栅格化矢量蒙版】命令，得到西瓜瓤和足球合成的图片，如图2.32所示。

图 2.32 瓜瓤与足球合成后的效果

Photoshop CC

2.4　利用蒙版合成图像

实例简介

　　实际工作中经常使用蒙版的功能合成图像。这是因为使用蒙版的图层不但可以随时修改蒙版的形状，同时可以方便地设置图层中各个区域的不透明度。利用蒙版中灰度图像的色深渐变还能达到多个图像无接缝合成的效果。本例将一幅人物的图像合成到一幅风景图像中，由于蒙版中灰度图像的色深逐渐变化，最终的图像使人难以辨别这两幅图像的接缝究竟在哪里。

最终效果

　　本例原始的风景图像和合成人物后的图像如图 2.33 所示。

图 2.33　原始的风景图像和合成人物后的图像

操作步骤

　　Step 01 启动 Photoshop。打开本书配套资源【素材】>【第 2 章】文件夹下的 FJ033.jpg 图像文件，这是一幅风景图像，如图 2.34 所示。

　　Step 02 在菜单栏上执行【文件】>【打开】命令，再打开配套资源【素材】>【第 2 章】文件夹下的"人物 03.jpg"图像文件，这是一幅人物图像，如图 2.35 所示。

图 2.34　一幅风景图像

图 2.35　一幅人物图像

Step 03 在菜单栏上执行【选择】>【全选】命令，将人物图形全部选择。在工具栏中选择 ✛ (移动工具)，将人物图像拖动到风景图像中，如图 2.36 所示。

Step 04 在【图层】面板下部单击 ▣ (添加图层蒙版) 按钮，为人物的图像添加图层蒙版，观察到在人物图层栏的右侧出现了蒙版的示意窗，如图 2.37 所示。

图 2.36　将人物图像拖动到风景图像中

图 2.37　添加蒙版后的【图层】面板状态

Step 05 在工具栏中选择 ▣ (渐变工具)，设置由白色至黑色的渐变效果，填充方式设置为【径向渐变】。

Step 06 在人物图像中由中心向外拖动鼠标。观察到人物图形的中心部分为不透明状态，向外逐渐过渡为透明状态，效果如图 2.38 所示。此时可在【图层】面板的蒙版示意窗中观察到渐变色的填充情况，如图 2.39 所示。

图 2.38　人物图像的显示效果

图 2.39　添加渐变后的【图层】面板状态

Step 07 将渐变色的填充方式设置为【线性渐变】，在人物图像中由上至下拖动鼠标，观察到人物图层的上半部分为不透明状态，向下逐渐过渡为透明状态，如图 2.40 所示。

Step 08 在工具栏中选择 ✎ (画笔工具)，将前景色设置为白色。在选项栏中，设置【流量】为 30%。在人物视图中拖动鼠标进行绘制，观察到所绘制区域的人物图像的不透明度增加了，同时在【图层】面板的蒙版示意窗中可观察到画笔修改后的痕迹，如图 2.41 所示。

Step 09 在工具栏中选择 ✎ (画笔工具)，继续修改人物图层各区域的不透明度，满意后在蒙版示意窗口单击右键，在弹出的快捷菜单中选择【应用图层蒙版】命令，如图 2.42 所示。

Photoshop CC

Step 10 此操作后图层蒙版的示意窗口就消失了，但蒙版的效果已经作用在图层的图像上了。本例的最终效果如图 2.43 所示。

图 2.40　使用线性渐变填充后的效果

图 2.41　使用画笔修改后的效果

图 2.42　选择【应用图层蒙版】命令

图 2.43　本例的最终效果

2.5　运用蒙版调整图像局部的色调

实例简介

随着数码照相机的普及，拍摄各种数码图像素材变得很方便。但对于某些数码图像，我们也许希望改变一些局部区域的色调，而不影响其他区域，这时就应该想到利用蒙版完成这一工作。蒙版可以方便地遮盖图像中的一些区域，也可以灵活地控制图层中局部位置的不透明度，这使得我们可以方便地调整图像中局部区域的色调。本例对一幅风景图像的局部色彩进行调整。如果调整过量了，可以通过调整蒙版的灰度值进行纠正。

最终效果

本例原始图像和改变局部区域色调的图像如图 2.44 所示。

图 2.44 运用蒙版调整图像局部色调后的效果

操作步骤

Step 01 启动 Photoshop。打开本书配套资源【素材】>【第 2 章】文件夹下的"草原风光 .jpg"图像文件，如图 2.45 所示。

Step 02 将背景图层复制两次，得到【背景 副本】图层和【背景 副本 2】图层。选择【背景 副本 2】图层，在菜单栏上执行【图像】>【调整】>【色相 / 饱和度】命令，适当提高该图层的饱和度和明度，效果如图 2.46 所示。

图 2.45 草原风光图片

图 2.46 提高图像的饱和度和明度

Step 03 在【图层】面板下部单击 ▣（添加图层蒙版）按钮，为【背景 副本 2】图层添加图层蒙版。将前景色设置为黑色，对图像进行填充，观察到蒙版示意窗变成了黑色，如图 2.47 所示。

> **说明**：使用黑色对图像进行填充的操作其实是填充在了蒙版中，黑色的蒙版会使【背景 副本 2】图层呈现完全透明的状态。

Step 04 在工具栏中选择 ✐（画笔工具），将前景色设置为白色，在该工具的选项栏中，将【流量】设置为 30%。在视图中拖动鼠标进行绘制，此时在【图层】面板的蒙版示意窗中可观察到画笔修改后的痕迹，如图 2.48 所示。

Step 05 在使用 ✐（画笔工具）进行绘制的过程中，观察到所绘制的区域的图像逐渐显示出来。由于【背景 副本 2】使用【色相 / 饱和度】命令提高了图像饱和度和明度，所以画笔描过的区域就变得亮了，效果如图 2.49 所示。

Step 06 如果想使图像中某些区域变得更暗一些，选择【背景 副本】图层，在菜单栏上执行【图像】>【调整】>【亮度／对比度】命令，降低该图层的亮度，如图 2.50 所示。

图 2.47　【图层】面板状态

图 2.48　使用画笔进行修改

图 2.49　画笔描过的区域变亮

图 2.50　降低【背景 副本】图层的亮度

Step 07 调整满意后，在蒙版示意窗口单击右键，在弹出的快捷菜单中选择【应用图层蒙版】命令，如图 2.51 所示。观察到图层蒙版的示意窗口消失，蒙版效果作用在该图层的图像上，最终效果如图 2.52 所示。

图 2.51　选择【应用图层蒙版】命令

图 2.52　蒙版效果作用在图像上的最终效果

第3章 滤镜运用必练8例

要论Photoshop中最神奇的工具,那非滤镜莫属了。看似难得的图像效果,使用滤镜也许轻易地就能得到。Photoshop自带近百个滤镜,另外还有一些第三方软件厂商为Photoshop开发了许多外挂滤镜,其效果缤纷多彩、千奇百怪。本章通过实例介绍滤镜的灵活运用,使用多种滤镜相互配合,产生各种特效。

3.1 营造画面的动感

实例简介

本例使用【动感模糊】滤镜使背景、橄榄球产生水平和倾斜的模糊效果,使用【刮风】滤镜制作狗跳起的运动残影,这样画面就具有强烈的动感效果。

最终效果

本例的最终效果如图 3.1 所示。

图 3.1 本例的最终效果

操作步骤

Step 01 启动 Photoshop。打开配套资源【素材】>【第3章】文件夹中的"风景024.jpg"图像文件,如图 3.2 所示。

Step 02 再次打开配套资源【素材】>【第3章】中的"动物 03.jpg"图像文件。在工具栏上选择 🪄(魔棒工具),配合 Shift 键,将狗的身体区域选中。在工具栏上选择 ✥(移动工具),将狗的图像拖动到风景图像中,效果如图 3.3 所示。

图 3.2　打开一幅风景图片

图 3.3　将狗图像拖动到风景图像中

Step 03 在【图层】面板上，单击【背景】图层栏，在菜单栏上执行【滤镜】>【模糊】>【动感模糊】命令，打开【动感模糊】对话框，如图 3.4 所示。

Step 04 将模糊【距离】设置为30像素，单击【确定】按钮，观察到背景图层出现了动感模糊的效果，如图 3.5 所示。

图 3.4　【动感模糊】对话框

图 3.5　执行【动感模糊】滤镜后的效果

Step 05 现在设置狗图像的刮风滤镜效果。单击狗图像所在的图层，使用鼠标将其拖动到　（创建新图层）按钮上，将该图层复制。

Step 06 在菜单栏上执行【图像】>【调整】>【亮度/对比度】命令，将复制的图像调整为白色。在菜单栏上执行【滤镜】>【风格化】>【风】命令，打开【风】对话框，设置如图 3.6 所示。单击【确定】按钮，观察到狗图像出现了风滤镜的效果，如图 3.7 所示。

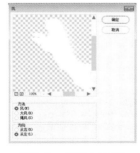

图 3.6　【风】对话框

图 3.7　复制图层出现风滤镜的效果

Step 07 使用鼠标，在【图层】面板上，将有滤镜效果的图层栏拖动到原来狗的图层之下，操作方法如图 3.8 所示。此时图形效果如图 3.9 所示。

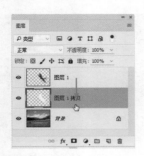

图 3.8 重新排列图层

图 3.9 具有运动效果的图片

Step 08 打开本书配套资源【素材】>【第 3 章】文件夹下的"球 003.jpg"图像文件。在工具栏上选择（多边形套索工具），选择橄榄球图形，使用（移动工具）将其拖动到风景图像中，如图 3.10 所示。

Step 09 复制橄榄球图层。在菜单栏上执行【滤镜】>【模糊】>【动感模糊】命令，打开【动感模糊】对话框，将【角度】设置为 -27 度，模糊【距离】设置为 25 像素，如图 3.11 所示，单击【确定】按钮。

图 3.10 将橄榄球图像拖动到风景图像中

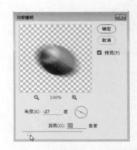

图 3.11 【动感模糊】对话框

Step 10 观察到此时模糊后橄榄球图形覆盖了下层原始的橄榄球图像，使整个橄榄球图像模糊不清，如图 3.12 所示。

Step 11 在工具栏中选择（橡皮擦工具），擦除橄榄球右下方运动模糊后图像，使该处显示下层清晰的橄榄球图像，效果如图 3.13 所示。这样就制作了一幅具有运动效果的图片。

图 3.12 模糊后橄榄球图形覆盖了原图

图 3.13 擦拭后的最终图像效果

3.2　突出画面的焦点

实例简介

　　原始图像是跳水运动员在空中做翻腾的动作。我们将使用【径向模糊】滤镜对该图像操作。该滤镜的特点是距离滤镜作用中心越近模糊效果就越弱，远离滤镜作用中心的区域模糊效果逐渐增加，这样可以使运动员的主题更加突出。

最终效果

　　本例的原始图像和使用【径向模糊】滤镜后的图像如图 3.14 所示。

图 3.14　原始图像和使用【径向模糊】滤镜后的图像对比

操作步骤

　　Step 01　启动 Photoshop。打开本书配套资源【素材】>【第 3 章】文件夹中的"跳水 .jpg"图像文件，如图 3.15 所示。

　　Step 02　在菜单栏上执行【滤镜】>【模糊】>【径向模糊】命令，打开【径向模糊】对话框。选中【缩放】单选按钮，用鼠标在示意窗中单击，设置滤镜作用的中心点；将模糊【数量】设置为 30，如图 3.16 所示。单击【确定】按钮，观察到图像出现了放射状的模糊效果，如图 3.17 所示。

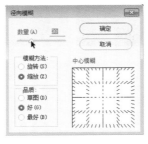

图 3.15　一幅运动翻转图片　　　图 3.16　【径向模糊】对话框　　　图 3.17　缩放模糊滤镜效果

　　Step 03　该滤镜还有一种旋转状的模糊方式。在菜单栏上执行【滤镜】>【模糊】>【径向模糊】命令，打开【径向模糊】对话框。选中【旋转】单选按钮，使用鼠标在示意窗中单击，设置滤镜作用的中心，如图 3.18 所示。单击【确定】按钮，观察到图像出现了旋转状的模糊效果，如图 3.19 所示。

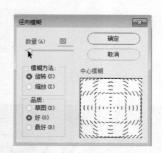

图 3.18　选中【旋转】单选按钮

图 3.19　旋转模糊后的效果

3.3　猫的奇异变形

实例简介

使用【挤压】或【球面化】滤镜可以使所选择的图像区域产生凹进或凸出的变形效果。本例在一幅猫的图像上学习使用这两个滤镜。

最终效果

猫的原始图像和变形后的图像如图 3.20 所示。

图 3.20　猫的原始图像和变形后的图像

操作步骤

Step 01 启动 Photoshop。在菜单栏上执行【文件】>【打开】命令，打开本书配套资源【素材】>【第 3 章】文件夹中的"小猫 01.jpg"图像文件，如图 3.21 所示。

Step 02 在菜单栏上执行【滤镜】>【扭曲】>【挤压】命令，打开【挤压】对话框。用鼠标拖动滑块调节图像被挤压的强烈程度，在示意窗口中可以观察到猫的头部区域被挤压后缩小的效果，如图 3.22 所示。

图 3.21　打开一幅猫的图像

图 3.22　使用【挤压】滤镜

Step 03 在工具栏上选择 ⊙（椭圆选框工具），在猫的一只眼睛处建立椭圆形选区，如图 3.23 所示。

Step 04 在菜单栏上执行【滤镜】>【扭曲】>【挤压】命令，设置挤压的【数量】为 50%，单击【确定】按钮，观察到只有所选择的眼睛区域被挤压了，效果如图 3.24 所示。

图 3.23　在左眼处建立椭圆形选区

图 3.24　执行【挤压】滤镜后的效果

> **说明：** 如果图像中有选区，那么在使用滤镜时就只对选区内的图像起作用。利用这个特点，该步骤中只选择猫的眼睛区域做【挤压】滤镜处理。这种利用选择区域对图像的不同位置进行多次处理的方法适用于大多数滤镜。

Step 05 使用同样的方法选择另一只眼睛进行挤压操作，效果如图 3.25 所示。

Step 06 【球面化】滤镜的使用方法。在【历史记录】面板上单击排列在最上方的记录栏将图像还原到初始状态。在工具栏上选择 ⊙（椭圆选框工具），选择猫图像的一只眼睛，如图 3.26 所示。

图 3.25　挤压后的图形效果

图 3.26　在猫眼睛处绘制选区

Step 07 在菜单栏上执行【滤镜】>【扭曲】>【球面化】命令，打开【球面化】对话框，如图 3.27 所示。将【数量】设置为 58%。单击【确定】按钮，观察到所选择的眼睛区域呈现出膨胀的效果，如图 3.28 所示。

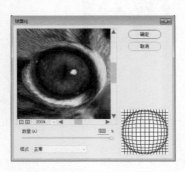

图 3.27 【球面化】对话框　　　　　　图 3.28 所选眼睛区域呈现出膨胀效果

Step 08 使用同样的方法，对猫的另一只眼睛进行球面化操作，效果如图 3.29 所示。在工具栏上选择 ◯ （椭圆选框工具），选择猫的头部区域进行球面化操作，效果如图 3.30 所示。

Step 09 【挤压】滤镜经常与【球面化】滤镜配合运用，以产生更强烈的变形效果。如果在本例的步骤 2 后，分别对两只眼睛进行球面化滤镜操作，就会得到如图 3.31 所示的变形效果。

图 3.29 对猫的眼睛做球面化操作　　图 3.30 对头部区域做球面化操作　　图 3.31 挤压与球面化混合操作

3.4　画面的浮雕效果

实例简介

利用浮雕滤镜可以使彩色的图像或是灰度图像产生浮雕效果。本例在一幅长城的图像上练习该滤镜的使用方法。

最终效果

本例制作的两种浮雕效果如图 3.32 所示。

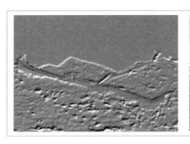

图 3.32　设置画面的浮雕效果

操作步骤

Step 01 启动 Photoshop。打开本书配套资源【素材】>【第3章】文件夹中的"长城.jpg"图像文件，如图 3.33 所示。

Step 02 如果希望得到灰色调的浮雕效果，还需要进行去色处理。在菜单栏上执行【图像】>【调整】>【去色】命令，观察到彩色图像变成了灰度图像，如图 3.34 所示。

图 3.33　一幅长城的风景画面　　　　　　　图 3.34　执行【去色】命令后的效果

Step 03 在菜单栏上执行【滤镜】>【风格化】>【浮雕效果】命令，打开【浮雕效果】对话框，如图 3.35 所示。用鼠标拖动滑块调节浮雕效果的高度和强烈程度，单击【确定】按钮。观察图像的浮雕效果，如图 3.36 所示。

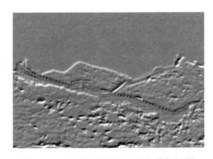

图 3.35　【浮雕效果】对话框　　　　　　　图 3.36　执行【浮雕】滤镜后的效果

Step 04 再次打开本书配套资源【素材】>【第3章】文件夹中的"长城.jpg"图像文件。复制【背景】图层，在菜单栏上执行【图像】>【调整】>【去色】命令，再执行【滤镜】>【风格化】>【浮雕效果】命令，设置复制图层的混合模式为【线性减淡】，观察到此时得到的是半调彩色的浮雕效果，如图 3.37 所示。

图 3.37 半调彩色的浮雕效果

3.5 柔软的怀表

实例简介

液化滤镜可以使图像产生强烈的变形、扭曲效果。本例使用【液化】滤镜将一块怀表的图像进行扭曲变形，使怀表超出圆桌边缘的部分下垂，感觉是这块坚硬的怀表变得柔软了。

最终效果

本例柔软怀表的最终效果如图 3.38 所示。

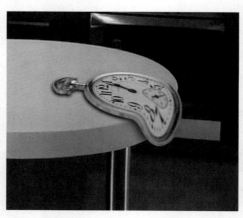

图 3.38 柔软怀表的最终效果

操作步骤

Step 01 启动 Photoshop。打开本书配套资源【素材】>【第 3 章】文件夹中的"圆桌.jpg"和"怀表.jpg"图像文件，如图 3.39 和图 3.40 所示。

图 3.39　一幅圆桌的画面

图 3.40　一幅怀表的画面

Step 02 在工具栏上选择 📍（魔棒工具），选择怀表的背景区域，在菜单栏上执行【选择】>【反选】命令，即可将怀表选中。在工具栏中选择 ✛（移动工具），将怀表拖动到圆桌图像中，效果如图 3.41 所示。

Step 03 在菜单栏上执行【编辑】>【自由变换】命令，在怀表周围出现变换控制框后，在图像中单击鼠标右键，弹出快捷菜单后选择【扭曲】命令，如图 3.42 所示。

图 3.41　将怀表拖动到圆桌图像中

图 3.42　选择【扭曲】命令

Step 04 拖动变换控制框四角的控制手柄使怀表扭曲，如图 3.43 所示。变换满意后按 Enter 键。

Step 05 在工具栏上选择 ✛（移动工具），按住 Alt 键不放，反复交替按向上方的方向键和向右的方向键各 6 次，这样即可将怀表图层多次复制，并且每复制一次图像即向上或向右移动一个像素，从而使怀表产生厚度效果，如图 3.44 所示。

图 3.43　使怀表扭曲变形

图 3.44　让怀表产生厚度感

Step 06 将怀表的所有图层合并为一个图层，在菜单栏上执行【编辑】>【变换】>【扭曲】命令，对怀表图形进行变换，使其产生平放在桌面上的透视效果，如图 3.45 所示。

Step 07 在菜单栏上执行【滤镜】>【液化】命令，打开【液化】对话框。在【画笔大小】栏内设置合适的笔头大小，在视图区内拖动鼠标即可让怀表产生变形，如图 3.46 所示。

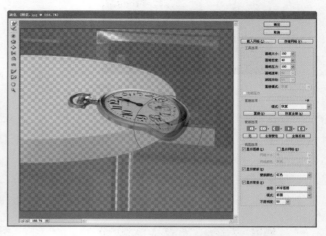

图 3.45 设置怀表平放在桌面上的透视效果　　图 3.46 拖动鼠标使怀表产生变形

Step 08 调整满意后单击【确定】按钮，此时图像效果如图 3.47 所示。

Step 09 制作怀表在桌面上的阴影。复制【液化】后的怀表图层，选择下层的怀表图形，在菜单栏上执行【图像】>【调整】>【亮度/对比度】命令，将其调整为黑色后向左下方移动少许，效果如图 3.48 所示。

图 3.47 【液化】后的怀表图形效果　　图 3.48 设置怀表的阴影效果

Step 10 在菜单栏上执行【滤镜】>【模糊】>【高斯模糊】命令，使黑色图层产生模糊效果。在工具栏中选择（多边形套索工具），选择黑色图层右下方的区域，再次执行【滤镜】>【模糊】>【高斯模糊】命令，进一步使该区域的图层模糊，效果如图 3.49 所示。

Step 11 在【图层】面板上，将黑色图层的不透明度设置为 60%。这样就制作完成了柔软怀表在桌面上留下阴影的效果，如图 3.50 所示。

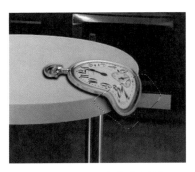

图 3.49　设置阴影的模糊效果

图 3.50　设置阴影的不透明度

3.6　滤镜生成的木纹

实例简介

灰色图案经过像素化滤镜后形成致密的斑点，再使用动感模糊滤镜产生横向的条纹，然后使用漩涡滤镜后会形成木板一样的纹理。本例使用这几个滤镜相互配合绘制木板的图像。

最终效果

本例绘制的木板图像如图 3.51 所示。

图 3.51　滤镜产生的木纹效果

操作步骤

Step 01 启动 Photoshop。在菜单栏上执行【文件】>【新建】命令，创建一幅 400 像素 ×400 像素的图像，使用灰色进行填充。

Step 02 在菜单栏上执行【滤镜】>【像素化】>【点状化】命令，打开【点状化】对话框，如图 3.52 所示。将【单元格大小】设置为 6 像素，单击【确定】按钮，观察到图像中布满了致密均匀的点状纹理，如图 3.53 所示。

Step 03 在菜单栏上执行【滤镜】>【模糊】>【动感模糊】命令，打开【动感模糊】对话框，如图 3.54 所示。设置较大的模糊距离，单击【确定】按钮，点状纹理即变为横条纹理，效果如图 3.55 所示。

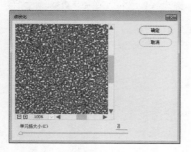

图 3.52　【点状化】对话框

图 3.53　布满了致密均匀的点状纹理

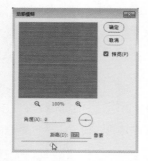

图 3.54　【动感模糊】对话框

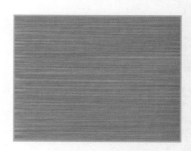

图 3.55　产生了横条纹理

Step 04 现在调整图案的色调。在菜单栏上执行【图像】>【调整】>【色彩平衡】命令，拖动调节滑块，将图案颜色调整为橙色。

Step 05 在菜单栏上执行【滤镜】>【扭曲】>【旋转扭曲】命令，弹出【旋转扭曲】对话框，如图 3.56 所示。设置较大的旋转角度，单击【确定】按钮，观察到横条纹理被旋转扭曲，效果如图 3.57 所示。

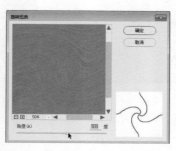

图 3.56　【旋转扭曲】对话框

图 3.57　横条纹理被旋转扭曲

Step 06 在工具栏上选择 ⬚（矩形选框工具），在视图中选择接近木板纹理的区域，在菜单栏上执行【编辑】>【副本】命令，再执行【编辑】>【粘贴】命令，将所选区域复制到新的图层。在【图层】面板下部单击 fx.（添加图层样式）按钮，勾选【阴影】和【斜面和浮雕】两个复选框，效果如图 3.58 所示。

Step 07 将新图层复制多个并排列整齐，得到木板的图像，如图 3.59 所示。

图 3.58 在图像局部制作浮雕效果

图 3.59 复制后得到木板的图像

3.7 人像的多种效果

实例简介

有时我们希望将照片、图画等处理成水粉画、素描画等效果，这时就可以使用【艺术效果】或【素描】滤镜组中的各种滤镜处理，再配合图层、色彩调整等功能就可以制作出多种艺术画效果。本例利用这些滤镜将人像处理成多种效果。

最终效果

本例的原始图像和使用滤镜后的几种效果如图 3.60 所示。

图 3.60 原始图像和使用滤镜后的几种效果

炭笔画效果

Step 01 启动 Photoshop。打开本书配套资源【素材】>【第 3 章】文件夹中的"人物 31.jpg"图像文件，如图 3.61 所示。

Step 02 将前景色设置为黑色，背景色设置为白色。在菜单栏上执行【滤镜】>【素描】>【粉笔和炭笔】命令，打开【粉笔和炭笔】对话框，参数设置如图 3.62 所示。

图 3.61 打开一幅人物图像

图 3.62 【粉笔和炭笔】对话框

Photoshop CC

Step 03 单击【确定】按钮，彩色图像即被处理成炭笔画效果，如图 3.63 所示。将前景色设置为绿色，背景色设置为黄色，在菜单栏上执行【滤镜】>【素描】>【粉笔和炭笔】命令，此时图形效果如图 3.64 所示。

图 3.63　彩色图像产生炭笔画效果　　　　　图 3.64　重新设置前景色、背景色后的效果

具有油画笔触感的黑白画效果

Step 01 对原图片进行编辑。复制【背景】图层，在菜单栏上执行【滤镜】>【画笔描边】>【强化的边缘】命令，打开【强化的边缘】对话框，设置参数如图 3.65 所示。单击【确定】按钮，观察到图像产生深色描边的效果。如图 3.66 所示。

图 3.65　【强化的边缘】对话框　　　　　　　图 3.66　图像产生深色描边的效果

Step 02 在菜单栏上执行【图像】>【模式】>【Lab 颜色】命令，改变图像的色彩模式。在菜单栏上执行【图像】>【调整】>【去色】命令，将图像改变为黑白图像，再执行【图像】>【模式】>【RGB 颜色】命令，将图像改回原来的色彩模式。

> **说明：** 将彩色图像转化为灰度图像时，如果先将图像转化为【Lab 颜色】色彩模式再执行【去色】命令，得到的灰度图像会有更好的层次。但为了使图像有更好的兼容性，通常在【去色】命令完成后还要转化回原来的【RGB 颜色】色彩模式。

Step 03 在菜单栏上执行【滤镜】>【艺术效果】>【绘画涂抹】命令，打开【绘画涂抹】对话框，设置参数如图 3.67 所示，单击【确定】按钮，观察到图像产生的是具有油画笔触的黑白画效果，如图 3.68 所示。

Step 04 复制【背景】图层。在【图层】面板上，将复制得到的图层排列到最上层，将其图层混合模式设置为【颜色】，如图 3.69 所示。此时图像的每个像素的颜色是原始图像的颜色，明度是具有油画笔触的黑白画图层的明度，合起来产生了具有油画笔触彩色的油画效果，如图 3.70 所示。

图 3.67　【绘画涂抹】对话框

图 3.68　具有油画笔触的黑白画效果

图 3.69　设置图层混合模式

图 3.70　油画笔触彩色油画的效果

钢笔淡彩画效果

Step 01 对原图片进行编辑。复制【背景】图层，单击图层栏前面的 👁 图标，将新图层隐藏。

Step 02 激活【背景】图层，在菜单栏上执行【滤镜】>【艺术效果】>【海报边缘】命令，在弹出的【海报边缘】对话框中，设置参数如图 3.71 所示。单击【确定】按钮后，观察到背景图层被处理成类似海报画的描边效果，如图 3.72 所示。

图 3.71　【海报边缘】对话框

图 3.72　类似海报画的描边效果

Step 03 在菜单栏上执行【图像】>【调整】>【去色】命令，背景图层变成黑白图像，效果如图 3.73 所示。

Step 04 在菜单栏上执行【图像】>【调整】>【亮度 / 对比度】命令，使用鼠标拖动调节滑块，增加图像的亮度和对比度，得到类似钢笔线条画的效果，如图 3.74 所示。

图 3.73　背景图层变成黑白图像

图 3.74　产生类似钢笔画的效果

Step 05 单击复制背景图层栏前面的 👁 图标，显示该图层，将其【不透明度】设置为 40%，观察到此时图像显示为深色的线条和较淡的颜色，如图 3.75 所示。

Step 06 在菜单栏上执行【图像】>【调整】>【色调分离】命令，设置【色阶】参数为 2，单击【确定】按钮，得到钢笔淡彩画的效果，如图 3.76 所示。

图 3.75　显示出深色线条和较淡颜色

图 3.76　产生钢笔淡彩画的效果

3.8　具有折射效果的球体

实例简介

　　绘制玻璃球、水滴等透明的物体时，一定要考虑这些物体对周围背景的折射效果，这样绘制出的透明物体才有真实感。本例使用液化滤镜制作玻璃球折射的背景图像。

最终效果

　　本例绘制的具有折射效果的玻璃球如图 3.77 所示。

图 3.77　具有折射效果的玻璃球

操作步骤

Step 01 启动 Photoshop。打开配套资源【素材】>【第 3 章】文件夹中的"风景32.jpg"图像文件,如图 3.78 所示。

Step 02 复制【背景】图层。选择复制的背景图层,在菜单栏上执行【滤镜】>【液化】命令,打开【液化】滤镜面板。设置【画笔大小】为 448,【画笔密度】为 23,拖动鼠标使图像变形,如图 3.79 所示,单击【确定】按钮。

图 3.78　打开一幅风景的图像

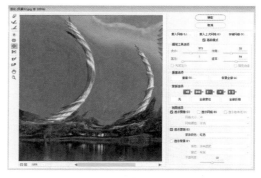

图 3.79　【液化】滤镜面板

Step 03 在工具栏中选择 ⊙(椭圆选框工具),在图像中建立选区,如图 3.80 所示。在菜单栏上执行【选择】>【反选】命令,选择椭圆之外的区域,按 Delete 键将其删除。取消图像中的选区。

Step 04 在菜单栏上执行【编辑】>【变换】>【旋转 180 度】命令,将图像旋转 180 度。在菜单栏上执行【编辑】>【自由变换】命令,将椭圆图形的图像变换为正圆形,如图 3.81 所示。

图 3.80　建立椭圆形选区

图 3.81　将椭圆变换为正圆

Step 05 在【图层】面板下方单击 *fx.*(添加图层样式)按钮,在其下拉选项中选择【斜面和浮雕】,参数如图 3.82 所示。单击【光泽等高线】右侧的等高线示意窗口,打开【等高线编辑器】对话框,调整曲线的形状,如图 3.83 所示。调整完毕后单击【确定】按钮。

Step 06 此时图像上呈现出具有折射效果的玻璃球图案,如图 3.84 所示。可以使用同样的方法根据自己的喜好再制作几个不同折射效果的玻璃球排列在图像中,如图 3.85所示。

图 3.82 设置斜面和浮雕

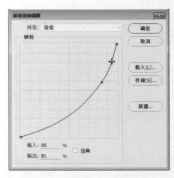

图 3.83 调整等高线曲线的形状

图 3.84 具有折射效果的玻璃球

图 3.85 多个折射效果的玻璃球

第4章　通道运用必练5例

在弄清Photoshop中通道的概念之前，先要了解电脑彩色图像的构成原理。

我们在电脑显示器上所看到的彩色图像，都是RGB（红、绿、蓝）色彩模式的图片。就是说图片中的各种颜色都是由红、绿、蓝三种基本色调配出来的。原理是在显像管的底部有红、绿、蓝三个电子枪，当红枪与绿枪同时照亮一个像素时，那么这个像素就呈现黄色，当红枪与蓝枪同时照亮一个像素时，这个像素就显现紫色。此三种色彩每一种所占成分的多少的不同便可以调配出五彩缤纷的色彩。同样，液晶显示器的每个像素也是由红、绿、蓝三种颜色的发光体构成。红、绿、蓝这三种颜色被称为三原色。

现在讲述Photoshop中颜色通道的概念。在Photoshop中，对于RGB模式的图片，会将此图片中的三种单色信息记录分别放在三个通道中，对其中任何一个通道操作，都可以控制该通道所对应的一种原色。此外，还有一个复合通道，用来存放三种单色叠加后的信息。

除了RGB色彩模式的图像外，常用的还有灰度模式的图像和CMYK（青、洋红、黄、黑）彩色模式的图像。灰度图像只记录图像的明暗，它没有颜色信息，灰度图像只有一个灰色通道，就像黑白照片；而CMYK模式的图片则有四个单色通道。

读者一定会问，既然RGB模式的图片能很好地记录图像的色彩，为什么又会有CMYK模式的图片呢？原来，在彩色印刷中，只用红、绿、蓝三原色是不行的，颜料的吸收配色原理与显像管的叠光配色原理是完全不同的。印刷使用的是青、洋红、黄、黑四色的配色模式。此四种颜色的颜料互相混合也可以调配出各种颜色，比如：洋红颜料和黄颜料可以混合出橙色，洋红颜料和青颜料可以混合出紫色等。用这四种颜色，一个有经验的画家可以调配出自然界中的姹紫嫣红，一台喷墨打印机可以打印出真彩的图片。正由于这个原因，当电子图像应用于印刷时，就要将它转化为CMYK模式。对于CMYK模式的图片，它的四种单色的信息分别记录在四个通道中，对其中任何一个单色通道操作，都可以控制该通道所对应的颜色。此外，它还有一个复合通道，用来存放四种单色叠加后的信息。

Photoshop允许用户添加Alpha通道，在Alpha通道中可以存放和编辑选区。事实上，Alpha通道是最常使用的通道，在实际工作中，经常会用多个Alpha通道来存放多个选区；另外，在Alpha通道中，选区是以灰度图像的方式保存的，所以修改灰度图像就达到了修改选区的目的，非常方便。

本章通过实例学习通道的功能和使用方法。

4.1　修正图片颜色

实例简介

由于彩色图像的单色信息记录在相应的通道内，所以调整单色通道的亮度、对比度就会影响图像的色调。利用这个特点可以纠正一些偏色的图片。

对于单纯偏色的图片，可以使用【色彩平衡】命令来调整。但我们经常看到一些色彩别扭的图片，很难用偏色来形容这些图片的缺陷，原因是这些图片并不一定是整体地偏向某种颜色，或许它的中间色调是趋于正常的，而在暗部区域偏向一种颜色，在亮部又偏向另一种颜色。这种情况的偏色经常是一些使用胶卷拍摄的图片，在胶卷过期、质量低劣、冲印不佳等情况下造成的。遇到这样的图片，利用通道来修正颜色是很方便和有效的。

本例使用通道修正颜色的原始图片是一幅树林的图像，这幅图像中的暗部区域偏向红色。

最终效果

本例素材的原始图像和调整后的图像如图 4.1 所示。

图 4.1　使用通道修整颜色前后的对比效果

操作步骤

Step 01 启动 Photoshop。打开本书配套资源【素材】>【第 4 章】文件夹中的"风景 41.jpg"图像文件，如图 4.2 所示。观察到该画面的暗部有些偏红。

Step 02 下面在通道中进行调整。在菜单栏上执行【窗口】>【通道】命令，打开【通道】面板。单击【红】通道，再单击 RGB 左侧的 👁 （显示通道）图标，显示所有颜色通道，如图 4.3 所示。

Step 03 在菜单栏中执行【图像】>【调整】>【曲线】命令，打开【曲线】对话框，设置【通道】为【红】，在调节窗口中的曲线上单击，为曲线添加节点，拖动节点使曲线的左侧向下弯曲，如图 4.4 所示。观察到减少了图像中暗部像素的红色，色彩得到校正，效果如图 4.5 所示。

图 4.2　打开一幅偏色的图片

图 4.3　【通道】面板状态

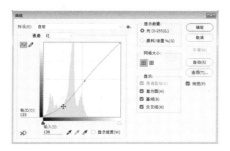

图 4.4　【曲线】对话框

图 4.5　校正后的图片效果

4.2　在通道中储存和编辑选区

实例简介

　　在 Alpha 通道中可以存放和编辑选区，这是一个很实用的功能。在工作中，经常创建一些复杂的选区，如果考虑到这个选区在后面的操作中还会用到，可以暂时将它保存在 Alpha 通道中，当需要时再将它方便地取出。另外，在 Alpha 通道中，选区是以灰度图像的方式保存的，所以修改灰度图像就达到了修改选区的目的。

最终效果

　　本例使用通道编辑的选区如图 4.6 所示。

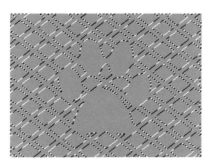

图 4.6　使用通道编辑的选区

操作步骤

Step 01 启动 Photoshop。在菜单栏上执行【文件】>【新建】命令，新建一幅【宽度】为 420 像素、【高度】为 320 像素的图像，使用青色进行填充，效果如图 4.7 所示。

Step 02 在工具栏上选择 ✿（自定义形状工具），在该工具的【形状】列表中选择斜条的形状，如图 4.8 所示。

图 4.7 新建一幅图像   图 4.8 选择斜条形状

Step 03 在图像中拖动鼠标，绘制斜条的路径形状。在工具栏中选择 ▲（直接选择工具），在图像中单击鼠标右键，在弹出的快捷菜单中选择【建立选区】命令，如图 4.9 所示。这样即将路径形状转化为选区。

Step 04 在菜单栏上执行【选择】>【存储选区】命令，设置所保存的选区名称为"斜条"，如图 4.10 所示，单击【确定】按钮。

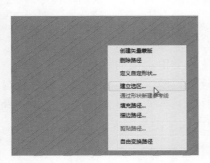

图 4.9 选择【建立选区】命令   图 4.10 【存储选区】对话框

Step 05 在菜单栏上执行【窗口】>【通道】命令，观察到通道面板上增加了一个名为"斜条"的 Alpha 通道，斜条的选区被保存在这个通道中，如图 4.11 所示。

> **说明**：通过上面的步骤，选择区域变成了 Alpha 通道内的灰度图像，使用滤镜、画笔、渐变等工具可以修改这个图像，并随时可以将它重新转化为选区。

Step 06 在【通道】面板中，将【斜条】通道拖动到 ▣（创建新通道）按钮上，释放鼠标，将该通道复制，得到【斜条 拷贝】通道。在菜单栏上执行【选择】>【全部】命令，将该通道中的灰度图像全部选中，在菜单栏上执行【编辑】>【变换】>【水平翻转】命令，将灰度图像水平翻转，如图 4.12 所示。

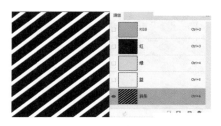

图 4.11　选区被保存在 Alpha 通道中　　　　图 4.12　水平翻转复制图像

Step 07 将通道中的图像转化为选区。在【通道】面板上，单击【斜条】通道，单击 ⬭（将通道作为选区载入）按钮，观察到图像中出现了斜条的选区，如图 4.13 所示。

Step 08 在菜单栏上执行【选择】>【载入选区】命令，弹出【载入选区】对话框，设置通道为【斜条 拷贝】，选中【添加到选区】单选按钮，如图 4.14 所示。

图 4.13　载入选区后的效果　　　　图 4.14　【载入选区】对话框

Step 09 单击【确定】按钮，观察到此时两个通道中方向相反的斜条图案，同时作为选区被载入，交织成网格状选择区域，如图 4.15 所示。

Step 10 取消选择，在【通道】面板中，单击 ▣（创建新通道）按钮，创建 Alpha 1 通道，在工具栏上选择 ⬚（自定义形状工具），绘制路径，如图 4.16 所示。

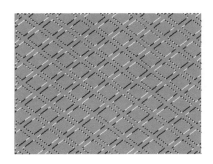

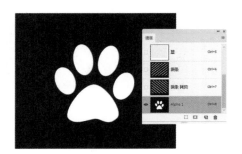

图 4.15　网格状选择区域　　　　图 4.16　绘制路径

Step 11 在菜单栏上执行【选择】>【载入选区】命令，将 3 个 Alpha 通道中的图像都作为选区载入，此时的图像中的选区形状如图 4.17 所示。

Step 12 在菜单栏上执行【选择】>【保存选区】命令，将该选区保存为一个新的通道，这样 3 个 Alpha 通道即叠加成一个新的通道，新通道中的灰度图像如图 4.18 所示。

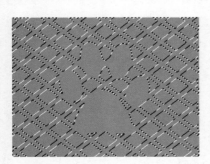

图 4.17　全部载入选区后的效果

图 4.18　灰度图像效果

4.3　利用反差大的单色通道进行选择

实例简介

在实际工作中经常需要建立很复杂的选区，如果使用常规的工具会使工作量很大，根据颜色进行选择又不易做到准确。如果需要选择的区域与其他区域在色相上有较明显的差异，可以考虑在通道中进行选择。在本例中，一片树林图像利用单色通道在 1 分钟内就可以干净利落地选择出来，从而快速地为图像替换背景。建立如此复杂的选区，恐怕也只有利用通道技巧进行选择了。

最终效果

本例的原始图像和为它替换背景后的图像如图 4.19 所示。

图 4.19　原始图像和为它替换背景后的图像

操作步骤

Step 01 启动 Photoshop。打开本书配套资源【素材】>【第 4 章】文件夹中的"风景 42.jpg"图像文件，如图 4.20 所示。

Step 02 我们的目的是将树林和草地的区域选中。在菜单栏上执行【窗口】>【通道】命令，打开【通道】面板。观察到蓝色通道中的图像反差最大。使用鼠标将蓝色通道栏拖动到 🖵（创建新通道）按钮上，复制一个名为"蓝 拷贝"的新通道，如图 4.21 所示。

图 4.20　一幅树林图片

图 4.21　复制通道

Step 03 单击【蓝 拷贝】通道，在菜单栏上执行【图像】>【调整】>【亮度 / 对比度】命令，打开【亮度 / 对比度】对话框。使用鼠标拖动调节滑块，增大该通道的亮度和对比度，使灰度图像变得黑白分明，如图 4.22 所示。

Step 04 在【通道】面板的下部单击 ⬭ （将通道作为选区载入）按钮，将通道作为选区载入，如图 4.23 所示。

图 4.22　增大通道的亮度和对比度

图 4.23　将通道作为选区载入

Step 05 此时图像中的天空区域和一部分草地区域被选择。在菜单栏上执行【选择】>【反向】命令，这样就选择了树林区域。在【通道】面板中，单击 RGB 通道使图像显示彩色，如图 4.24 所示。

Step 06 激活【图层】面板，在菜单栏中执行【图层】>【新建】>【通过副本的图层】命令，将选区中的图像复制到新的图层。单击【背景】图层前面的 👁 图标，隐藏【背景】图层。观察到有一部分草地区域因漏选而没有被复制到新的图层中，造成草地的局部区域缺失，如图 4.25 所示。

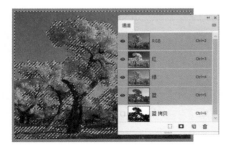

图 4.24　单击 RGB 通道后的效果

图 4.25　将选择区域图像复制到新图层

> 说明：在大部分的情况下，利用通道进行选择，不会一蹴而就地直接得到理想的选区。这时，可以直接对选区进行修改，也可以返回通道中对通道中的黑白进行修改，从而得到理想的选择区域。

Step 07 在工具栏中选择 ⊻ （多边形套索工具），选择草地缺失的区域。单击【背景】图层，在菜单栏中执行【图层】>【新建】>【通过副本的图层】命令，将选择区域内的图像复制到新图层。再次隐藏【背景】图层。这样草地缺失的区域就弥补上了，达到了对草地和树林进行抠像的目的，如图 4.26 所示。

Step 08 如果不习惯步骤 7 中的抠像方法，也可以在【通道】面板，对【蓝 拷贝】通道中的黑白图像进行修改。在工具栏中选择 ✐ （铅笔工具），将草地区域涂成黑色，如图 4.27 所示。这样，将【蓝 拷贝】通道中的图像作为选区载入后，草地的局部区域就不会被漏选了。

图 4.26　通过副本图层选择草地区域

图 4.27　将草地区域涂成黑色

Step 09 在菜单栏上执行【文件】>【打开】命令，打开本书配套资源【素材】>【第 4 章】文件夹中的"云彩 01.jpg"图像文件，如图 4.28 所示。

Step 10 在菜单栏上执行【选择】>【全部】命令，将紫色天空图像的所有区域选中。在工具栏中选择 ✛ （移动工具），将其拖动到树林图像中。将紫色天空图层排列在树林图层下方，效果如图 4.29 所示。

图 4.28　打开紫色背景图像

图 4.29　调整图层顺序后的效果

4.4　使用滤镜作用于图像的通道

实例简介

　　本例将一个图案的灰度图像保存在 Alpha 通道中，再使用【光照效果】滤镜以 Alpha 通道的图像为调制参数对西瓜图层进行照射，就可以得到以西瓜图像为底纹的浮雕图案效果。

最终效果

　　本例原始的西瓜图像和为其制作浮雕图案效果后的图像如图 4.30 所示。

图 4.30　为西瓜制作浮雕效果

操作步骤

Step 01 启动 Photoshop，打开本书配套资源【素材】>【第 4 章】文件夹中的"西瓜 .jpg"图像文件，如图 4.31 所示。

Step 02 在【图层】面板上单击 ▣（创建新图层）按钮，新建一个图层，使用黑色进行填充。在工具栏上选择 ⚒（自定义形状工具），设置创建形状为【爪印 猫】。在视图中拖动鼠标绘制路径。

Step 03 在工具栏中选择 ▹（直接选择工具），在图像中单击鼠标右键，弹出快捷菜单后选择【填充路径】命令，如图 4.32 所示。使用白色对路径进行填充。

图 4.31　打开一幅西瓜图像

图 4.32　选择【填充路径】命令

Step 04 按 Delete 键，删除路径图案。在工具栏中选择 T（横排文字工具），输入"西瓜"文字，如图 4.33 所示。按住 Shift 键，选择文字图层和黑色爪印图层，单击【图层】面板上的 ≡ 图标，在其下拉选项中选择【合并图层】命令。

Step 05 打开【通道】面板，将【蓝】通道拖动到 🔲 （创建新通道）按钮上，复制一个新的通道，新通道被自动命名为"蓝 副本"，如图 4.34 所示。

图 4.33　输入文本

图 4.34　复制通道

Step 06 在【图层】面板中，单击黑色爪印图层前面的 👁 图标，隐藏该图层。在【通道】面板中，单击 RGB 通道栏，显示西瓜的彩色图像，如图 4.35 所示。

Step 07 在【图层】面板中，复制西瓜图层。单击复制的图层，在菜单栏中执行【滤镜】>【渲染】>【光照效果】命令，打开【光照效果】面板。将【光照类型】设置为【平行光】，【纹理】设置为【蓝 副本】，如图 4.36 所示。

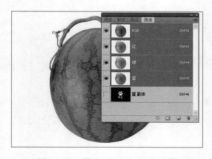

图 4.35　显示西瓜的彩色图像

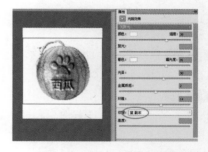

图 4.36　【光照效果】面板

Step 08 单击【确定】按钮，观察到复制得到的西瓜图层出现了浮雕效果，而浮雕的图案正是【蓝 副本】Alpha 通道的纹理。如果觉得浮雕的效果过于强烈，可在【图层】面板中适当降低复制图层的不透明度，如图 4.37 所示。最终效果如图 4.38 所示。

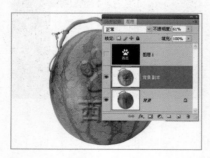

图 4.37　调整图层不透明度

图 4.38　浮雕的最终效果

4.5　用通道选择半透明的云

实例简介

在 Photoshop 中，选区并不是只有"非选择"和"完全选择"两种状态，还包括"一定程度的选择"的过渡状态。将通道中的灰度图像转化为选区后，灰度图像中亮度越高的区域所转化选区的选择程度越高，反之则越低。利用通道这个特点可以将图像转化为层次丰富的选区。本例将天空中云的图像转化为选区。云是有薄有厚的，云的很多区域呈现半透明状态，利用通道的功能恰巧可以使半透明区域的云转化为半选择状态的选区，这样就可以将半透明的云的图像抠出来。半透明的云被抠出后，可以随心所欲地改变云和天空背景的颜色，所得到的图像效果可以超乎想象。

最终效果

本例原始的风景图像和改变了天空背景颜色的几种效果的图像如图 4.39 所示。

图 4.39　改变了天空背景颜色的几种效果

操作步骤

Step 01 启动 Photoshop。打开本书配套资源【素材】>【第 4 章】文件夹中的"风景 43.jpg"图像文件，如图 4.40 所示。

Step 02 打开【通道】面板，观察到红色通道中的图像灰度层次比较明显。将【蓝】通道拖动到 ▣（创建新通道）按钮上，将其复制一个新的通道，新通道被自动命名为【蓝拷贝】，如图 4.41 所示。

图4.40 打开一幅风景图像　　　　　　图4.41 复制【红】通道

Step 03 在【通道】面板的下部单击 ⬭ （将通道作为选区载入）按钮，此时在图像中出现选区，如图4.42所示。此时表示选区的蚂蚁线的形状很凌乱，是因为选择程度低于50%的选择区域不被显示。

Step 04 激活【图层】面板。在【图层】面板上单击 ⬚ （创建新图层）按钮，新建一个图层。将前景色设置为白色，同时按Alt键和Delete键，在选区内填充前景色，此时图像的效果和图层面板的状态如图4.43所示。

图4.42 载入通道选区　　　　　　图4.43 填充白色后的图形效果

Step 05 取消选择。单击【背景】图层，在【图层】面板上单击 ⬚ （创建新图层）按钮。在工具栏中选择 ▣ （渐变工具），设置渐变色效果为紫色至橙色的渐变，由上至下拖动鼠标，此时图像效果如图4.44所示。

Step 06 在【图层】面板上，单击【背景】图层，在工具栏中选择 ➴ （多边形套索工具），将土地和树的区域选中，在菜单栏上执行【图层】>【新建】>【通过副本的图层】命令，将土地和树的图像复制到新图层。将复制图层排列在图层的最上方，效果如图4.45所示。

图4.44 添加渐变色后的图像效果　　　　　　图4.45 调整复制图层顺序后的效果

Step 07 因为此时半透明的云彩已经处于单独的图层，所以可以随心所欲地将天空的色彩调整为心目中理想的颜色而不必担心影响到云彩的色调。在工具栏中选择 ■（渐变工具），在填充渐变色的图层上填充由蓝色至淡紫色的渐变色，此时图像效果如图 4.46 所示。

Step 08 如果想使画面的效果更夸张一些，设置填充渐变色的图层上的渐变色效果为七彩渐变色，此时图形效果如图 4.47 所示。

图 4.46　重新设置渐变色后的图形效果

图 4.47　填充七彩渐变色后的图形效果

Step 09 还可以调整云彩的颜色来改变天空的效果。在【图层】面板上，单击白色云彩图层，在菜单栏上执行【图像】>【调整】>【亮度/对比度】命令，降低云彩的亮度，并设置填充渐变色图层的渐变色效果为棕色至黄色的渐变，得到的天空效果如图 4.48 所示。如果将白色云彩的颜色调节为暗紫色，则会得到如图 4.49 所示的天空效果。

图 4.48　设置了渐变色效果为棕色至黄色

图 4.49　将白色云彩的颜色设置为暗紫色

第5章　色彩调整必练8例

色彩是图像的精神。利用Photoshop可以方便准确地调节图像的色彩。在Photoshop中调整图像色彩的方法有很多，可以用一些色彩调节命令直接对图像进行调整，也可以利用图层的混合模式使图像的颜色甚至质感发生改变。

本章通过实例介绍对图像色彩进行调整的方法，实例中涉及操作简单且效果直观的色彩调节命令，同时也介绍了利用图层之间的叠加计算改变图像的颜色。有的实例使图像大幅度改变色彩，也有的实例注重图像细节之处色彩的把握，还有的实例使图像中物体的质感发生了变化，如在陶罐上作出木纹效果、使石狮子变成金狮子等。

5.1　改变图像的对比度与色调

实例简介

本例练习【亮度／对比度】、【色阶】、【曲线】调整命令的使用方法。

【亮度／对比度】命令有新版与旧版两种调整效果。旧版是以线性压缩或扩展的计算方式来改变图像的对比度，调整效果强烈；新版则对图像的亮部和暗部进行不同程度的压缩或扩展，属于非线性的计算方式，与旧版相比，较不易损失调整后的图像的层次。

【色阶】命令通过设置输入像素的亮度和其对应的输出亮度来改变图像的对比度，调整方式直观并容易控制图像中间色调的层次。

【曲线】命令以曲线图的方式控制图像的输出亮度，由于在其控制曲线上可设置多个控制点，因此可以同时调整图像的暗部到亮部的多个层次。

【色阶】命令和【曲线】命令都可对图像的每个单色通道进行调整，从而改变图像的色相属性。

最终效果

本例练习使用的风景的原始图像与调整色彩后几种图像对比的最终效果如图 5.1 所示。

操作步骤

Step 01　启动 Photoshop。打开本书配套资源【素材】>【第

图 5.1　原始图像与调整色彩后的图像效果

5 章】文件夹下的"风景 51.jpg"图像文件，如图 5.2 所示。

Step 02 在菜单栏上执行【图像】>【调整】>【亮度 / 对比度】命令，打开【亮度 / 对比度】对话框。使用鼠标拖动调节滑块，增大图像亮度、降低图像对比度，得到如图 5.3 所示的图像效果。

图 5.2　打开一幅风景图片

图 5.3　调整图形亮度 / 对比度

Step 03 如果勾选【使用旧版】复选框，若要得到类似步骤 2 中的效果，就要提高【亮度 / 对比度】对话框中的【对比度】参数，同时【亮度】参数的提高程度也有所不同，如图 5.4 所示。

Step 04 取消【使用旧版】复选框的勾选，同时将【亮度】参数和【对比度】参数都降到最低，观察到画面中原来较亮的区域仍然有层次，如图 5.5 所示。勾选【使用旧版】复选框，同时将【亮度】参数和【对比度】参数都降到最低，观察到画面中是纯黑一片。

图 5.4　勾选【使用旧版】复选框

图 5.5　画面中较亮的区域仍然有层次

> 说明：旧版中【对比度】参数是以数值为 128 的灰度为中点向两侧进行线性扩展或压缩计算，【亮度】参数则是在全灰度范围内减去或增加相同的亮度值，进行较大的参数设置时，可使像素的亮度超出图像的显示阈值而丢失画面层次，因此调整效果强烈。
>
> 　不勾选【使用旧版】复选框时，增加【对比度】、【亮度】参数只对图像中较亮的区域影响大，反之则只对图像中较暗的区域影响大，是对图像的亮部和暗部进行不同程度的压缩或扩展，属于非线性的计算方式，不易损失调整后图像的层次。

Step 05 取消【使用旧版】复选框的勾选，同时将【亮度】参数和【对比度】参数都设置为最高值，此时图形效果如图 5.6 所示。观察到画面中原来较亮的区域变得更亮，但亮部的层次损失较小。勾选【使用旧版】复选框，观察到整个画面呈现纯白色。

Step 06 如果想得到反差强烈的图像效果，通常是勾选【使用旧版】复选框进行设置。

只要提高【对比度】参数即可得到反差强烈的图像效果，如图 5.7 所示。

图 5.6　较亮的区域变得更亮　　　　　　　图 5.7　反差强烈的图像效果

Step 07 现在学习【色阶】命令的设置方法。在菜单栏上执行【窗口】>【历史记录】命令，打开【历史记录】面板，单击最上层【打开】记录栏，将图像还原到初始状态。

Step 08 在菜单栏上执行【图像】>【调整】>【色阶】命令，打开【色阶】对话框。拖动【输入色阶】右端的控制点至 108 处，如图 5.8 所示。此时图像中亮度值高于 108 的像素均被调整为【输出色阶】右端控制点的亮度值，图像会变得更亮，效果如图 5.9 所示。

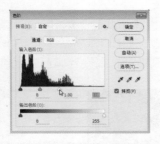 

图 5.8　【色阶】对话框　　　　　　　　　图 5.9　图像变得更亮

Step 09 在【色阶】对话框中，使用鼠标拖动【输入色阶】左端的控制点至 39 处，如图 5.10 所示。此时图像中亮度值低于 39 的像素均被调整为【输出色阶】左端的控制点的亮度值，图像的反差增大，效果如图 5.11 所示。

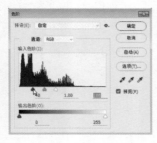 

图 5.10　设置色阶参数　　　　　　　　　图 5.11　图像的反差增大

Step 10 【色阶】命令还可以只对图像的单色通道进行调整。在菜单栏上执行【窗口】>【通道】命令，打开【通道】面板。单击【红】通道，拖动【输入色阶】中间的控制点至 0.09 处，如图 5.12 所示。此时图像的红色通道的亮度被降低，使树林显示为绿色，效果如图 5.13 所示。

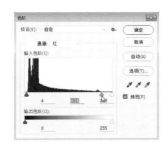

图 5.12　调整色阶参数

图 5.13　树林显示为绿色

Step 11 现在学习【曲线】命令的调整方法。在【历史记录】面板上单击最上层的【打开】记录栏，将图像还原到初始状态。

Step 12 在菜单栏上执行【图像】>【调整】>【曲线】命令，打开【曲线】对话框，拖动控制曲线使其向上弯曲，如图 5.14 所示。此时图像的中间色调会变亮，效果如图 5.15 所示。

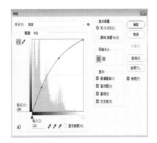

图 5.14　【曲线】对话框

图 5.15　图像的中间色调变亮

> **说明：** 【曲线】命令是以横轴表示输入亮度值，以纵轴表示输出亮度值，因此在曲线中段使其向上弯曲即会增加图像的中间色调的输出亮度。

Step 13 拖动控制曲线，使【输入】栏的数值为 150，【输出】栏的数值为 255，如图 5.16 所示。此时图像中亮度值高于 150 的像素均被调整至 255 的亮度，图像会变亮，效果如图 5.17 所示。

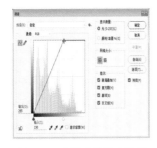

图 5.16　调整曲线输入数值

图 5.17　图像部分区域变亮

Step 14 【曲线】命令也可以只对图像的单色通道进行调整。打开【通道】面板，单击【红】通道，拖动控制曲线，使【输入】栏的数值为 255，【输出】栏的数值为 147，如图 5.18 所示。此时图像的红色通道的亮度被降低，树林被调整为绿色，如图 5.19 所示。

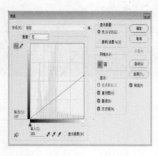

图 5.18　在通道中调整色阶　　　　　　　　　　图 5.19　树林被调整为绿色

5.2　调整图像的某种颜色

实例简介

　　运用【可选颜色】命令可以选择图像中的某一颜色进行调整而对其他颜色的影响较小。本例使用该命令将一幅夕阳图像中的黄色调适当增加红色，这种微妙的变化使图像的气氛更加温暖。

最终效果

　　本例调整前的夕阳图片与调整后的图像效果如图 5.20 所示。

图 5.20　夕阳图片调整前后的效果

操作步骤

　　Step 01 启动 Photoshop。打开本书配套资源【素材】>【第 5 章】文件夹下的"风景 52.jpg"图像文件，这是一幅夕阳图片，此时图像的色调有些偏冷，如图 5.21 所示。

　　Step 02 在菜单栏上执行【图像】>【调整】>【可选颜色】命令，打开【可选颜色】对话框。将【颜色】设置为【黄色】，拖动调节滑块，可以调整图像中黄色调处的红色，如图 5.22 所示。

图 5.21　打开一幅色调偏冷的图片

图 5.22　调整图像中的色调

Step 03 经过上一步的调整后，图像中较暗的区域也会稍有些偏红，图像的颜色显得较"假"。这时可以在将【颜色】设置为【黑色】，拖动【青色】栏的调节滑块至+25% 处，如图 5.23 所示。此操作增加图像中较暗像素的青色，纠正了图像中较暗的区域偏红的缺陷，效果如图 5.24 所示。

图 5.23　调整青色滑块位置

图 5.24　纠正较暗区域偏红的缺陷

Step 04 在菜单栏上执行【图像】>【调整】>【色相/饱和度】命令，打开【色相/饱和度】对话框。拖动调节滑块，如图 5.25 所示。此时图像的色彩饱和度增加，使图像的色调变得更加温暖，效果如图 5.26 所示。

图 5.25　调整图像的色相、饱和度

图 5.26　图像的色调变得更加温暖

5.3　使图像变得艳丽

实例简介

我们经常对一些平面广告作品的颜色是那么的纯正而赞叹。然而这些作品中的绝大多数都经过 Photoshop 的调色处理。拍摄一幅摄影作品时，由于受到拍摄实物、环境光线等条件的限制，所得到的图像的颜色、质感常常不尽如人意，这就需要运用 Photoshop 进行调整而使图像的颜色变得理想，同时也可以达到突出物体质感的效果。本例对一幅色彩平淡的静物图像进行调整，最终得到一幅光鲜艳丽的静物图像的效果。

最终效果

本例调整前的静物图片与调整后的图像效果如图 5.27 所示。

图 5.27　静物图片调整前后的效果对比

操作步骤

Step 01 启动 Photoshop。打开本书配套资源【素材】>【第 5 章】文件夹下的"酒 .jpg"图像文件，观察到该图像画面的色调有些黯淡，如图 5.28 所示。

Step 02 在菜单栏上执行【图像】>【调整】>【色阶】命令，打开【色阶】对话框，设置参数如图 5.29 所示。使图像对比度增加。

图 5.28　打开一幅图片　　　　　　　　　图 5.29　【色阶】对话框

Step 03 在菜单栏上执行【图像】>【调整】>【曲线】命令，打开【曲线】对话框。使用鼠标拖动曲线，如图 5.30 所示。观察到图像的中间层次更加分明。

Step 04 在菜单栏上执行【图像】>【调整】>【色彩平衡】命令，打开【色彩平衡】对话框。使用鼠标拖动调节滑块，如图 5.31 所示。观察到图像中的红色调增加。

Step 05 在菜单栏上再次执行【图像】>【调整】>【色彩平衡】命令，打开【色彩平衡】对话框，如图 5.32 所示。选中【阴影】单选按钮，拖动调节滑块。进一步增加图像暗部的红色调。

Step 06 在菜单栏上执行【图像】>【调整】>【色相/饱和度】命令，打开【色相/饱和度】对话框。拖动【色相】栏的调节滑块，适当改变图像的色相，使图像整体稍偏向洋红色，效果如图5.33所示。

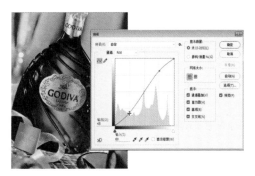

图 5.30　【曲线】对话框

图 5.31　【色彩平衡】对话框

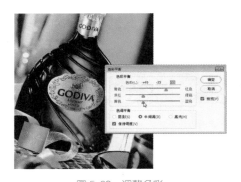

图 5.32　调整色彩

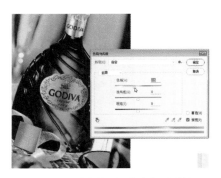

图 5.33　【色相／饱和度】对话框

Step 07 在工具栏中选择 ⬚（多边形套索工具），选择瓶身上的铭牌，在菜单栏上执行【图像】>【调整】>【曲线】命令，打开【曲线】对话框。拖动曲线，使铭牌显示出金属的质感，如图5.34所示。

Step 08 观察到此时图像的整体色调有些偏红。选择背景区域，在菜单栏上执行【图像】>【调整】>【色相/饱和度】命令，降低该区域的饱和度，并拖动【色相】滑块，适当使背景区域的颜色偏向黄色。这样最终得到一幅光鲜艳丽静物的效果，如图5.35所示。

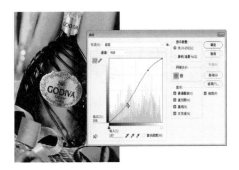

图 5.34　调整铭牌的金属质感

图 5.35　调整后的最终效果

5.4 去除图像中的灰雾

实例简介

在有雾或沙尘的天气中拍摄的数码照片常常灰度较高、饱和度不足。本例运用【色阶】命令和图层的混合模式将一幅图像中的灰雾去除，最终得到色彩饱和、对比度适中的图像。

最终效果

本例调整前的山村图像与调整后的效果如图 5.36 所示。

图 5.36　山村图像调整前后的效果

操作步骤

Step 01 启动 Photoshop。打开本书配套资源【素材】>【第 5 章】文件夹下的"风景 54.jpg"图像文件，由于图像的灰度过大，图像显得很黯淡，如图 5.37 所示。在菜单栏上执行【图像】>【调整】>【色阶】命令，打开【色阶】对话框，设置参数如图 5.38 所示。观察到图像的对比度增加了。

图 5.37　打开一幅灰度较大的图像

图 5.38　【色阶】对话框

Step 02 在【图层】面板上，将【背景】拖动到 （创建新图层）按钮上，复制【背景】图层。将复制图层的混合模式设置为【滤色】，如图 5.39 所示。观察到图像的色调变得明快了一些，效果如图 5.40 所示。

图 5.39　复制【背景】图层

图 5.40　图像色调变亮

Step 03 再次复制【背景】图层。在【图层】面板上，将复制图层的混合模式设置为【线性加深】，如图 5.41 所示。观察到图像的饱和度大幅提高。将该图层的【不透明度】参数设置为 30%，得到适当的图像饱和度，最终效果如图 5.42 所示。

图 5.41　设置复制图层的混合模式

图 5.42　调整后的最终效果

5.5　在图像的局部添加颜色

实例简介

在实际工作中有时需要在图像的局部区域添加某种颜色以达到突出主题、渲染气氛的目的。本例利用图层的混合模式和蒙版的功能在图中添加形状不规则的蓝色。

最终效果

本例使用的原始图像和添加形状不规则的蓝色后的图像效果如图 5.43 所示。

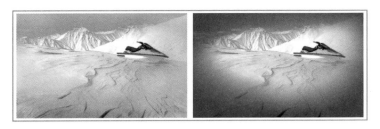

图 5.43　原始图像和添加蓝色后的图像效果

操作步骤

Step 01 启动 Photoshop。打开本书配套资源【素材】>【第 5 章】文件夹下的"雪景 .jpg"图像文件，如图 5.44 所示。

Step 02 在【图层】面板上，单击 ▣ （创建新图层）按钮，新建一个图层。使用蓝色进行填充。将该图层的混合模式设置为【正片叠底】，此时图形效果如图 5.45 所示。

图 5.44 打开一幅雪景图片

图 5.45 设置新图层的混合模式

Step 03 在【图层】面板上，单击 ▣ （添加图层蒙版）按钮，在工具栏中选择 ✎ （画笔工具），使用黑色在图像的中央区域进行绘制，观察到所绘制的区域会使蓝色图层对应的区域变得透明。在蒙版的示意窗中可以看到画笔的绘制操作其实是绘在了蒙版上，如图 5.46 所示。

Step 04 在菜单栏上执行【滤镜】>【模糊】>【高斯模糊】命令，对蒙版进行处理，如图 5.47 所示。

图 5.46 使用画笔在蒙版上绘制

图 5.47 对蒙版进行模糊处理

Step 05 在菜单栏上执行【编辑】>【自由变换】命令，在选项栏中按下 ▣ （在自由变换和变形模式之间切换）按钮，拖动控制网格调整蒙版的形状，如图 5.48 所示。

Step 06 在【图层】面板上，调整蓝色图层的【不透明度】参数。图像的最终效果如图 5.49 所示。

图 5.48 调整蒙版形状

图 5.49 图像的最终效果

5.6　分层次调整图像的颜色

实例简介

　　经常有一些很有用途的图像素材，但在其画面中却有不尽如人意之处。例如本例的原始图像中远山颜色的饱和度稍欠，而近景的树林又过于深暗。改善的方法是利用【色彩平衡】命令和【滤色】图层混合模式增加树林的绿色并适当提高亮度，再使用【颜色加深】图层混合模式提高远山及天空的饱和度，这样将图像分层次进行调整，最终得到层次丰富、色彩宜人的风景图像。

最终效果

　　本例的原始图像和分层次调整颜色后的图像效果如图 5.50 所示。

图 5.50　原始图像和分层次调整颜色后的图像效果

操作步骤

Step 01 启动 Photoshop。打开本书配套资源【素材】>【第 5 章】文件夹下的"风景 55.jpg"图像文件，如图 5.51 所示。

Step 02 打开【通道】面板上，单击对比度较大的【红】通道，将其拖动到 📄（创建新通道）按钮上，复制得到【红 拷贝】通道，如图 5.52 所示。

图 5.51　打开一幅风景图片　　　　图 5.52　复制对比度大的通道

Step 03 在菜单栏上执行【图像】>【调整】>【亮度/对比度】命令，打开【亮度/对比度】对话框，拖动调节滑块使图像黑白分明，如图 5.53 所示。

Step 04 在工具栏上选择 ✐（画笔工具），将前景色设置为白色，然后将树林之外的区域全部绘制成白色，如图 5.54 所示。

图 5.53　拖动调节滑块使图像黑白分明

图 5.54　将树林之外的区域绘制成白色

Step 05 在【通道】面板上，单击 按钮（将通道作为选区载入）按钮，将通道中的图像转化为选区。在菜单栏上执行【选择】>【反选】命令，观察到树林区域被选择，如图 5.55 所示。

Step 06 激活【图层】面板，选择【背景】图层，在选区中单击鼠标右键，弹出快捷菜单后选择【通过副本的图层】命令，将选区中的树林图像复制到新的图层。此时【图层】面板的状态如图 5.56 所示。

图 5.55　将通道转换为选区并选择树林区域

图 5.56　将选区内图形复制到新图层

Step 07 在菜单栏上执行【图像】>【调整】>【色彩平衡】命令，打开【色彩平衡】对话框。拖动调节滑块，增加树林的绿色，如图 5.57 所示。

Step 08 复制【背景】图层，如图 5.58 所示。将复制图层的【混合模式】设置为【颜色加深】，观察到图像的饱和度大幅提高。将复制图层的【不透明度】设置为 40%，得到适当的图像饱和度。

图 5.57　拖动调节滑块以增加树林绿色

图 5.58　调整不透明度后的效果

Step 09 复制树林图层。将复制图层的混合模式设置为【滤色】，观察到树林区域的亮度有所提高。将该图层的【不透明度】设置为 30%，如图 5.59 所示。

Step 10 可根据自己对图像颜色的喜好再次调整各图层的不透明度，最终得到层次丰富、色彩理想的风景图像，如图 5.60 所示。

图 5.59　设置复制树林图层的效果

图 5.60　风景图像的最终效果

5.7　改变图像的质感

实例简介

Photoshop 调整图像颜色的功能很强大。有些色调调整命令甚至可以改变图像中物体的质感。例如【渐变映射】、【色调分离】等命令可以根据图像的明暗层次重新赋予它新的色彩，使图像中物体原有的质感荡然无存。本例将对一幅陶罐的图像使用【色调分离】、【渐变映射】、【曲线】等命令进行调整，使陶罐物体产生几种不同质感。

最终效果

本例原始的陶罐图像和调整色彩后几种不同质感的图像效果如图 5.61 所示。

图 5.61　原始的陶罐图像和调整色彩后的图像

操作步骤

Step 01 启动 Photoshop。打开本书配套资源【素材】>【第 5 章】文件夹下的"静物 01.jpg"图像文件，如图 5.62 所示。

Step 02 复制背景图层。在菜单栏上执行【图像】>【调整】>【去色】命令，在菜单栏上执行【图像】>【调整】>【色调分离】命令，打开【色调分离】对话框，设置【色阶】为 13，如图 5.63 所示。

图 5.62 打开一幅陶罐的图像

图 5.63 去色后进行色调分离

Step 03 在菜单栏上执行【图像】>【调整】>【渐变映射】命令，打开【渐变映射】对话框，选择渐变色，如图 5.64 所示。

Step 04 复制当前图层。在菜单栏上执行【滤镜】>【风格化】>【查找边缘】命令。在菜单栏上执行【图像】>【调整】>【去色】命令，观察到图像转换为黑白线条，如图 5.65 所示。

图 5.64 添加【渐变映射】效果

图 5.65 转换为黑白线条

Step 05 在【图层】面板上，将复制图层的混合模式设置为【正片叠底】，如图 5.66 所示。此时图像的叠加效果如图 5.67 所示。

图 5.66 设置图层的混合模式

图 5.67 叠加后的图像效果

Step 06 现在尝试其他质感的陶罐的制作方法。在【历史记录】面板上单击最上层的【打开】记录栏，将图像还原到初始状态。

Step 07 在菜单栏上执行【图像】>【调整】>【曲线】命令，拖动曲线使其成为如图 5.68 所示的形状。单击【确定】按钮，图像的效果如图 5.69 所示。

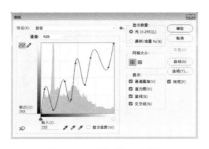

图 5.68　【曲线】对话框

图 5.69　添加【曲线】滤镜后的效果

Step 08 在【图层】面板上，单击 🔲（创建新图层）按钮，新建一个图层，使用黄色进行填充，如图 5.70 所示。将黄色图层的混合模式设置为【颜色】，【不透明度】设置为 85%。此时图像效果如图 5.71 所示。

图 5.70　【图层】面板状态

图 5.71　调整后的图像效果

Step 09 在菜单栏上执行【图层】>【向下合并】命令。复制合并后的图层，在菜单栏上执行【滤镜】>【艺术效果】>【塑料包装】命令，打开【塑料包装】对话框，参数设置如图 5.72 所示。单击【确定】按钮。在【图层】面板上，调整图层的不透明度，最后效果如图 5.73 所示。

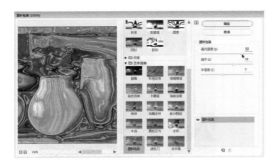

图 5.72　【塑料包装】对话框

图 5.73　调整图层不透明度

Step 10 在菜单栏上执行【图层】>【向下合并】命令。在菜单栏上执行【图像】>【调整】>【曲线】命令，打开【曲线】对话框，拖动曲线形状，如图5.74所示。单击【确定】按钮，此时图像中间层次的对比度增大，效果如图5.75所示。

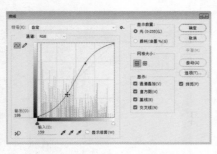

图 5.74 【曲线】对话框

图 5.75 图像中间层次的对比度增大

Step 11 现在尝试在陶罐上制作木纹效果。在【历史记录】面板上单击最上层的【打开】记录栏，将图像还原到初始状态。

Step 12 复制背景图层。在菜单栏上执行【图像】>【调整】>【去色】命令。在菜单栏上执行【图像】>【调整】>【渐变映射】命令，打开【渐变映射】对话框，如图5.76所示。双击渐变色示意窗口，打开【渐变编辑器】对话框，设置渐变色，如图5.77所示。

图 5.76 【渐变映射】对话框

图 5.77 【渐变编辑器】对话框

Step 13 单击【确定】按钮，此时图像效果如图5.78所示。在菜单栏上执行【图像】>【自动色阶】命令，观察到图像被去色的同时对比度提高，此时图像效果如图5.79所示。

图 5.78 添加渐变映射后的效果

图 5.79 执行【自动色阶】命令后的效果

Step 14 使用步骤 11 中编辑的渐变色再次对图像执行【渐变映射】，此时图像的效果如图 5.80 所示。在菜单栏上执行【图像】>【自动色阶】命令，提高图像对比度，再执行一次【渐变映射】命令，图像产生了致密的纹理，如图 5.81 所示。

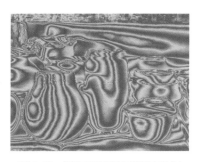

图 5.80　再次对图像执行渐变映射

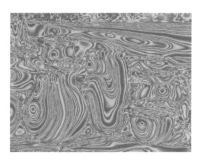

图 5.81　图像产生了致密的纹理

Step 15 在【图层】面板上，将该图层的混合模式设置为【正片叠底】，图层【不透明度】设置为 34%，如图 5.82 所示。此时在陶罐上产生了木纹效果，如图 5.83 所示。

图 5.82　【图层】面板状态

图 5.83　陶罐上产生木纹效果

5.8　石狮子变金狮子

实例简介

在实际工作中有时要刻意地改变图像中物体原有的材质。例如将石头材质的狮子改变成金子材质的狮子。这并不是简单地将石头的青色改变成黄色就能够完成的事情，石头材质与金属材质的反光度与光泽度都有很大的差异，所以本例还使用了【渐变映射】命令营造金狮子较强的反光效果。

最终效果

本例使用的石刻狮子图像与改变成金狮子的图像效果如图 5.84 所示。

图 5.84 石刻狮子图像与改变成金狮子的图像效果

操作步骤

Step 01 启动 Photoshop。打开本书配套资源【素材】>【第 5 章】文件夹下的"石狮子 .jpg"图像文件,如图 5.85 所示。

Step 02 复制背景图层。在菜单栏上执行【图像】>【调整】>【去色】命令,观察到图像转换为黑白色调,如图 5.86 所示。

图 5.85 打开一幅石狮子图像　　　　　　图 5.86 去色后的图像效果

Step 03 在菜单栏上执行【图像】>【调整】>【渐变映射】命令,打开【渐变映射】对话框,设置渐变映射的渐变色,如图 5.87 所示。

Step 04 在菜单栏上执行【图像】>【自动色阶】命令,效果如图 5.88 所示。

图 5.87 添加【渐变映射】效果　　　　　图 5.88 执行【自动色阶】命令

Step 05 在【图层】面板上,单击 ▣ (创建新图层)按钮,新建一个图层,使用黄色进行填充,如图 5.89 所示。将该图层的【不透明度】设置为 50%。复制黄色图层,将复制图层的混合模式设置为【颜色】。

Step 06 可根据自己对颜色的喜好再次微调两个图层的【不透明度】参数,使图像中的狮子呈现金属的质感，满意后将两个黄色图层与【背景 拷贝】图层合并。此时图像中共有 2 个图层，如图 5.90 所示。

Step 07　在工具栏中选择 ✂（多边形套索工具），将狮子区域选中，在菜单栏上执行【选择】>【反向】命令，选择狮子图形外的区域，按 Delete 键删除多余的区域。此时图形效果如图 5.91 所示。

Step 08　在菜单栏上执行【图像】>【调整】>【曲线】命令，打开【曲线】对话框，调整曲线形状，如图 5.92 所示。单击【确定】按钮，观察到图像的中间色调对比度增加，金狮子的质感会变得更加强烈。

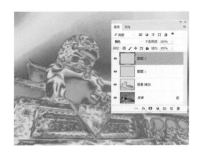

图 5.89　设置复制图层的混合模式

图 5.90　图像中的狮子呈现金属的质感

图 5.91　删除狮子外的区域

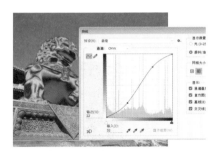

图 5.92　狮子质感更加强烈

Step 09　在工具栏中选择 🔍（缩放工具），将图像放大显示，对于金属质感不明显的区域，在工具栏中选择 ✋（加深工具）或 🔍（减淡工具），对图像进行细致修改，如图 5.93 所示。

Step 10　在选项栏中单击【适合屏幕】按钮，将图像按屏幕大小缩放。本例石狮子变金狮子的最终效果如图 5.94 所示。

图 5.93　对图像进行细致修改

图 5.94　本例的最终效果

第6章 制作特效字必练10例

在制作广告招贴、包装设计时要用到各种漂亮的文字。用Photoshop可以方便地制作各种效果的文字。制作特效字像处理图像一样，会用到图层、滤镜、通道等多种功能。在学习制作特效字的同时，可以把Photoshop的多种图像处理功能和操作手法融会贯通。因此，经常练习制作特效字是一件非常有意义的事。本章介绍一些特效字制作的经典案例。

6.1 炽 热 字

实例简介

本例是在一幅场景图片中输入文字，利用【高斯模糊】命令得到模糊的文字效果，再使用【色彩平衡】、【亮度/对比度】、【曲线】等命令对文字进行颜色、亮度及对比度的调整，最终得到炽热字的效果。

实例效果

本例最终效果如图6.1所示。

图6.1 炽热字效果

操作步骤

Step 01 启动 Photoshop。打开本书配套资源【素材】>【第6章】文件夹中的"炽热背景.jpg"文件，这是一幅火山岩浆的图像文件，如图6.2所示。下面要配合图片制作炽热字。

Step 02 在工具栏中选择 **T**（横排文字工具），在图像中输入"爆裂岩浆"的字样，如图6.3所示。

Step 03 将文字图层复制。单击复制的文字图层栏左侧的 ⊙ 图标，将该图层隐藏。

注释：为了方便观察，可以将暂时不进行编辑的图层隐藏。在【图层】面板的图层栏左侧单击 ◉（指示图层可视性）图标，可将当前图层隐藏，再次单击该图标的位置即可显示出隐藏的图层。

Step 04 在【图层】面板上，在原文字图层栏上单击鼠标右键，弹出快捷菜单后选择【栅格化文字】命令。在菜单栏上执行【滤镜】>【模糊】>【高斯模糊】命令，打开【高斯模糊】对话框，设置模糊【半径】为 4.0 像素，如图 6.4 所示。单击【确定】按钮，观察到文字变得模糊了，如图 6.5 所示。

图 6.2　火山岩浆的图片

图 6.3　输入文字

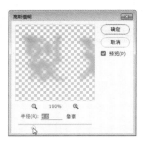

图 6.4　设置模糊半径

图 6.5　文字变模糊

Step 05 在菜单栏上执行【图像】>【调整】>【亮度/对比度】命令，打开【亮度/对比度】对话框，使用鼠标拖动调节滑块，增加文字的亮度和对比度，如图 6.6 所示。观察到文字出现了高亮效果，如图 6.7 所示。

图 6.6　调节亮度和对比度

图 6.7　文字出现高亮效果

Step 06 在菜单栏上执行【图像】>【调整】>【色彩平衡】命令，打开【色彩平衡】对话框，使用鼠标拖动色彩调节滑块，增加文字的红色和黄色，如图 6.8 所示。单击【确定】按钮，文字效果如图 6.9 所示。

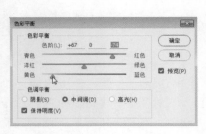

图 6.8 增加红色和黄色

图 6.9 调节后的文字效果

Step 07 在菜单栏上执行【图像】>【调整】>【曲线】命令，打开【曲线】对话框。在曲线窗口中单击鼠标，添加两个节点后调节曲线的弯曲度，如图 6.10 所示。单击【确定】按钮，文字效果如图 6.11 所示。

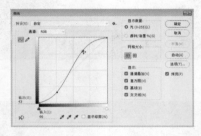

图 6.10 【曲线】对话框

图 6.11 调整为火焰的颜色

Step 08 在【图层】面板上，单击复制的文字图层栏左侧的 👁 图标，显示该图层。此时文字效果如图 6.12 所示。

Step 09 在复制的文字图层栏上单击鼠标右键，弹出快捷菜单后选择【栅格化图层】命令，将文字图层栅格化。在菜单栏上执行【图像】>【调整】>【亮度/对比度】命令，提高文字的亮度，得到炽热字的效果，如图 6.13 所示。

图 6.12 显示隐藏的文字

图 6.13 炽热字的最后效果

6.2 火 焰 字

实例简介

本例是在一幅电影海报图片中输入文字，利用【旋转画布】命令和【风】滤镜得到有速度线的文字效果，再使用【波浪】滤镜制作出飘动的火焰效果，最后使用【色彩平衡】、【亮度 / 对比度】、【曲线】等命令调节文字的颜色和亮度，最终得到火焰字的效果。

实例效果

本例的最终效果如图 6.14 所示。

图 6.14　火焰字的最终效果

操作步骤

Step 01 启动 Photoshop。新建一幅【宽度】为 700 像素、【高度】为 300 像素的图像，并将背景填充为黑色。

Step 02 在工具栏上选择 **T**（横排文字工具），在视图中分别输入白色文本 GHOST 和 RIDRE。在工具栏上选择 ✛（移动工具），调整文字的位置，如图 6.15 所示。按住 Shift 键，将两个文本图层同时选中，在菜单栏上执行【图层】>【合并图层】命令，这两个图层即被合并为一个图层。

Step 03 单击文本图层，在菜单栏上执行【编辑】>【变换】>【旋转 90 度（逆时针）】命令，则该图层即被逆时针方向旋转了 90 度，如图 6.16 所示。

图 6.15　输入文字并调整位置

图 6.16　逆时针旋转文字图层

Step 04 在菜单栏上执行【滤镜】>【风格化】>【风】命令，打开【风】对话框，设置【方法】为【风】，【方向】为【从右】，如图 6.17 所示。单击【确定】按钮。

Step 05 在菜单栏上执行【编辑】>【变换】>【旋转 90 度（顺时针）】命令，观察到图层被旋转回原来的状态，此时文本向上方出现【风】滤镜效果，如图 6.18 所示。

图 6.17 【风】对话框

图 6.18 文本向上方出现【风】滤镜效果

> 说明：由于【风】滤镜的效果只能为水平方向，要得到垂直方向的刮风效果就只能先将画布旋转 90 度，执行完【风】滤镜后再将画布旋转回原来的角度。如果风的效果不够明显，可以再次使用【风】滤镜加强效果。

Step 06 下面要使文字产生扭曲的效果。在菜单栏上执行【滤镜】>【扭曲】>【波纹】命令，弹出【波纹】对话框，设置波纹【大小】为【中】，如图 6.19 所示。单击【确定】按钮，得到的文字效果如图 6.20 所示。

图 6.19 【波纹】对话框

图 6.20 添加【波纹】滤镜后的文字效果

> 说明：【波浪】滤镜也可以将文字扭曲出火焰飘动的效果。在菜单栏中执行【滤镜】>【扭曲】>【波浪】命令，在弹出的对话框中设置生成器的大小和波幅，单击【随机化】按钮可预览扭曲的效果，满意后单击【确定】按钮即可。

Step 07 将文字图层复制，在菜单栏上执行【滤镜】>【模糊】>【高斯模糊】命令，打开【高斯模糊】对话框，设置合适的模糊半径，单击【确定】按钮，如图 6.21 所示。模糊后的文字效果如图 6.22 所示。

图 6.21 【高斯模糊】对话框

图 6.22 添加【高斯模糊】滤镜后的文字效果

Step 08 按住 Ctrl 键，单击复制文字图层栏的缩览图窗口，将该图层中的图像区域选中。将选区中的图像填充为黄色，效果如图 6.23 所示。

Step 09 在【图层】面板上，将复制文字图层的混合模式设置为【颜色】，观察到文字出现了黄色的火焰效果，如图 6.24 所示。

图 6.23　将选区中的图像填充为黄色　　　　　　　图 6.24　文字出现了黄色的火焰效果

Step 10 在【图层】面板上，复制【颜色】模式的图层。按住 Ctrl 键，单击复制图层的缩览图窗口，将该图层中的图像区域选中。使用橙红色填充选区，效果如图 6.25 所示。

Step 11 在【图层】面板上，将复制图层的混合模式设置为【滤色】，图层的【不透明度】设置为 50%，观察到文字出现橙色火焰的效果，如图 6.26 所示。

图 6.25　使用橙红色填充选区　　　　　　　　　图 6.26　文字出现橙色火焰效果

Step 12 在菜单栏上执行【文件】>【打开】命令，打开本书配套资源【素材】>【第6 章】文件夹下的"骑士 .jpg"图像文件，如图 6.27 所示。

Step 13 按住 Shift 键，将 3 个文字图层同时选中。在【图层】面板上单击 ∞（链接图层）按钮，对这些图层进行链接。

Step 14 在工具栏上选择 ✛（移动工具），将链接后的图层拖动到"骑士 .jpg"图像文件中。在菜单栏上执行【编辑】>【自由变换】命令，调整文字图形的大小和位置，最后效果如图 6.28 所示。

图 6.27　打开一幅背景图像　　　　　　　　　图 6.28　火焰字的最终效果

6.3 斜 切 字

实例简介

    本例是利用【图层样式】中的【斜面和浮雕】得到有立体效果的文字，然后利用【渐变叠加】制作出金属的色调，使用【图案叠加】制作出金属的质感，最终得到金属斜切字的效果。然后将制作好的金属斜切字加入到一幅电影海报中。

实例效果

    本例最终效果如图 6.29 所示。

图 6.29　斜切字的最终效果

操作步骤

Step 01 启动 Photoshop。新建一幅【宽度】为 800 像素、【高度】为 400 像素的文件。将背景填充为黄色。在工具栏中选择 **T**（横排文字工具），在视图中输入黑色文本"刀锋战士 BLADE"，如图 6.30 所示。

Step 02 在菜单栏上执行【图层】>【栅格化】>【文字】命令，将文字图层转换为普通图层。按住 Ctrl 键，单击文字图层缩略图，载入文本选区，使用深灰色填充选区，效果如图 6.31 所示。

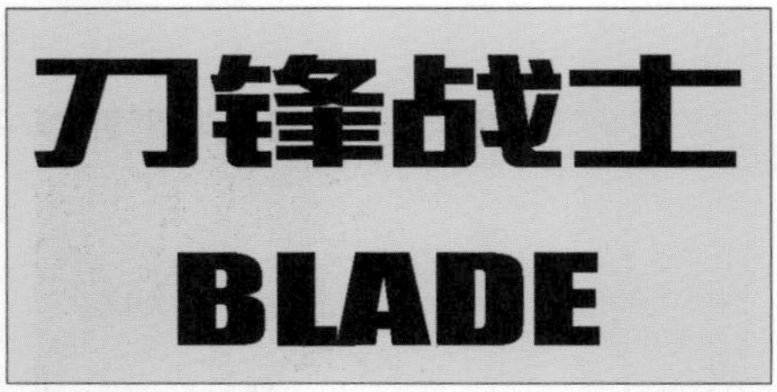

图 6.30　在视图中输入文本

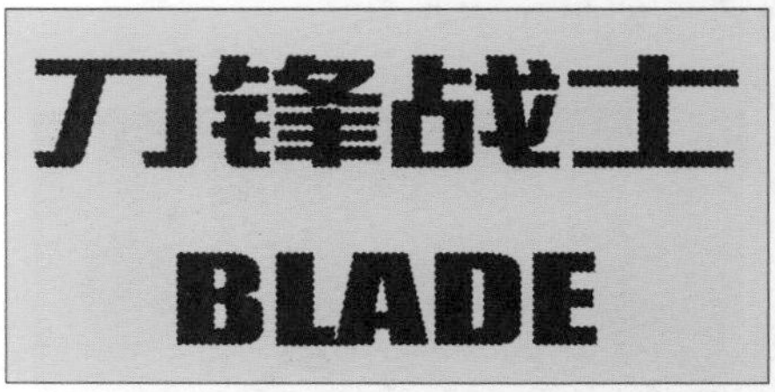

图 6.31　使用深灰色填充选区

Step 03 双击文字图层栏，打开【图层样式】面板。单击【斜面和浮雕】选项栏，将【样式】设置为【内斜面】，【方法】设置为【雕刻柔和】，【大小】设置为 30。单击【等高线】选项栏，打开【等高线】对话框。单击等高线右侧的 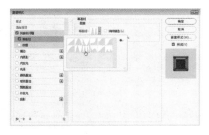（线性）图标，选择【锥形－反转】样式，如图 6.32 所示。单击【确定】按钮，文字呈现出强烈的斜面效果，如图 6.33 所示。

图 6.32　设置【等高线】参数　　　　　　　图 6.33　文字呈现出强烈的斜面效果

Step 04 在【图层样式】面板中，勾选【渐变叠加】复选框，设置【混合模式】为【强光】，【不透明度】为 100%，【角度】为 176。将叠加的渐变色设置为灰色－白色－灰色－白色－灰色，如图 6.34 所示。此时观察到文字上出现了金属色调的渐变效果，如图 6.35 所示。

图 6.34　设置【渐变叠加】参数　　　　　　　　图 6.35　文字出现金属色调

Step 05 在【图层样式】面板中，勾选【图案叠加】复选框，设置叠加的【图案】为【分子】，其他设置保持不变，如图 6.36 所示。此时观察到文字上出现了闪亮的金属光泽，如图 6.37 所示。

图 6.36　设置【图案叠加】参数　　　　　　　　图 6.37　文字出现金属光泽

Step 06 下面将制作好的斜切字合成到合适的背景图像中。打开本书配套资源【素材】>【第 6 章】文件夹下的"刀锋战士 .jpg"电影海报图像文件，如图 6.38 所示。

Step 07 在工具栏上选择 ✛（移动工具），将制作好的斜切字拖动到"刀锋战士 .jpg"

背景图像中。在菜单栏上执行【编辑】>【自由变换】命令，调整文字的大小和位置。效果满意后单击【图层】右上角的 ≡ 图标，在弹出的菜单中选择【拼合图像】命令，将文字图层和背景图层合并。最终效果如图 6.39 所示。

图 6.38　电影海报图像

图 6.39　斜切字最终效果

6.4　镂空立体字

实例简介

本例首先使用【描边】命令制作出镂空字的效果，然后使用【图层样式】中的【外发光】样式制作出发光效果。最后设置一个简单的动作命令，并利用它制作立体效果，最终得到镂空的、透明的立体字效果。

实例效果

本例的最终效果如图 6.40 所示。

图 6.40　镂空立体字效果

操作步骤

Step 01 启动 Photoshop。打开本书配套资源【素材】>【第 6 章】文件夹中的"夜空 .jpg"图像文件，如图 6.41 所示。

Step 02 在工具栏中选择 **T**（横排文字工具），在图像中输入白色文本"月亮城"，如图 6.42 所示。

图 6.41 打开素材图片

图 6.42 输入文本

Step 03 按住 Ctrl 键，单击文字图层栏左侧的示意图窗口，载入文本选区。将文字图层拖动到面板下方的 🗑 （删除图层）按钮上，删除该图层，如图 6.43 所示。

Step 04 保持选区，在【图层】面板下方单击 🔲 （创建新图层）按钮，新建一个图层。在菜单栏上执行【编辑】>【描边】命令，打开【描边】对话框。设置描边【宽度】为 6px，【颜色】为【白色】，单击【确定】按钮。此时文本的效果如图 6.44 所示。

图 6.43 删除文字图层

图 6.44 描边后的文本效果

Step 05 在菜单栏上执行【编辑】>【变换】>【透视】命令，拖动变形调节框四角，将文字以透视角度进行变形，如图 6.45 所示。拖动调节框边角将文字压扁，效果如图 6.46 所示。

图 6.45 将文字以透视角度进行变形

图 6.46 将文字压扁后的效果

Step 06 双击【图层 1】，打开【图层样式】面板。单击【外发光】选项，设置相关参数，如图 6.47 所示。

Step 07 将【图层 1】拖动到 🔲 （创建新图层）按钮上将其复制。在【图层】面板上，设置复制图层的【不透明度】为 10%，此时文字效果如图 6.48 所示。

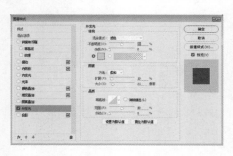

图 6.47　添加【外发光】模式

图 6.48　设置图层不透明度后的效果

Step 08 在【动作】面板上设置动作记录。打开【动作】面板，单击面板下方的  图标之外的（创建新动作）按钮，打开【新建动作】对话框。将动作名称设置为"微型缩小"，如图 6.49 所示。单击【记录】按钮后开始记录动作。

Step 09 选择【图层 1 副本】，将其拖动到 □（创建新图层）按钮上进行复制。在菜单栏上执行【编辑】>【变换】>【缩放】命令，在选项栏上将图像的【高度】设置为 99.5%，如图 6.50 所示。按 Enter 键执行操作。

图 6.49　【新建动作】对话框

图 6.50　设置图像高度

Step 10 在工具栏中选择 ✛（移动工具），在键盘上按向下的方向键 3 次，这样该图层就向下移动了 3 个像素。在【动作】面板下方单击 ●（停止播放 / 记录）按钮。

Step 11 在【动作】面板中，单击 ▶（播放选定动作）按钮，多次执行该动作的效果如图 6.51 所示。

Step 12 选择最下面的图层，在【图层】面板上，将该图层的【不透明度】设置为 50%。这样，镂空立体字就制作完成了，最后效果如图 6.52 所示。

图 6.51　多次使用动作的效果

图 6.52　镂空立体字效果

6.5　卷　毛　字

实例简介

　　活泼可爱的卷毛字多用于轻松诙谐的广告海报中。本例首先使用选框工具在文字边缘建立选区，然后使用【旋转扭曲】滤镜对选区中的文字边缘进行处理，使其出现卷曲的效果，从而得到可爱的卷毛字。

实例效果

　　本例的最终效果如图 6.53 所示。

图 6.53　卷毛字效果

操作步骤

　　Step 01 启动 Photoshop。打开本书配套资源【素材】>【第 6 章】文件夹下的"卡通 .jpg"图像文件，如图 6.54 所示。

　　Step 02 在工具栏中选择 **T**（横排文字工具），在视图中输入"KING"文本，如图 6.55 所示。在文字图层栏上单击鼠标右键，弹出快捷菜单后选择【栅格化文字】命令，将文字图层转换为普通图层。

图 6.54　打开卡通图像

图 6.55　输入文本

　　Step 03 在工具栏中选择 ◯（椭圆选框工具），在选项栏上将【样式】右侧的下拉选项框设置为【固定比例】选项，再将【宽度】和【高度】参数都设置为 1，如图 6.56 所示。

Step 04 在工具栏中选择  （椭圆选框工具），在字母图像边缘拖出一个圆形选区，调整选区的位置，如图 6.57 所示。

图 6.56 设置选区工具 图 6.57 选择字母边缘

Step 05 在菜单栏上执行【滤镜】>【扭曲】>【旋转扭曲】命令，打开【旋转扭曲】对话框，如图 6.58 所示。将【角度】设置为 -838 度，单击【确定】按钮，可以观察到选区内的图像出现卷曲的效果，如图 6.59 所示。

图 6.58 【旋转扭曲】对话框 图 6.59 边缘出现卷曲

Step 06 在工具栏中选择 （椭圆选框工具），选择字母图形的其他边缘，在菜单栏上执行【滤镜】>【扭曲】>【旋转扭曲】命令，打开【旋转扭曲】对话框。设置合适的扭曲角度，制作出卷曲的边缘效果。

Step 07 将图像中的其他字母边缘使用同样的方法进行处理，形成边缘卷曲的文字效果，如图 6.60 所示。

Step 08 双击文字图层栏，打开【图层样式】面板。单击【外发光】选项，观察到文本出现了外发光效果。单击【确定】按钮，最终效果如图 6.61 所示。

图 6.60 字母的边缘卷曲效果 图 6.61 卷毛字的最终效果

6.6　雕　凿　字

实例简介

　　本例是使用【光照效果】滤镜通过 Alpha 通道照射图层，使通道内的图像作用于图像上，从而产生特殊的雕凿文字效果，其中还会用到【高斯模糊】滤镜和【最小值】滤镜。

实例效果

　　本例的最终效果如图 6.62 所示。

图 6.62　雕凿字最终效果

操作步骤

　　Step 01 启动 Photoshop。打开本书配套资源【素材】>【第 6 章】文件夹下的"山岩.jpg"图像文件，如图 6.63 所示。

　　Step 02 打开【通道】面板，单击 ◙（创建新通道）按钮，创建新通道 Alpha 1。在工具栏中选择 **T**（横排文字工具），在通道的灰度图像中输入文本"禅"，如图 6.64 所示。

图 6.63　岩石的图像

图 6.64　在通道中输入文本

　　Step 03 取消选区。使用鼠标将 Alpha 1 通道拖动到面板下方的 ◙（创建新通道）按钮上，复制【Alpha 1 副本】通道。在菜单栏上执行【滤镜】>【模糊】>【高斯模糊】命令，打开【高斯模糊】对话框，将模糊半径设置为 3 像素，如图 6.65 所示。

　　Step 04 单击【确定】按钮，观察到通道内的黑白图像产生了模糊效果，如图 6.66 所示。

图 6.65 【高斯模糊】对话框

图 6.66 文本产生模糊效果

Step 05 在菜单栏上执行【滤镜】>【其他】>【最小值】命令,打开【最小值】对话框。将【半径】设置为 3 像素,如图 6.67 所示。单击【确定】按钮,观察到白色的文字区域缩小了,如图 6.68 所示。

图 6.67 【最小值】对话框

图 6.68 白色区域缩小了

Step 06 按住 Ctrl 键,使用鼠标单击【Alpha1 副本】通道栏左侧的示意窗口,提取文字选区。

Step 07 在菜单栏上执行【选择】>【反向】命令,将文字以外的区域选中。在菜单栏上执行【图像】>【调整】>【反相】命令,则文字以外的区域变为白色,如图 6.69 所示。

Step 08 激活【图层】面板。复制背景图层。在菜单栏上执行【滤镜】>【渲染】>【光照效果】命令,打开【光照效果】界面。将【光照类型】设置为【平行光】,【纹理通道】设置为【Alpha1 副本】,如图 6.70 所示。单击【确定】按钮,此时文字出现了雕刻效果。

图 6.69 使用【反相】命令后的效果

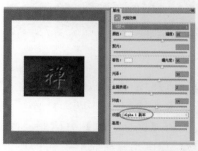

图 6.70 【光照效果】界面

Step 09 此时文字已经出现边缘模糊的雕凿效果，如图 6.71 所示。打开【通道】面板，按住 Ctrl 键，使用鼠标单击 Alpha 1 通道栏左侧的示意窗口，提取文字选区。

Step 10 在菜单栏上执行【选择】>【反向】命令，将文字以外区域选中。按 Delete 键，将背景副本图层中文字以外的区域删除。观察到文字出现了漂亮的雕凿效果，如图 6.72 所示。

图 6.71 边缘模糊的雕凿效果　　　　　　　　　图 6.72 雕凿文字最终效果

6.7　血滴字

实例简介

本例是首先使用【风】、【喷溅】、【图章】等滤镜制作出血滴的轮廓效果，再利用【高斯模糊】滤镜、【色阶】命令调整为黑白分明的图像，然后载入选区，填充为血滴的颜色，并使用【塑料包装】滤镜制作出血滴字的效果，最后将文字合成到一幅图像中。

实例效果

本例的最终效果如图 6.73 所示。

图 6.73 血滴字的效果

操作步骤

Step 01 启动 Photoshop。新建一幅【宽度】为 800 像素、【高度】为 400 像素的图像。

将背景填充为黑色。

Step 02 在工具栏中选择 **T** （横排文字工具），将文字颜色设置为白色，在图像中输入文本"Last Vampire AD 1892"，如图 6.74 所示。在菜单栏上执行【图层】>【拼合图像】命令，将文字图层和背景图层拼合。

Step 03 在菜单栏上执行【图像】>【旋转画布】>【90°（顺时针）】命令，画布即被顺时针方向旋转了 90 度，如图 6.75 所示。

图 6.74　在黑色背景中输入横排文本　　　　　图 6.75　顺时针方向旋转画布

Step 04 在菜单栏上执行【滤镜】>【风格化】>【风】命令，打开【风】对话框。设置【方法】为【风】、【方向】为【从右】，如图 6.76 所示。

Step 05 单击【确定】按钮，观察到此时风的效果不是很明显。在菜单栏上执行【滤镜】>【风格化】>【风】命令，得到较为明显的【风】滤镜效果，如图 6.77 所示。

图 6.76　【风】对话框　　　　　　　　　图 6.77　【风】滤镜效果

Step 06 在菜单栏上执行【图像】>【旋转画布】>【90°（逆时针）】命令，将画布旋转回原来的状态。

Step 07 在菜单栏上执行【滤镜】>【滤镜库】命令，打开滤镜库对话框，如图 6.78 所示。在【画笔描边】类型中选择【喷溅】滤镜，设置【喷色半径】为 15、【平滑度】为 16。单击【确定】按钮，观察到文字效果如图 6.79 所示。

Step 08 在菜单栏上再次执行【滤镜】>【滤镜库】命令，打开滤镜库对话框，如图 6.80 所示。在【素描】类型中选择【图章】滤镜，设置【明/暗平衡】为 60、【平滑度】为 6。单击【确定】按钮，观察到文字效果如图 6.81 所示。

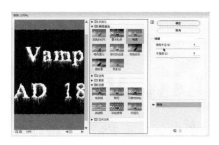

图 6.78　设置喷溅参数

图 6.79　【喷溅】滤镜效果

图 6.80　设置图章参数

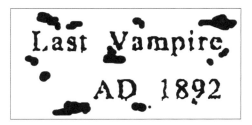

图 6.81　【图章】滤镜效果

Step 09 在菜单栏上执行【图像】>【调整】>【反相】命令，将图像颜色反转，如图 6.82 所示。在工具栏上选择 ✎（画笔工具），在文字周围随意绘制，如图 6.83 所示。

图 6.82　将颜色反转后的效果

图 6.83　使用画笔随意绘制

Step 10 在菜单栏上执行【滤镜】>【模糊】>【高斯模糊】命令，打开【高斯模糊】对话框。将模糊【半径】设置为 3，如图 6.84 所示。单击【确定】按钮，观察到图形出现了模糊效果，如图 6.85 所示。

图 6.84　设置模糊参数

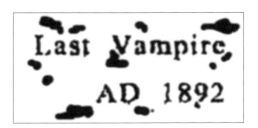

图 6.85　高斯模糊效果

Step 11 在菜单栏上执行【图像】>【调整】>【色阶】命令，打开【色阶】对话框。

119

设置【输出色阶】值为 190，1，630，如图 6.86 所示。单击【确定】按钮，此时图像效果如图 6.87 所示。

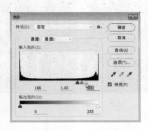

图 6.86 设置色阶参数

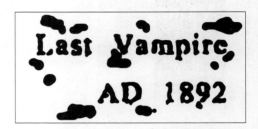

图 6.87 黑白分明的图像

Step 12 打开【通道】面板。单击蓝色通道，使用鼠标将该通道拖动到面板下方的 ▢（创建新通道）按钮上，复制通道 Alpha 1，如图 6.88 所示。

Step 13 激活【图层】面板，单击【背景】图层，将其填充为白色。在【图层】面板上单击 ▢（创建新图层）按钮，新建一个图层，将该图层填充为深红色。

Step 14 在菜单栏上执行【选择】>【载入选区】命令，载入通道 Alpha 1。在菜单栏上执行【编辑】>【填充】命令，将文字填充为比背景色深的暗红色。按 Ctrl + D 组合键取消选区。此时图像效果如图 6.89 所示。

图 6.88 复制通道

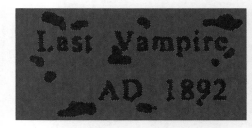

图 6.89 填充背景色和文字

Step 15 在菜单栏上再次执行【滤镜】>【模糊】>【高斯模糊】命令，打开【高斯模糊】对话框。将模糊【半径】设置为 3，如图 6.90 所示。单击【确定】按钮，观察到模糊效果如图 6.91 所示。

图 6.90 【高斯模糊】对话框

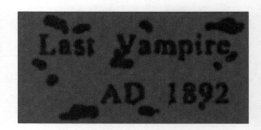

图 6.91 高斯模糊后的图形效果

Step 16 在菜单栏上执行【滤镜】>【滤镜库】命令，打开滤镜库对话框，如图 6.92

所示。在【艺术效果】类型中选择【塑料包装】滤镜，设置【高光强度】为 15、【细节】为 13、【平滑度】为 10。单击【确定】按钮，观察到图像出现了塑料包装效果，如图 6.93 所示。

图 6.92　设置滤镜参数

图 6.93　图像出现了塑料包装效果

Step 17 在菜单栏上执行【选择】>【载入选区】命令，载入通道 Alpha 1，单击【确定】按钮。

Step 18 在菜单栏上执行【选择】>【羽化】命令，打开【羽化选区】对话框，如图 6.94 所示。设置【羽化半径】为 6 像素。单击【确定】按钮。将选区填充为暗红色。取消选择后图形效果如图 6.95 所示。

图 6.94　【羽化选区】对话框

图 6.95　将选区填充为暗红色

Step 19 在菜单栏上再次执行【选择】>【载入选区】命令，载入通道 Alpha 1，如图 6.96 所示。

Step 20 在菜单栏上执行【选择】>【反向】命令，按 Delete 键，将文字以外的区域删除。取消选择后文字效果如图 6.97 所示。

图 6.96　载入选区

图 6.97　删除多余背景

Step 21 在菜单栏上再次执行【滤镜】>【滤镜库】命令，打开滤镜库对话框，如图 6.98

所示。在【艺术效果】类型中选择【塑料包装】滤镜，设置【高光强度】为 15、【细节】为 13、【平滑度】为 10。单击【确定】按钮，此时文字效果如图 6.99 所示。

Step 22 在菜单栏上执行【编辑】>【渐隐】命令，打开【渐隐】对话框，如图 6.100 所示。设置【不透明度】为 60%。单击【确定】按钮，图形效果如图 6.101 所示。

> 说明：【渐隐】命令可以更改任何滤镜、绘画工具、涂抹工具或颜色调整的不透明度和混合模式。应用【渐隐】命令类似于在一个单独的图层上应用滤镜的效果，然后再使用图层不透明度和混合模式进行控制。

图 6.98　设置滤镜参数

图 6.99　再次应用【塑料包装】滤镜

图 6.100　设置渐隐参数

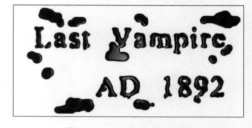

图 6.101　滤镜的渐隐效果

Step 23 双击文字图层栏，打开【图层样式】对话框。勾选【投影】复选框，打开【投影】面板。将投影颜色设置为深红色，其他参数设置如图 6.102 所示。

Step 24 在【图层样式】对话框上，勾选【外发光】复选框，打开【外发光】面板。将外发光颜色设置为深红色，其他参数设置如图 6.103 所示。

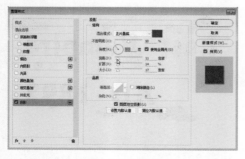

图 6.102　设置【投影】参数

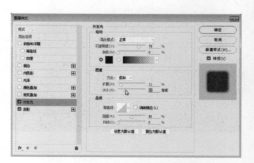

图 6.103　设置【外发光】参数

Step 25 在【图层样式】对话框上，勾选【内阴影】复选框，打开【内阴影】面板。将发光颜色设置为深红色，其他参数设置如图 6.104 所示。

Step 26 单击【确定】按钮，观察到此时图像产生了带血晕的血滴字效果，如图 6.105 所示。

Step 27 打开本书配套资源【素材】>【第 6 章】文件夹下的"月夜 .jpg"图像文件，如图 6.106 所示。

Step 28 将制作好的血滴字拖动到该图像中，在菜单栏上执行【图层】>【拼合图像】命令，将文字和背景图层合并。最终效果如图 6.107 所示。

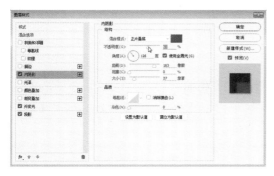

图 6.104　设置【内阴影】参数

图 6.105　血滴字效果

图 6.106　月下美人图像

图 6.107　合成血滴字效果

6.8　锈蚀而有光泽的金属字

实例简介

本例使用【塑料包装】滤镜制作文字的贴图，使用【光照效果】滤镜营造文字的光泽感，再使用【添加杂色】滤镜和运用图层的混合模式使文字产生锈蚀的质感和不整齐的文字边缘。最终形成锈蚀而有光泽的金属特效字。

实例效果

本例的最终效果如图 6.108 所示。

图 6.108　锈蚀字的最终效果

操作步骤

Step 01 启动 Photoshop。新建一幅【宽度】为 500 像素、【高度】为 500 像素的图像。将前景色设置为褐色，背景色设置为黑色。在菜单栏上执行【滤镜】>【渲染】>【云彩】命令，此时图形效果如图 6.109 所示。

Step 02 在菜单栏上执行【滤镜】>【艺术效果】>【塑料包装】命令，打开【塑料包装】对话框，参数设置如图 6.110 所示。

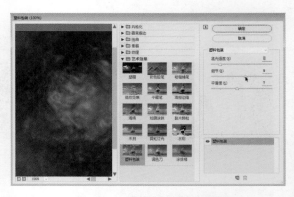

图 6.109　执行【云彩】命令后的效果　　　　图 6.110　【塑料包装】对话框

> 说明：【塑料包装】滤镜会给图像涂上一层光亮的塑料效果，以强调表面细节。制作物体的高光面时，可以使用【塑料包装】滤镜，配合【高斯模糊】滤镜，效果会非常好。

Step 03 在工具栏中选择 <kbd>T</kbd>（横排文字蒙版工具），在视图中输入文本"M"，在选项栏中单击 <kbd>✓</kbd>（提交所有当前编辑）按钮，如图 6.111 所示。

Step 04 在文字选区上单击鼠标右键，弹出快捷菜单后选择【通过副本的图层】命令，在文字选区内复制背景纹理。

Step 05 在【图层】面板上单击 <kbd>◻</kbd>（创建新图层）按钮，新建一个图层。按住 Ctrl 键，单击复制图层的示意图窗口，提取文字选区。在视图中单击鼠标右键，弹出快键菜单后选择【填充】命令，使用 50% 灰色填充文字选区，如图 6.112 所示。

Photoshop CC

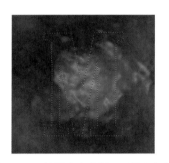

图 6.111　使用文字蒙版工具输入文本

图 6.112　使用灰色填充文字选区

Step 06 在文字区域选中的状态下，打开【通道】面板，单击 🔲（创建新通道）命令，新建 Alpha 1 通道，使用白色填充选区。

Step 07 在菜单栏上多次执行【滤镜】>【模糊】>【高斯模糊】命令，设置模糊半径依次为 10 像素、5 像素、6 像素、1 像素。观察到模糊后的文字图形产生了层次感，如图 6.113 所示。

Step 08 激活【图层】面板，取消选择。单击灰色文字图层栏，在菜单栏上执行【滤镜】>【渲染】>【光照效果】命令，打开【光照效果】界面。将【纹理通道】设置为 Alpha 1，设置光照效果为左上方向右下角照射，光源颜色为橘色，具体参数设置如图 6.114 所示。

图 6.113　文字图形产生了层次感

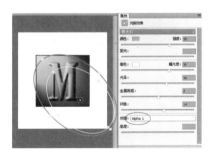

图 6.114　【光照效果】界面

Step 09 添加光源。在【光照效果】界面中，添加一个从右下角向左上方照射的白色光源，如图 6.115 所示。

> **注释**：按住 Alt 键，拖动预览窗口中的光源中心点，可以复制光源。按住 Shift 键调整光源效果，可以使光照的方向保持不变；按住 Ctrl 键调整光源效果，可以使光源范围保持大小不变，而只更改光源中心点的角度或方向。

Step 10 单击【确定】按钮。在【图层】面板上，将添加光照效果图层的混合模式设置为【颜色减淡】，图层【不透明度】设置为 50%。在菜单栏上执行【滤镜】>【模糊】>【高斯模糊】命令，打开【高斯模糊】对话框，设置模糊半径为 2 像素，如图 6.116 所示。单击【确定】按钮。

Step 11 在【图层】面板上，使用鼠标将添加光照效果的图层拖动到 🔲（创建新图层）按钮上，复制该图层。设置复制图层的混合模式为【强光】，【不透明度】为 58%。

此时图形效果如图 6.117 所示。

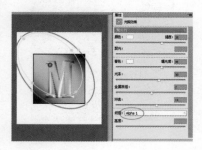

图 6.115　添加白色光源效果

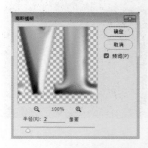

图 6.116　【高斯模糊】对话框

Step 12 单击【图层 1】，在菜单栏上执行【滤镜】>【杂色】>【添加杂色】命令，打开【添加杂色】对话框。设置杂点【数量】为 10，勾选【高斯分布】复选框，勾选【单色】复选框，单击【确定】按钮，效果如图 6.118 所示。

图 6.117　设置复制图层的混合模式

图 6.118　增加杂色后的图形效果

Step 13 按住 Ctrl 键，单击【图层 1】的示意图窗口，载入文字选区。按 Q 键进入快速蒙版制作。在菜单栏上执行【滤镜】>【像素化】>【晶格化】命令，打开【晶格化】对话框。设置【单元格大小】为 10，单击【确定】按钮。再次按 Q 键，退出快速蒙版状态。此时图形效果如图 6.119 所示。

Step 14 在菜单栏上执行【选择】>【反向】命令，选择文字选区外的区域。在菜单栏上执行【图像】>【调整】>【反相】命令。按 Delete 键，删除所有文字图层的多余区域。取消选区，观察到文字边缘出现许多锯齿，如图 6.120 所示。

图 6.119　为文字添加【晶格化】效果

图 6.120　文字边缘出现许多锯齿

Step 15 单击【背景】图层，在【图层】面板上单击 ◱（创建新图层）按钮，新建一个图层。按住 Ctrl 键，单击【图层 1】的示意图窗口，载入文字选区，使用淡黄色填充选区。

Step 16 在菜单栏上执行【滤镜】>【杂色】>【添加杂色】命令，单击【确定】按钮。取消选区。在菜单栏上执行【滤镜】>【模糊】>【高斯模糊】命令，设置合适的模糊半径，使字体产生黄色光晕效果，如图 6.121 所示。

Step 17 在工具栏中选择 ✐（画笔工具），再在选项栏按下 ◲（切换画笔）按钮打开【画笔】设置面板。单击【画笔】面板右上角的 ☰ 图标，在其下拉菜单中选择【基本画笔】选项，弹出询问对话框后，单击【追加】按钮，选择合适的笔尖形状，如图 6.122 所示。

图 6.121　字体产生黄色光晕效果

图 6.122　选择合适的画笔笔尖形状

Step 18 在工具栏中选择 ⚐（多边形套索工具），选择文字的部分区域将其删除，使其产生锈蚀的效果。在【图层】面板上单击 ◱（创建新图层）按钮，新建一个图层。使用 ✐（画笔工具）在文字上单击，为文字添加光芒效果，如图 6.123 所示。

Step 19 单击【背景】图层，在工具栏上单击 ◨（默认前景色和背景色），在菜单栏上执行【滤镜】>【渲染】>【云彩】命令，最终效果如图 6.124 所示。

图 6.123　为文字添加光芒效果

图 6.124　设置背景后的最终效果

6.9 有光泽的金属字

实例简介

金属的物体，在加工以后通常具有强反光特点。由于其表面较强的反光能力，造成金属表面的明暗和光影反差大，通常会产生强烈的高光和阴影，同时也对光源色和环境色较为敏感。本例利用【图层样式】面板形成文字的立体效果和光泽质感，再使用【镜头光晕】、【极坐标】等滤镜制作文字的贴图，最终形成有光泽的金属特效字。

实例效果

本例的最终效果如图 6.125 所示。

图 6.125　有光泽的金属字效果

操作步骤

Step 01 启动 Photoshop。新建一幅图像。在工具栏中选择 **T**（横排文字工具），在视图中输入红色文本"5D"。

Step 02 设置文字的立体效果。在【图层】面板上单击 **fx.**（添加图层样式）按钮，在其下拉菜单中选择【斜面和浮雕】选项。取消勾选【使用全局光】复选框，将【光泽等高线】设置为【环形】，其他参数设置如图 6.126 所示。

Step 03 单击【等高线】选项，设置范围为 100%，观察到文字产生了浮雕效果，如图 6.127 所示。

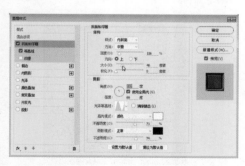

图 6.126　设置【斜面和浮雕】参数

图 6.127　文字产生浮雕效果

Step 04 在【图层样式】对话框中，勾选【光泽】复选框，打开【光泽】界面。设置【混合模式】为【正常】，【不透明度】为 100%，【角度】为 135 度，【距离】为 78，【大小】为 109，勾选【消除锯齿】复选框，如图 6.128 所示。

Step 05 单击【等高线】右面的 █ 图标，打开【等高线编辑器】对话框，将【预设】设置为【自定】，调整等高线形状，如图 6.129 所示。

> **说明：** 表现金属质感应注意在处理其边缘时要清晰、干净利落才能表现金属结实、坚硬的感觉，同时应根据物体表面的形体特点采用不同的明暗方向，表现不同的体面之间的起伏和转折关系。我们可以通过样式中的光泽效果来达到这种效果设置。

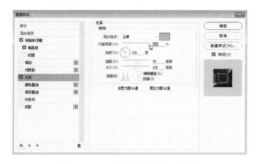
图 6.128　设置【光泽】参数

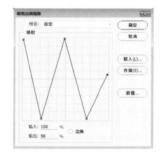
图 6.129　调整等高线形状

Step 06 在【图层样式】对话框中，勾选【渐变叠加】复选框，打开【渐变叠加】界面。将【混合模式】设置为【正常】，【渐变】为黑色至 50% 灰色的渐变效果，【样式】为【线性】，如图 6.130 所示。

Step 07 单击【确定】按钮，观察到此时文字图形的色调与金属效果相协调了，如图 6.131 所示。

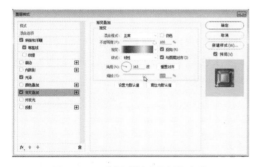
图 6.130　设置【渐变叠加】参数

图 6.131　设置图层样式后的文字效果

Step 08 制作背景。在【图层】面板上单击 █（创建新图层）按钮，新建一个图层，使用黑色进行填充。在菜单栏上执行【滤镜】>【渲染】>【镜头光晕】命令，将【镜头类型】设置为【50-300 毫米】，拖动鼠标将镜头光晕中心移至图像中心，单击【确定】按钮，效果如图 6.132 所示。

Step 09 在菜单栏上执行【滤镜】>【扭曲】>【波浪】命令，将【生成器数】设置为 6；【波长】最小值为 60、最大值为 100；【波幅】最小值为 1、最大值为 180；【比例】、【水平垂直】都为 100%；在【类型】选项中，勾选【正弦】复选框，单击【确定】按钮，效果如图 6.133 所示。

图 6.132　镜头光晕效果

图 6.133　添加【波浪】滤镜效果

Step 10 在【图层】面板上，使用鼠标拖动黑色图层到 ▣（创建新图层）按钮上，复制该图层。在菜单栏上执行【图像】>【调整】>【反相】命令，将颜色反转，如图 6.134 所示。

Step 11 在【图层】面板上，将复制图层的【混合模式】设置为【差值】，此时图形效果如图 6.135 所示。

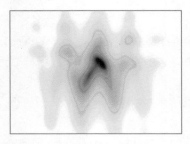

图 6.134　复制图层并执行【反相】命令

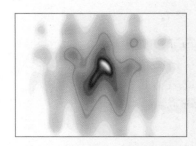

图 6.135　设置图层的混合模式

Step 12 按 Ctrl+E 组合键合并当前图层。在菜单栏上执行【图像】>【调整】>【去色】命令。在菜单栏上执行【图像】>【调整】>【色彩平衡】命令，打开【色彩平衡】对话框，将青色调节至 -100，蓝色调节为 +100，如图 6.136 所示。

Step 13 在菜单栏上执行【图像】>【调整】>【反相】命令，将颜色反转，此时图形效果如图 6.137 所示。

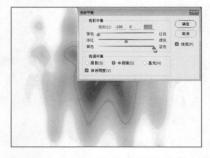

图 6.136　执行【色彩平衡】命令

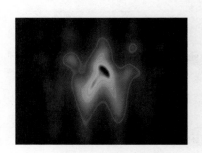

图 6.1.37　颜色反转后的效果

Step 14 在菜单栏上执行【滤镜】>【扭曲】>【极坐标】命令，打开【极坐标】对话框，选中【极坐标到平面坐标】单选按钮，如图 6.138 所示。单击【确定】按钮，在菜单栏上执行【编辑】>【变换】>【垂直翻转】命令，此时图形效果如图 6.139 所示。

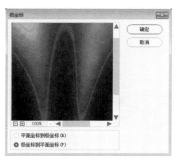

图 6.138　【极坐标】对话框

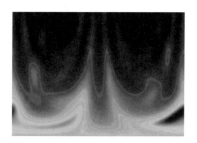

图 6.139　垂直翻转后的图形效果

Step 15 在【图层】面板上，设置该图层的【混合模式】为【线性减淡（添加）】。仔细调整图形效果，最终效果如图 6.140 所示。

图 6.140　最终效果

6.10　蚀　刻　字

实例简介

我们在名胜古迹经常见碑刻文字，其实这种文字在 Photoshop 中制作是非常简单的。如果有兴趣可以参照下面这个例子来学习。本例灵活运用【海绵】滤镜、【添加杂色】滤镜和【图层样式】对话框制作一种具有沧桑感的蚀刻字效果。

实例效果

本例的最终效果如图 6.141 所示。

操作步骤

Step 01 启动 Photoshop。新建一幅【宽度】为 500 像素、【高度】为 500 像素的图像，背景色设置为白色。

图 6.141　蚀刻字的最终效果

Step 02 在工具栏上选择 **T** （横排文字工具），在视图中输入文本"刻"，如图 6.142 所示。在菜单栏上执行【图层】>【栅格化】>【文字】命令，将该图层命名为"蚀刻"。

Step 03 按住 Ctrl 键，单击【蚀刻】图层左侧的示意图窗口，载入文字选区。在菜单栏上执行【滤镜】>【艺术效果】>【海绵】命令，将【画笔大小】设置为 2，【清晰度】设置为 12，【平滑度】设置为 5，如图 6.143 所示。

图 6.142　在视图中输入文字

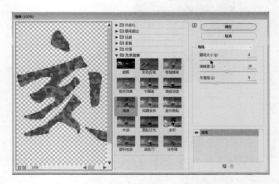

图 6.143　【海绵】对话框

Step 04 在菜单栏上执行【选择】>【色彩范围】命令，打开【色彩范围】对话框。将色彩【范围】设置为 100，使用滴管工具在文字的暗部区域单击鼠标，如图 6.144 所示。

Step 05 在菜单栏上执行【图层】>【新建】>【通过副本的图层】命令，将选择的文字区域复制在新的图层上。在菜单栏上执行【图层】>【图层样式】>【斜面和浮雕】命令。在打开的对话框中设置【样式】为【浮雕效果】、【方法】为【平滑】、【深度】为 24%，如图 6.145 所示。

Step 06 单击【确定】按钮。在菜单栏上执行【滤镜】>【杂色】>【添加杂色】命令，将【数量】设置为 16，单击【确定】按钮，此时文字效果如图 6.146 所示。

Step 07 将前景色设置为 40% 灰色，背景色设置为黑色。单击【背景】图层，使用灰色进行填充。在菜单栏上执行【滤镜】>【杂色】>【添加杂色】命令，将【数量】设置为 10，单击【确定】按钮。在菜单栏上执行【滤镜】>【模糊】>【动感模糊】命令，设置【距离】为 1 像素、【角度】为 0，效果如图 6.147 所示。

图 6.144　选择文字暗部区域

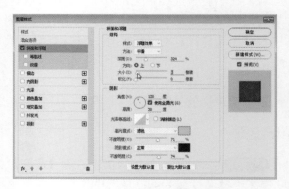

图 6.145　设置【斜面和浮雕】参数

图 6.146　为文字添加杂色效果

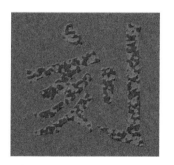

图 6.147　设置背景图形效果

Step 08 单击浮雕文字图层，在菜单栏上执行【图像】>【调整】>【色彩平衡】命令，使用鼠标拖动调节滑块，设置文字的颜色效果，如图 6.148 所示，单击【确定】按钮。

Step 09 在【图层】面板上，设置文字图层的【混合模式】为【变暗】。最终效果如图 6.149 所示。

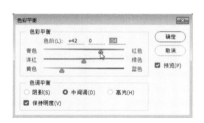

图 6.148　【色彩平衡】对话框

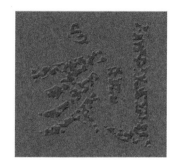

图 6.149　最终效果

第7章 合成图像必练10例

在实际工作中经常要将几幅图像中的素材拼合在一起使它成为一幅新的图像。在进行图像合成的时候会用到Photoshop的多种功能和技巧。例如，首先要运用选择技巧将图像中的素材选择出来才能对这些素材进行合成，使用色彩调整功能使图像素材的色调统一协调才能使合成后的图像显得更加真实；通过蒙版技巧可以实现几幅图像素材的柔和衔接；还经常使用滤镜、图层之间的混合模式在合成的图像中产生各种特效。本章通过实例介绍Photoshop合成图像的操作方法和多种技巧的运用。

7.1 合成古堡幽灵图像

实例简介

图层的混合模式是图层功能的一种。通过设置图层的混合模式，可将图层之间对应像素的色相、亮度等属性进行相加、相减、置换等计算，从而使图层叠加后会产生多种效果。本例将一幅图像中的幽灵图像素材选中并拖动到另一幅场景图像中，使用【自由变换】命令调整素材的大小，使其与主场景相符。然后设置图层混合模式和添加【外发光】图层样式，最终得到一幅有着神秘气氛的古堡幽灵图像。

最终效果

本例的最终效果如图 7.1 所示。

图 7.1 合成古堡幽灵的最终效果

操作步骤

Step 01 启动 Photoshop。在菜单栏上执行【文件】>【打开】命令，打开本书配套资源【素材】>【第 7 章】文件夹下的 "神秘屋 .jpg" 图像文件和 "幽灵 .jpg" 图像文件，如图 7.2、图 7.3 所示。

Step 02 激活幽灵图像。在工具栏中选择 🪄（魔棒工具）选择背景区域。在菜单栏上执行【选择】>【反向】命令，将人物区域选中，在工具栏中选择  （移动工具），
将角色图形拖动到神秘屋场景图像中，如图 7.4 所示。

图 7.2　神秘屋图像

图 7.3　幽灵图像

Step 03 在【图层】面板上，单击人物图层，在菜单栏上执行【编辑】>【自由变换】
命令，调整角色的大小，如图 7.5 所示。

图 7.4　将角色图像拖入背景中

图 7.5　调整角色图形大小

Step 04 在【图层】面板上，将角色图层的混合模式设置为【强光】，如图 7.6 所示。
观察到此时角色图形与背景融合在一起，如图 7.7 所示。

图 7.6　【图层】面板状态

图 7.7　设置图层混合模式后的效果

Step 05 复制角色图层，将复制图层的混合模式设置为【滤色】。观察到两个图层
叠加后角色区域变亮了，将复制图层的【不透明度】设置为 20%，如图 7.8 所示。此
时图形效果如图 7.9 所示。

图7.8 【图层】面板状态

图7.9 图层叠加后的图形效果

Step 06 在【图层】面板上，双击复制的角色图层，打开【图层样式】对话框。勾选【外发光】复选框，打开【外发光】面板。将发光颜色设置为淡紫色，【扩展】设置为10，【大小】设置为100像素，如图7.10所示。

Step 07 单击【确定】按钮，观察到此时角色周围出现了淡淡的浅紫色光晕，如图7.11所示。

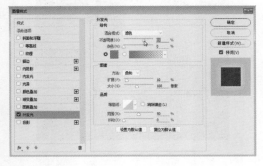

图7.10 设置【外发光】参数

图7.11 外发光样式的效果

7.2 选择细密的发丝

实例简介

在合成图像时经常需要选择精细而复杂图像区域，如选择动物的长毛、树枝、人的头发。本例以一幅人物图像替换背景为例，介绍两种将细密的头发合成到另一幅图像中的方法。读者可在应用中根据实际情况选择其中的一种，达到合成精细而复杂的图像的目的。

实例效果

本例的最终效果如图7.12所示。

Photoshop CC

图 7.12　选择细密的发丝最终效果

操作步骤

Step 01 使用通道转化选区的方法将人物从背景图层中分离出来。打开本书配套资源【素材】>【第 7 章】文件夹下的"702.jpg"图像文件，如图 7.13 所示。

Step 02 在菜单栏上执行【窗口】>【通道】命令，打开【通道】面板。选择头发与背景对比度较大的【蓝】通道，将其拖动到 ⬚ （创建新通道）按钮上，复制得到【蓝拷贝】通道，如图 7.14 所示。

图 7.13　打开一幅人物图像

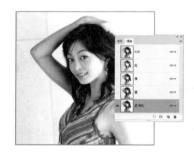

图 7.14　复制【蓝】通道

Step 03 在工具栏上选择 ⬚ （矩形选框工具），框选较难选择的发丝区域。在菜单栏上执行【选择】>【反向】命令，将反选后的区域填充为白色。

Step 04 在菜单栏上再次执行【选择】>【反向】命令，选择发丝区域。在菜单栏上执行【图像】>【调整】>【亮度/对比度】命令，打开【亮度/对比度】对话框。勾选【使用旧版】复选框，拖动调节滑块增大图像的对比度，如图 7.15 所示。

Step 05 单击【确定】按钮。在【通道】面板上，单击 ⬚ （将通道作为选区载入）按钮，将通道作为选区载入。在菜单栏上执行【选择】>【反向】命令，观察到右半部分的头发被选中了，如图 7.16 所示。

图 7.15　增大图像的对比度

图 7.16　右半部分的头发被选中

Step 06 在【通道】面板上，单击RGB通道。激活【图层】面板，在视图中单击鼠标右键，选择【通过副本的图层】命令，将选区中的图像复制到新的图层。隐藏背景图层可以更好地观察复制到新图层中的发丝的效果，如图7.17所示。

Step 07 显示背景图层。在工具栏中选择 ⬛ （钢笔工具），在背景图层中沿着人像的边缘区域进行绘制。在视图中单击鼠标右键，在弹出的快捷菜单中选择【建立选区】命令，将路径曲线转化为选区。

Step 08 在工具栏上选择 ⬚ （矩形选框工具），在视图中单击鼠标右键，选择【通过副本的图层】命令，将选区中的图像复制到新图层。隐藏背景图层，效果如图7.18所示。此时人物及细密的发丝已从原来的背景图像中分离出来。

图7.17 将发丝图像复制到新图层

图7.18 将人物图像复制在新图层

Step 09 在菜单栏上执行【文件】>【打开】命令，打开本书配套资源【素材】>【第7章】文件夹下的"703.jpg"图像文件，这是一幅以绿叶为主的底纹图像。

Step 10 在菜单栏上执行【选择】>【全部】命令，在工具栏中选择 ✛ （移动工具），将绿叶底纹图像拖动到人物图像中，排列在人物图层的下方，效果如图7.19所示。这样就为该人物替换了背景。

Step 11 现在学习使用图层的混合模式为人物替换背景的方法。在菜单栏上执行【窗口】>【历史记录】命令，打开【历史记录】面板。单击最上方的记录栏，将图像恢复到原始状态。在工具栏中选择 ⬛ （钢笔工具），沿着人物的主体进行绘制。此时对于细小的发丝区域暂不选择，如图7.20所示。

图7.19 替换背景后的图像效果

图7.20 沿着人物的主体进行绘制

Step 12 在视图中单击鼠标右键，在弹出的快捷菜单中选择【建立选区】命令。在

工具栏上选择 ▢ （矩形选框工具），在视图中单击鼠标右键，在弹出的快捷菜单中选择【通过副本的图层】命令，将选区中的图像复制到新的图层。激活绿叶底纹图像，使用 ✛ （移动工具）将其拖动到人物图像中，并排列在人物图层之下，效果如图 7.21 所示。

Step 13 选择背景图层。在工具栏上选择 ▢ （矩形选框工具），框选细小的发丝区域，单击鼠标右键，在弹出的快捷菜单中选择【通过副本的图层】命令，将选区中的图像复制到新图层，并排列在人物图层的上方。此时图像的效果如图 7.22 所示。

图 7.21　拖动绿叶图像到人物图像中　　　　图 7.22　将发丝区域复制在新图层

Step 14 在【图层】面板上，将发丝图层的混合模式设置为【正片叠底】，此时图像的效果如图 7.23 所示。

Step 15 在工具栏中选择 ✐ （橡皮擦工具），设置较柔和的笔刷，擦除耳朵、肩膀等多余区域。这样就为人物图像替换了背景，而细小的头发一根都没丢，效果如图 7.24 所示。

图 7.23　设置发丝图层的混合模式　　　　图 7.24　擦除耳朵、肩膀等多余区域

7.3　制作印花效果的背心

实例简介

在合成图案时经常需要在原有的图像上再次添加图案。例如，在砖墙上制作刷子涂抹的文字、在旧报纸上制作水彩的绘画等。本例在白色的 T 恤上制作两种印花图案，叠加图案后的 T 恤仍保持原来的褶皱效果。

最终效果

本例的最终效果如图 7.25 所示。

图 7.25 制作印花效果的背心的最终效果

操作步骤

Step 01 启动 Photoshop。打开本书配套资源【素材】>【第 7 章】文件夹下的"时尚青年 .jpg"和"704.jpg"图像文件，如图 7.26、图 7.27 所示。

图 7.26 穿白色 T 恤的青年

图 7.27 女孩与猫的卡通图像

Step 02 在工具栏中选择 （钢笔工具），沿着人物的白色 T 恤衫边缘单击鼠标绘制路径曲线，如图 7.28 所示。当鼠标回到起始点时，鼠标光标右下角会出现一个小圆圈，此时单击鼠标左键即可将绘制的路径封闭，如图 7.29 所示。

图 7.28 单击并拖动鼠标绘制路径

图 7.29 绘制完成的路径效果

> **说明**：使用 ✐（钢笔工具）在图像中连续单击，可绘制折线；在图像中单击并拖动鼠标可绘制曲线，按 Esc 键可结束线条的绘制。

Step 03 调整锚点的位置。在工具栏中选择 ▹（直接选择工具），使用鼠标按住控制点不放，在图像中进行拖动，调整控制点的位置，拖动调节手柄调整曲线的弧度。

> **说明**：绘制路径后，可以在路径上添加、删减锚点或修改曲线弧度。选择 ✐（添加锚点工具），在路径上单击可增加控制点；如果要删除某个控制点，使用 ✐（删除锚点工具）在控制点上单击即可；若想将折线改为曲线，则使用 ⋏（转换点工具）在控制点上拖动，控制点会出现曲线调节手柄，拖动手柄即可改变曲线的弧度。此外，修改路径时可以使用快捷键来快速切换，按住 Ctrl 键可在 ▹（直接选择工具）和 ▸（路径选择工具）之间进行切换，按 Ctrl + Alt 组合键可直接切换为 ⋏（转换点工具）。

Step 04 在工具栏中选择 ▸（路径选择工具），在图像上单击右键，弹出快捷菜单后选择【建立选区】命令。打开【建立选区】对话框，设置【羽化半径】为 0 像素，单击【确定】按钮，如图 7.30 所示。观察到此时白色 T 恤衫区域被选中，如图 7.31 所示。

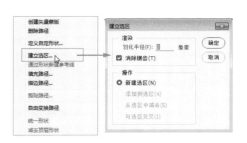

图 7.30　将路径转换为选区设置羽化半径　　　　图 7.31　白色的衣服区域被选中

Step 05 将选区存储为通道。在菜单栏上执行【窗口】>【通道】命令，打开【通道】面板，在面板下方单击 ◻（将选区存储为通道）按钮，观察到【通道】面板上增加了 Alpha 1 通道，如图 7.32 所示。单击该通道的图层栏，观察到图像出现了黑白分明的效果，如图 7.33 所示。

图 7.32　增加 Alpha 1 通道　　　　　　　　　图 7.33　黑白分明的图像效果

Step 06 单击 RGB 通道，打开【图层】面板，取消选择。激活女孩与猫图像文件，在工具栏上选择 ✛（移动工具），将该图像拖动到时尚青年图像中。

Step 07 在【图层】面板上，将女孩与猫图像所在图层的【不透明度】设置为 52%，如图 7.34 所示。观察到透过上方的图层可以看到背景人物。

Step 08 在菜单栏上执行【编辑】>【自由变换】命令，根据背景人物的白色 T 恤衫的大小，拖动调节框四角调整图像的大小，使其覆盖 T 恤衫的部分，如图 7.35 所示。

图 7.34 设置图层的不透明度

图 7.35 调整图像的大小和位置

Step 09 在自由变换模式下，在选项栏上按下 ⬚（在自由变换和变形模式之间切换）按钮，出现变形调节框，根据背景人物的白色 T 恤衫的形状，拖动调节手柄，调整图像的形状，如图 7.36 所示。

Step 10 按 Enter 键确认操作。打开【通道】面板，单击 Alpha 1 通道，单击 ⬭（将通道作为选区载入）按钮。单击 RGB 通道，打开【图层】面板，观察到刚才被存储的选区再次被载入，如图 7.37 所示。

图 7.36 调整图像形状

图 7.37 载入存储的选区

Step 11 在【图层】面板上，单击图层 1，将该图层的【不透明度】恢复为 100%，如图 7.38 所示。

Step 12 在菜单栏执行【选择】>【反向】命令，按 Delete 键，将 T 恤衫以外的多余部分删除，效果如图 7.39 所示。

Step 13 在【图层】面板上，将图层 1 的混合模式设置为【线性加深】，如图 7.40 所示。观察到此时人物图像的白色 T 恤区域变得有层次了，出现了印花 T 恤的效果，如图 7.41 所示。

图 7.38　调整图层不透明度

图 7.39　删除多余部分

图 7.40　设置图层混合模式

图 7.41　出现印花 T 恤效果

说明：线性加深模式通过减小亮度使基色变暗以反映混合色，但与白色混合不产生变化。

Step 14　现在制作另一种效果的印花背心。打开本书配套资源【素材】>【第 7 章】文件夹下的"705.jpg"图像文件，将其拖动到当前编辑的图像中。

Step 15　在菜单栏上执行【编辑】>【自由变换】命令，在选项栏中按下 （在自由变换和变形模式之间切换）按钮，调整图形形状和位置，如 7.42 所示。

Step 16　在菜单栏上执行【编辑】>【载入选区】命令，将【通道】设置为 Alpha 1，单击【确定】按钮。在菜单栏上执行【选择】>【反向】命令，按 Delete 键，删除 T 恤以外的多余部分，如图 7.43 所示。

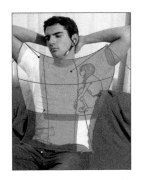

图 7.42　调整图形形状和位置

图 7.43　删除 T 恤以外的多余部分

Step 17 在【图层】面板上，将图层 1 的混合模式设置为【线性加深】，如图 7.44 所示。观察到另一种有层次的印花 T 恤的效果，如图 7.45 所示。

图 7.44　设置图层混合模式

图 7.45　有层次的印花 T 恤效果

7.4　飞天超人

实例简介

　　本例为一幅超人的图像替换背景。在合成该图像时，使用滤镜营造超人和背景的动态效果，使用滤镜和恰当地设置图层的混合模式制作浓云密布的天空和楼顶发出的彩色光芒效果。

最终效果

　　本例的最终效果如图 7.46 所示。

图 7.46　飞天超人的最终效果

操作步骤

　　Step 01 启动 Photoshop。打开本书配套资源【素材】>【第 7 章】文件夹中的"超人 .jpg"和"天空 .jpg"图像文件，如图 7.47、图 7.48 所示。

　　Step 02 激活"超人 .jpg"图像文件。在工具栏下方单击 [icon]（以快速蒙版模式编辑）按钮，进入快速蒙版编辑模式。在工具栏上选择 [icon]（画笔工具），在图像中的人物区域进行绘制，此时绘制的部分呈现出半透明的红色，通过调节画笔直径的大小可将细小的部分也精确绘制出来，如图 7.49 所示。

Step 03 在工具栏中按下 ◻ (以标准模式编辑)按钮,将红色的蒙版区域转化为选区。在菜单栏上执行【选择】>【反向】命令,观察到此时人物区域被完全选中了,如图 7.50 所示。

> 说明:在工具栏上双击 ◻ (以快速蒙版模式编辑)按钮,可打开【快速蒙版选项】对话框,在该对话框中可以设置色彩指示区域的种类、绘制区域的颜色和不透明度参数。在默认情况下,绘制的半透明红色区域是【被蒙版区域】。如果将色彩指示区域设置为【所选区域】,则转化作为标准模式后,绘制的区域直接成为要选取的区域。

图 7.47　超人的图片

图 7.48　天空的图片

图 7.49　绘制半透明红色的区域

图 7.50　人物图形被完全选中

Step 04 在工具栏上选择 ✛ (移动工具),将人物图形拖动到天空背景图像中,如图 7.51 所示。在【图层】面板上,将超人图层拖动到 ▣ (创建新图层)按钮上,复制该图层,如图 7.52 所示。

图 7.51　拖动人物图形到背景中

图 7.52　【图层】面板的状态

Step 05 按住 Ctrl 键不放,单击【图层 1】和【图层 1 拷贝】图层栏,将这两个图层同时选中。单击面板下方的 ∞ (链接图层)按钮,将两个人物图层链接在一起,如图 7.53 所示。

> **说明**：将图层进行链接后，对其中任意一个图层进行移动、变形的操作，另一个图层也会随之发生变化，要取消链接，再次单击 ∞ （链接图层）按钮即可。

Step 06 在菜单栏上执行【选择】>【自由变换】命令，将鼠标光标移动到调节框的四角，当光标变为旋转箭头时，调整人物的角度，如图 7.54 所示。

图 7.53 链接人物图层

图 7.54 调整人物角度

Step 07 在【图层】面板上，单击【图层 1 拷贝】图层栏左侧的 ◉ （指示图层可视性）图标，隐藏该图层。单击【图层 1】，如图 7.55 所示。

Step 08 在菜单栏上执行【滤镜】>【风格化】>【风】命令，打开【风】对话框，将【方法】设置为【风】，【方向】设置为【从左】，如图 7.56 所示。

图 7.55 【图层】面板状态

图 7.56 【风】对话框

Step 09 单击【确定】按钮，观察到人物图像出现了刮风的效果，如图 7.57 所示。在【图层】面板上，单击【图层 1 拷贝】图层栏左侧的 ▢ （指示图层可视性）图标，显示该图层。将该图层的【不透明度】设置为 50%，如图 7.58 所示。

图 7.57 人物图像出现刮风效果

图 7.58 调整图层不透明度

Step 10 观察人物图像，此时出现了柔和的速度线效果，如图 7.59 所示。在菜单栏上执行【编辑】>【自由变换】命令，调整人物图形的角度和大小，如图 7.60 所示。

> 说明：对人物图形的角度进行调整，是因为【风】滤镜只能在水平方向上产生风的效果，因此要将人物图形的角度调整合适后再进行【风】滤镜的操作。

图 7.59　人物图像出现速度线效果

图 7.60　调整人物图形的角度和大小

Step 11 在【图层】面板上，单击【背景】图层。在菜单栏上执行【滤镜】>【模糊】>【动感模糊】命令，打开【动感模糊】对话框，将【角度】设置为 -36 度，【距离】设置为 10 像素，如图 7.61 所示。

Step 12 单击【确定】按钮，观察到背景出现动感模糊的效果，如图 7.62 所示。效果满意后拼合所有图层。

图 7.61　【动感模糊】对话框

图 7.62　背景出现动感模糊效果

Step 13 在【图层】面板上，单击 █ （创建新图层）按钮，新建一个图层。在菜单栏上执行【滤镜】>【渲染】>【云彩】命令，在菜单栏上执行【图像】>【自动色阶】命令，观察到图形出现云彩效果，如图 7.63 所示。

Step 14 在菜单栏上执行【滤镜】>【风格化】>【查找边缘】命令，在菜单栏上执行【图像】>【自动色阶】命令，此时图形效果如图 7.64 所示。

Step 15 在【图层】面板上，设置云彩图层的混合模式为【正片叠底】，此时图形效果如图 7.65 所示。

Step 16 在工具栏上选择 ◢ （橡皮擦工具），在选项栏中设置柔和的笔刷、较小的【不透明度】和【流量】，在人物图形区域反复拖动鼠标进行擦拭，将该处的浓云逐渐擦除，效果如图 7.66 所示。

图 7.63 【云彩】滤镜效果

图 7.64 自动色阶效果

图 7.65 设置图层的混合模式

图 7.66 擦拭人物区域多余图形

Step 17 在【图层】面板上，单击 ▣（创建新图层）按钮，新建一个图层。使用灰色进行填充。在菜单栏上执行【滤镜】>【艺术效果】>【海绵】命令，打开【海绵】对话框，单击【确定】按钮。此时图形效果如图 7.67 所示。

Step 18 在菜单栏上执行【滤镜】>【扭曲】>【挤压】命令，打开【挤压】对话框，设置【数量】为 100%，如图 7.68 所示。

图 7.67 添加【海绵】滤镜效果

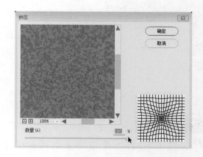

图 7.68 添加【挤压】滤镜效果

Step 19 在菜单栏上执行【滤镜】>【挤压】命令 2 次。在菜单栏上执行【滤镜】>【风格化】>【查找边缘】命令，在菜单栏上执行【图像】>【调整】>【反相】命令，观察到此时形成放射状图案，如图 7.69 所示。

Step 20 在【图层】面板上，单击 ▣（创建新图层）按钮，新建一个图层。在工具栏上选择 ▣（渐变工具），按下选项栏中的 ▣（径向渐变）按钮，使用透明彩虹渐变色进行填充，效果如图 7.70 所示。

Step 21 在【图层】面板上，将渐变色图层的混合模式设置为【正片叠底】，此时图像的效果如图 7.71 所示。在菜单栏上执行【图层】>【向下合并】命令，将该图层与下方的放射状图案合并，形成一个彩色的放射状图案图层。

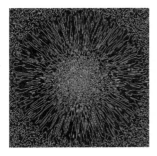
图 7.69　形成黑白放射状图案

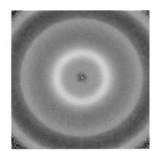
图 7.70　使用渐变色进行填充

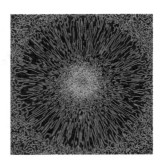
图 7.71　形成彩色放射状图案

Step 22 在【图层】面板上，将合并后图层的混合模式设置为【线性减淡】。在工具栏中选择 ✛ （移动工具），将彩色放射状图案的中心移动到楼顶处，如图 7.72 所示。

Step 23 在工具栏上选择 ◆ （橡皮擦工具），在选项栏中设置柔和的笔刷、较小的【不透明度】和【流量】，将放射状图案四角的多余区域擦除。在菜单栏上执行【滤镜】>【模糊】>【径向模糊】命令，勾选【缩放】复选框，单击【确定】按钮，观察到光芒射线变得更直、更长，最后效果如图 7.73 所示。

图 7.72　设置图层混合模式

图 7.73　超人的最后效果

7.5　猕猴桃与刺猬的融合

实例简介

现代的平面广告、招贴画设计偶尔也采用一些夸张的、荒诞的、怪异的创意手法来吸引人的眼球。本例练习一种怪异图像的制作方法，将猕猴桃的切面与刺猬进行合成，合成过程中还制作了刺猬的阴影效果及流下的果汁图案。

最终效果

本例的最终效果如图 7.74 所示。

图 7.74　猕猴桃与刺猬融合的最终效果

操作步骤

Step 01 启动 Photoshop。打开本书配套资源【素材】>【第 7 章】文件夹中的 706.jpg 图像文件，这是一幅白色背景的刺猬图片，如图 7.75 所示。

Step 02 在工具栏上选择 🪄（魔棒工具），在白色背景上单击，在菜单栏上执行【选择】>【反向】命令，将刺猬图形选中。在刺猬图形上单击鼠标右键，在弹出的快捷菜单中选择【通过副本的图层】命令，将刺猬图形复制到新的图层。

Step 03 单击【背景】图层，在【图层】面板上单击 🔲（创建新图层）按钮，新建一个图层。使用线性渐变色进行填充，效果如图 7.76 所示。

图 7.75　打开一幅刺猬的图片

图 7.76　新建图层并填充渐变色

Step 04 单击【刺猬】图层，在工具栏上选择 ✒（钢笔工具），在刺猬图形 1/3 处建立右边界为圆弧形的路径。单击鼠标右键，在弹出的快捷菜单中选择【建立选区】命令，效果如图 7.77 所示。

Step 05 在菜单栏上执行【图层】>【新建】>【通过剪切的图层】命令，将选区内的刺猬图形剪切到新的图层。在工具栏上选择 ✛（移动工具），将剪切后的图形向左移动，效果如图 7.78 所示。

Step 06 单击刺猬前半部分所在的图层，在工具栏上选择 ⬚（矩形选框工具），选择刺猬头部图形，在菜单栏上执行【图层】>【新建】>【通过剪切的图层】命令，将头部图形剪切在新的图层。在工具栏上选择 ✛（移动工具），将刺猬头部图形向右移动，如图 7.79 所示。

Step 07 单击刺猬中段所在的图层，在工具栏中选择 ○（套索工具），在其右边界绘制圆弧形选区，并按 Delete 键删除选区中的图形，如图 7.80 所示。

图 7.77　将路径转换为选区

图 7.78　将剪切的图形向左移动

图 7.79　将刺猬头部图形向右移动

图 7.80　删除选区内多余的图形

Step 08 取消选择。在菜单栏上执行【文件】>【打开】命令，打开本书配套资源【素材】>【第 7 章】文件夹下的"707.jpg"文件，这是一幅猕猴桃切面图像，如图 7.81 所示。

Step 09 在工具栏上选择 ✛（移动工具），将猕猴桃切面图像拖动到刺猬图像中，如图 7.82 所示。

图 7.81　打开一幅猕猴桃切面图像

图 7.82　拖动到刺猬图像中

Step 10 在工具栏上选择 ✐（魔棒工具），选择猕猴桃切面图像的白色背景区域，按 Delete 键将其删除。取消选择。在菜单栏上选择【编辑】>【自由变化】命令，调整猕猴桃切面图形的大小和位置，效果如图 7.83 所示。

Step 11 复制猕猴桃切面图形，将其排列在刺猬中段图层之下。在菜单栏上选择【编辑】>【自由变化】命令，调整复制图形的大小和位置，效果如图 7.84 所示。

Step 12 在【图层】面板上，分别选择刺猬图形头部、中段、后段所在的图层，在工具栏中选择 ✛（移动工具），调整它们及猕猴桃切面在画面中的位置，最后效果如

图 7.85 所示。

Step 13 选择刺猬中段所在的图层，在工具栏中选择 🗹（多边形套索工具），在刺猬中段图形的边缘创建锯齿状选区，然后将选区之外的图形删除，得到由刺猬的尖刺排列形成的锯齿状的边缘，效果如图 7.86 所示。

图 7.83 调整猕猴桃图形的大小和位置

图 7.84 调整复制图形的大小和位置

图 7.85 调整各图形所在的位置

图 7.86 得到锯齿状的边缘图形

Step 14 选择渐变色图层，在【图层】面板上单击 🔲（创建新图层）按钮，新建一个图层。在工具栏上选择 🖊（钢笔工具），绘制阴影的轮廓形状曲线。单击鼠标右键，在弹出的快捷菜单中选择【填充路径】命令，使用黑色进行填充，如图 7.87 所示。

Step 15 按 Delete 键，删除路径曲线。在【图层】面板上，将阴影图层的【不透明度】设置为 50%。在菜单栏上执行【滤镜】>【模糊】>【高斯模糊】命令，设置合适的模糊半径，单击【确定】按钮，效果如图 7.88 所示。

图 7.87 绘制并使用黑色填充路径

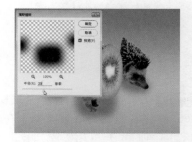

图 7.88 设置阴影图形的模糊效果

Step 16 选择渐变色图层，在【图层】面板上单击 🔲（创建新图层）按钮，新建一个图层。在工具栏上选择 🖊（钢笔工具），绘制果汁的轮廓形状曲线，如图 7.89 所示。

Step 17 单击鼠标右键，在弹出的快捷菜单中选择【填充路径】命令，使用浅绿色进行填充。按 Delete 键删除路径曲线，效果如图 7.90 所示。

图 7.89　绘制果汁的轮廓形状曲线

图 7.90　填充并删除路径曲线

Step 18 双击果汁图层栏，打开【图层样式】对话框。勾选【斜面和浮雕】复选框，打开【斜面和浮雕】面板参数，如图 7.91 所示。

Step 19 单击【确定】按钮，观察到果汁图案的边缘产生了具有厚度的浮雕效果，如图 7.92 所示。

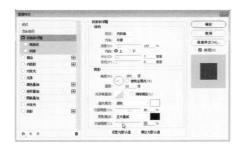

图 7.91　设置【斜面和浮雕】参数

图 7.92　果汁边缘产生浮雕效果

Step 20 在【图层】面板上单击 （创建新图层）按钮，新建一个空白图层。按住 Shift 键，将空白图层与果汁图层选择并合并，使当前的图层样式效果应用到该图层上。

Step 21 双击合并后的图层，打开【图层样式】对话框，勾选【斜面和浮雕】复选框，打开【斜面和浮雕】对话框。在【光泽等高线】右侧的等高线示意窗内单击鼠标，打开【等高线编辑器】对话框，调整曲线形状，如图 7.93 所示。

Step 22 单击【确定】按钮。然后调整【角度】参数，使果汁的浮雕效果如图 7.94 所示。

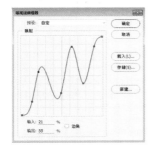

图 7.93　【等高线编辑器】对话框

图 7.94　调整角度后果汁的最终效果

Step 23 在【图层】面板上单击 （创建新图层）按钮，新建一个空白图层。按住

Shift 键，将空白图层与果汁图层选中并合并。

Step 24 在菜单栏上执行【编辑】>【变换】>【透视】命令，调整果汁图形的立体透视效果，如图 7.95 所示。

Step 25 在【图层】面板上，分别选择渐变色图层与果汁图层，在菜单栏上执行【图像】>【调整】>【色彩平衡】命令，最终效果如图 7.96 所示。

图 7.95　调整果汁图形的立体透视效果

图 7.96　猕猴桃与刺猬融合的最终效果

7.6　小狗和梨的融合

实例简介

本例将梨与梨、梨与狗进行合成，得到一幅怪异的图像。制作过程中多次使用了图层蒙版的功能，使不同材质之间的融合过渡较为柔和。

实例效果

本例的最终效果如图 7.97 所示。

图 7.97　小狗和梨融合的最终效果

操作步骤

Step 01 启动 Photoshop。打开本书配套资源【素材】>【第 7 章】文件夹中的 "708.jpg" 文件，如图 7.98 所示。

Step 02 在工具栏上选择 ![魔棒工具图标]（魔棒工具），在白色背景区域单击鼠标，在菜单栏上执行【选择】>【反向】命令，将梨图形选中。在视图中单击鼠标右键，选择【通过副本的图层】命令，将梨图形复制到新的图层。

Step 03 复制梨图形。在菜单栏上执行【编辑】>【变换】>【水平翻转】命令，将复制图形水平翻转后调整其位置和角度，如图7.99所示。

图7.98　打开一幅梨图像文件

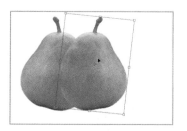

图7.99　调整复制图形的位置和角度

Step 04 将前景色设置为黑色。在【图层】面板上，单击 ▣ （添加矢量蒙版）按钮，在工具栏上选择 ✐ （画笔工具），在两个梨图形的衔接处进行绘制，效果如图7.100所示。

Step 05 单击梨图层缩览图窗口，在工具栏上选择 ◉ （加深工具），在选项栏中设置较柔和的笔刷，较小的曝光度，在两个梨的衔接处拖动鼠标，加深缝隙间的颜色，效果如图7.101所示。

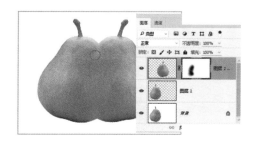

图7.100　添加图层蒙版效果

图7.101　缝隙间的颜色被加深

Step 06 在菜单栏上执行【文件】>【打开】命令，打开本书配套资源【素材】>【第7章】文件夹下的"狗01.jpg"文件。在工具栏上选择 ▢ （矩形选框工具），选择小狗的头部区域，如图7.102所示。

Step 07 在工具栏中选择 ✛ （移动工具），将小狗的头部图形拖动到梨图像中。在菜单栏上执行【编辑】>【自由变换】命令，调整小狗头部图形的角度和大小，效果如图7.103所示。

图7.102　选择小狗的头部区域

图7.103　调整小狗头部图形的角度和大小

Step 08 在【图层】面板上，单击 ▣（添加矢量蒙版）按钮，在工具栏上选择 ✐（画笔工具），在除了小狗嘴部以外的区域进行绘制，如图 7.104 所示。

Step 09 单击梨图层上的图层蒙版缩览图，使用 ✐（画笔工具）在多余的梨图形上拖动鼠标进行绘制，最后效果如图 7.105 所示。

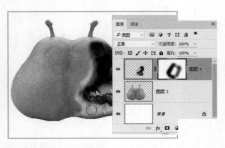 

图 7.104　在小狗嘴部以外的区域绘制　　　　图 7.105　在多余的梨图形上进行绘制

Step 10 单击小狗头部图形缩略图，在工具栏上选择 ⛓（多边形套索工具），选择舌头与牙齿的部分区域，单击鼠标右键，在弹出的快捷菜单中选择【通过拷贝的图层】命令，如图 7.106 所示。

Step 11 在菜单栏上执行【编辑】>【变换】>【垂直翻转】命令，将复制图形垂直翻转。在菜单栏上执行【编辑】>【自由变换】命令，调整复制图形的大小、位置和角度，如图 7.107 所示。

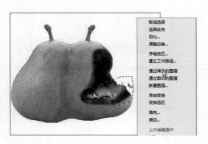 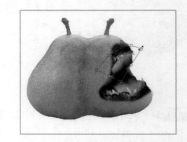

图 7.106　将选择区域复制到新图层　　　　图 7.107　调整复制图形的位置和角度

Step 12 在【图层】面板上，单击 ▣（添加矢量蒙版）按钮，在工具栏上选择 ✐（画笔工具），在复制舌头与牙齿的多余区域进行绘制，效果如图 7.108 所示。

Step 13 在菜单栏上执行【文件】>【打开】命令，再次打开本书配套资源【素材】>【第7章】文件夹下的"狗.jpg"文件。

Step 14 在工具栏上选择 ▢（矩形选框工具），选择小狗的眼睛区域，使用 ✛（移动工具）将其拖动到梨图形中。在菜单栏上执行【编辑】>【自由变换】命令，调整眼睛图形的角度和位置，如图 7.109 所示。

Step 15 在【图层】面板上，单击 ▣（添加矢量蒙版）按钮，在工具栏上选择 ✐（画笔工具），在眼睛的多余区域进行绘制，如图 7.110 所示。

Step 16 选择背景图层，在【图层】面板上单击 ▢（创建新图层）按钮，新建一个图层。在工具栏上选择 ✐（画笔工具）绘制梨图形投下的阴影，如图 7.111 所示。

Photoshop CC

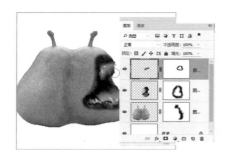

图 7.108　在复制图形的多余区域进行绘制

图 7.109　调整眼睛图形的角度和位置

图 7.110　为眼睛添加图层蒙版

图 7.111　绘制梨图形的阴影

Step 17 在菜单栏上执行【滤镜】>【模糊】>【高斯模糊】命令，打开【高斯模糊】对话框，设置合适的模糊半径，如图 7.112 所示。

Step 18 选择阴影图层，在【图层】面板上设置该图层的【不透明度】为 80%，观察到出现了淡淡的阴影效果，如图 7.113 所示。

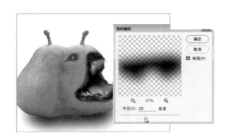

图 7.112　设置阴影图形的高斯模糊效果

图 7.113　设置阴影图形的不透明度

Step 19 在菜单栏上执行【文件】>【打开】命令，再次打开本书配套资源【素材】>【第 7 章】文件夹下的"草莓 .jpg"文件，如图 7.114 所示。

Step 20 在工具栏上选择 ✛（移动工具），将草莓图形拖动到梨图形中。在工具栏上选择 ✐（魔棒工具），在白色背景区域单击，按 Delete 键将其删除。

Step 21 在菜单栏上选择【编辑】>【自由变换】命令，调整草莓图形的大小和位置。在工具栏上选择 ⊿（多边形套索工具），选择右面的草莓图形，单击鼠标右键，选择【通过副本的图层】命令，将一个草莓图形复制到新的图层。在工具栏上选择 ✛（移动工具），调整复制草莓图形的位置，最后的效果如图 7.115 所示。

图 7.114 打开一幅草莓图形

图 7.115 添加草莓后的图形效果

<h2>7.7 着火的鱼缸</h2>

实例简介

在现实中水与火是不能相容的，但是在本例中，火、烟的图像素材与盛满水的鱼缸成功地合成到了一起。实例中多次运用了图像的变形技巧、蒙版技巧，不但使火与烟的层次变得丰富，并且使半透明的火与透明的鱼缸相互交融，让人相信鱼缸中确实着起了火。

最终效果

本例的最终效果如图 7.116 所示。

图 7.116 着火的鱼缸的最终效果

操作步骤

Step 01 启动 Photoshop。打开本书配套资源【素材】>【第 7 章】文件夹中的 "709. jpg" 文件，这是一幅鱼缸的图片，如图 7.117 所示。

Step 02 在菜单栏上执行【文件】>【打开】命令，打开本书配套资源【素材】>【第 7 章】文件夹中的 "710.jpg" 图像文件。在工具栏上选择 ⊹（移动工具），将火图像拖动到鱼缸图像中，如图 7.118 所示。

图 7.117　打开一幅鱼缸的图片

图 7.118　将火拖动到鱼缸图像中

Step 03 在【图层】面板上，将火图层的混合模式设置为【变亮】。在菜单栏上执行【编辑】>【变换】>【变形】命令，拖动调节框上的调节手柄，调整火焰的形状，如图 7.119 所示。按 Enter 键确认操作。

Step 04 将前景色设置为黑色。在【图层】面板上，单击 ◨ （添加矢量蒙版）按钮，在工具栏上选择 ✐ （画笔工具），在选项栏中将画笔的【不透明度】设置为 50%，【流量】设置为 50%，在鱼缸边缘拖动鼠标进行绘制，观察到此时产生了从鱼缸中冒出火焰的效果，如图 7.120 所示。

图 7.119　调整火焰的形状

图 7.120　在鱼缸边缘拖动鼠标

Step 05 在【图层】面板上，将火焰图层拖动到 ◳ （创建新图层）按钮上，复制该图层。设置复制火焰图层的混合模式为【正常】。此时图形效果如图 7.121 所示。

Step 06 单击复制火焰的图层蒙版缩览图，在工具栏上选择 ✐ （画笔工具），在复制的火焰图形的黑色背景上进行绘制，效果如图 7.122 所示。

图 7.121　设置复制图层的混合模式

图 7.122　为黑色背景添加蒙版效果

Step 07 在菜单栏上执行【文件】>【打开】命令，打开本书配套资源【素材】>【第 7 章】文件夹中的 "711.jpg" 文件。这是一幅浓烟的图片，在工具栏上选择 ✛ （移动工具），将浓烟图片拖动到鱼缸图像中，如图 7.123 所示。

Step 08 在【图层】面板上，将浓烟图层的【混合模式】设置为【正片叠底】。在菜单栏上执行【编辑】>【变换】>【变形】命令，拖动调节框，调整浓烟的形状，效果如图 7.124 所示。

图 7.123　将浓烟图片拖动到鱼缸图像中

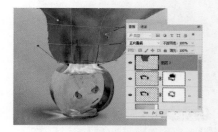

图 7.124　调整浓烟图形的形状

Step 09 在【图层】面板上，单击 ◘（添加矢量蒙版）按钮，在工具栏上选择 ✒（画笔工具），在选项栏中将画笔的【不透明度】、【流量】都设置为 50%，在浓烟图形边缘拖动鼠标进行绘制，使图像产生自然的冒烟效果，如图 7.125 所示。

Step 10 在菜单栏上执行【文件】>【打开】命令，打开配套资源【素材】>【第 7 章】文件夹中的"712.psd"文件，这是一幅没有背景的火焰冒烟的图片。在工具栏上选择 ✛（移动工具），将火焰冒烟的图片拖动到鱼缸图像中，如图 7.126 所示。

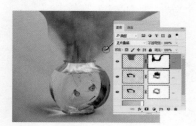

图 7.125　图像产生自然的冒烟效果

图 7.126　将冒烟图片拖动到鱼缸图像中

Step 11 在【图层】面板上，将火焰冒烟图层的【不透明度】设置为 27%。单击 ◘（添加矢量蒙版）按钮，在工具栏上选择 ✒（画笔工具），在选项栏中将画笔的【不透明度】、【流量】都设置为 50%，在火焰冒烟图像上拖动鼠标，使其与浓烟图像融合在一起，如图 7.127 所示。

Step 12 仔细调整各图形的位置和形状，使其产生自然的鱼缸冒烟的效果，如图 7.128 所示。

图 7.127　设置冒烟图形蒙版效果

图 7.128　鱼缸冒烟图像的最后效果

7.8　砖墙上的旧招贴画

实例简介

　　本例将一幅人物的图像与砖墙的图像合成到一起，得到一幅砖墙上贴着招贴画的图像。制作过程中首先运用滤镜使招贴画呈现砖缝的凹凸感，再使用图层的功能制作招贴画的折角和阴影效果。最后使用滤镜和颜色调整功能对招贴画进行做旧处理。

最终效果

　　本例的最终效果如图 7.129 所示。

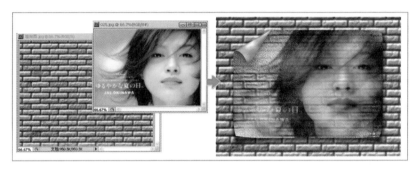

图 7.129　砖墙上的旧招贴画的最终效果

操作步骤

　　Step 01 启动 Photoshop。打开本书配套资源【素材】>【第 7 章】文件夹中的"墙贴图 .jpg" "713.jpg"文件，这是一幅墙壁的图像和一幅少女脸部特写的图像，如图 7.130 所示。

　　Step 02 在工具栏上选择 ✛（移动工具），将少女脸部特写图像拖动到墙壁图像中，如图 7.131 所示。

图 7.130　打开墙壁、少女脸部特写图像

图 7.131　将少女图像拖动到墙壁图像中

　　Step 03 在【图层】面板上，单击【图层 1】图层栏左侧的 👁（指示图层可视性）图标，隐藏少女脸部特写图层，如图 7.132 所示。

　　Step 04 选择【背景】图层。在菜单栏上执行【窗口】>【通道】命令，打开【通道】面板。单击【蓝】通道，将其拖动到 🔲（创建新通道）按钮上，复制得到【蓝 拷贝】

通道，如图 7.133 所示。

图 7.132 隐藏少女脸部特写图层

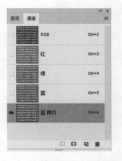

图 7.133 复制得到【蓝 拷贝】通道

Step 05 打开【图层】面板，单击【图层 1】图层栏左侧的 ▢ （指示图层可视性）图标，显示该图层。将图层 1 拖动到 ▢ （创建新图层）按钮上，复制该图层，效果如图 7.134 所示。

Step 06 在菜单栏上执行【滤镜】>【渲染】>【光照效果】命令，打开【光照效果】面板。将【样式】设置为【平行光】，【纹理】通道设置为【蓝 副本】，其他设置如图 7.135 所示。

图 7.134 复制得到【图层 1 拷贝】图层

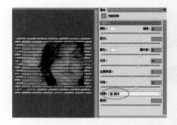

图 7.135 设置【光照效果】参数

Step 07 单击【确定】按钮，此时图形效果如图 7.136 所示。在【图层】面板上，设置复制图层的【不透明度】为 31%，如图 7.137 所示。

图 7.136 添加光照滤镜后的图形效果

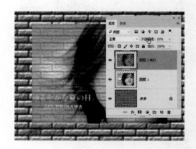

图 7.137 设置图层不透明度后的效果

Step 08 在工具栏上选择 ▣ （橡皮擦工具），在选项栏中设置合适的【不透明度】和【流量】，在人物图形的部分区域进行擦拭，使画面产生强弱不同的凹凸效果，如图 7.138 所示。

Photoshop CC

Step 09 在菜单栏上执行【图层】>【向下合并】命令，将擦拭后的人物图形与原图合并为一个图层，效果如图 7.139 所示。

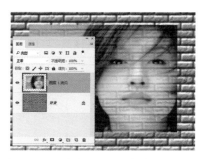

图 7.138　画面产生强弱不同的凹凸效果　　　　图 7.139　将两个人物图形合并为一个图形

Step 10 在【图层】面板上，单击 （创建新图层）按钮，新建一个图层。在工具栏上选择 （矩形选框工具）绘制矩形选区，并使用棕色 - 淡棕色 - 棕色的线性渐变色进行填充，如图 7.140 所示。

Step 11 在菜单栏上执行【编辑】>【变换】>【透视】命令，向内拖动调节框的边角，将其调整为三角形状；单击鼠标右键，在弹出的快捷菜单中选择【自由变换】命令，调整三角图形的位置和角度，效果如图 7.141 所示。

图 7.140　绘制矩形并填充渐变色　　　　图 7.141　调整矩形的形状和位置

Step 12 在工具栏上选择 （钢笔工具），在三角图形左侧绘制右面为弧形的路径，如图 7.142 所示。

Step 13 单击鼠标右键，在弹出的快捷菜单中选择【建立选区】命令。按 Delete 键删除选区内的图形，如图 7.143 所示。

图 7.142　绘制右面为弧形的路径　　　　图 7.143　建立选区并删除选区内的图形

Step 14 取消选择。单击人物所在图层，在工具栏上选择 ⬦（多边形选择工具），沿三角形上面绘制选区，按 Delete 键删除选区内的图形，使画面产生左上角卷曲的效果，如图 7.144 所示。

Step 15 单击三角图形所在图层，在菜单栏上执行【编辑】>【变换】>【变形】命令，进一步调整边角卷曲的图形效果，如图 7.145 所示。

图 7.144　使画面产生左上角卷曲的效果　　　图 7.145　进一步调整边角的卷曲效果

Step 16 在【图层】面板上，单击 ⬚（创建新图层）按钮，新建一个图层。在工具栏上选择 ⬦（多边形选择工具），绘制左上角卷曲后产生的投影图形，使用黑色进行填充。

Step 17 在菜单栏上执行【滤镜】>【模糊】>【高斯模糊】命令，设置合适的模糊半径，单击【确定】按钮，效果如图 7.146 所示。在【图层】面板上，降低投影图形的不透明度，效果如图 7.147 所示。

图 7.146　设置投影图形的模糊效果　　　图 7.147　设置投影图形的不透明度

Step 18 单击人物图形所在图层，在工具栏上选择 ▭（矩形选框工具），在左下角绘制矩形选区。在菜单栏上执行【编辑】>【变换】>【变形】命令，调整左下角向上稍稍卷曲的效果，如图 7.148 所示。

Step 19 使用同样的方法，设置右下角的卷曲效果。在【图层】面板上，单击 ⬚（创建新图层）按钮，新建一个图层。在工具栏上选择 ⬦（多边形选择工具），在视图中绘制整幅人物图像粘贴在墙壁上所产生的投影选区，使用黑色进行填充。

Step 20 在菜单栏上执行【滤镜】>【模糊】>【高斯模糊】命令，打开【高斯模糊】对话框。设置合适的模糊半径，单击【确定】按钮。在【图层】面板上，降低投影图形的不透明度，观察到图像产生了粘贴在墙壁上的效果，如图 7.149 所示。

图 7.148　调整左下角稍稍卷曲的效果

图 7.149　画像产生了粘贴在墙壁上的效果

Step 21 在菜单栏上执行【图像】>【调整】>【色相/饱和度】命令，打开【色相/饱和度】对话框，降低图像的饱和度；在菜单栏上执行【图像】>【调整】>【色彩平衡】命令，打开【色彩平衡】对话框，向黄色方向拖动调节滑块，使图像产生旧海报的图像效果，如图 7.150 所示。

Step 22 复制人物图像图层。在菜单栏上执行【滤镜】>【素描】>【网状】命令，打开【网状】对话框，参数设置如图 7.151 所示。

图 7.150　图形产生旧海报效果

图 7.151　【网状】对话框

Step 23 单击【确定】按钮，此时图像效果如图 7.152 所示。在工具栏上选择 ✎（橡皮擦工具），在选项栏中设置合适的【不透明度】和【流量】，在人物图形的部分区域进行擦拭，最终效果如图 7.153 所示。

图 7.152　为复制图层添加【网状】滤镜效果

图 7.153　砖墙上的旧招贴画的最终效果

7.9 逃出画框的动物

实例简介

本例首先绘制画框，再将鹰与蟒蛇的图像与画框合成，巧妙地保留鹰与蟒蛇超出画框的部分区域，得到鹰和蟒蛇逃离画框并相互争斗的视觉效果。

最终效果

鹰与蟒蛇逃离画框的效果如图 7.154 所示。

图 7.154 逃离画框的动物的最终效果

操作步骤

Step 01 启动 Photoshop。打开本书配套资源【素材】>【第 7 章】文件夹中的"714.jpg"文件，这是一幅桌面图像，如图 7.155 所示。

Step 02 在工具栏中选择 （自定形状工具），在选项栏中将【待创建的形状】设置为【窄边方形边框】，拖动鼠标在视图中绘制路径。

Step 03 在【图层】面板上，单击 （创建新图层）按钮，新建一个图层。在工具栏中选择 （路径选择工具），单击鼠标右键，在弹出的快捷菜单中选择【建立选区】命令，使用白色填充选区，如图 7.156 所示。

图 7.155 打开一幅桌面图像

图 7.156 使用白色填充选区

Step 04 双击白色矩形所在图层栏，打开【图层样式】对话框。勾选【斜面和浮雕】复选框，打开【斜面和浮雕】面板，将【大小】设置为5像素，【角度】设置为151度，如图7.157所示。单击【确定】按钮，观察到白色矩形产生了立体边框效果，如图7.158所示。

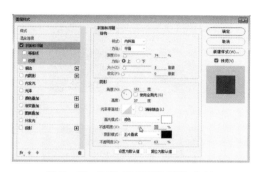

图 7.157　设置【斜面和浮雕】参数

图 7.158　白色矩形产生了立体边框效果

Step 05 在菜单栏上执行【编辑】>【变换】>【透视】命令，向下拖动调节框左上角，使矩形下边线与桌面水平线平行。在菜单栏上执行【编辑】>【变换】>【缩放】命令，调整矩形边框的大小和位置，如图7.159所示。

Step 06 将矩形边框所在图层拖动到 □（创建新图层）按钮上，复制该图层。在菜单栏上执行【编辑】>【变换】>【扭曲】命令，调整复制矩形边框图形的形状，如图7.160所示。

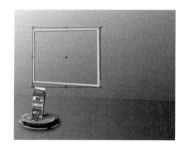

图 7.159　调整矩形边框的大小和位置

图 7.160　调整复制矩形边框的形状

Step 07 在菜单栏上执行【图层】>【向下合并】命令，将两个矩形边框图层合并为一个图层。复制合并后的矩形边框图层。

Step 08 按住 Ctrl 键，单击复制矩形边框图层的缩览图窗口，提取选区，使用黑色进行填充。在工具栏上选择 ✛（移动工具），调整黑色矩形图形的位置，使其形成矩形边框在桌面和墙壁上的投影，如图7.161所示。

Step 09 取消选择。在菜单栏上执行【滤镜】>【模糊】>【高斯模糊】命令，打开【高斯模糊】对话框。设置合适的模糊半径，单击【确定】按钮。观察到矩形边框产生了投影效果，如图7.162所示。

Step 10 启动 Photoshop。打开本书配套资源【素材】>【第 7 章】文件夹中的"715.jpg"文件，这是一幅巨鹰与蟒蛇相斗的图像，如图7.163所示。

Step 11 在工具栏上选择 ✛（移动工具），将巨鹰与蟒蛇相斗的图像拖动到桌面图像中。在【图层】面板上，降低巨鹰与蟒蛇相斗图层的不透明度，如图 7.164 所示。

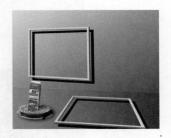

图 7.161　提取选区并使用黑色填充

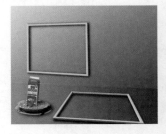

图 7.162　矩形边框产生了投影效果

图 7.163　打开巨鹰与蟒蛇相斗的图像

图 7.164　降低巨鹰与蟒蛇相斗图层的不透明度

Step 12 在工具栏上选择 ⟩（多边形套索工具），选择墙面矩形边框外的部分图形区域，按 Delete 键删除，如图 7.165 所示。

Step 13 在工具栏上选择 ⟩（多边形套索工具），选择墙面矩形边框外围除鹰图形外的区域，按 Delete 键删除。在【图层】面板上，将巨鹰图层的不透明度恢复为100%，此时图形效果如图 7.166 所示。

图 7.165　删除矩形边框外的部分区域

图 7.166　恢复图层不透明度后的效果

Step 14 在工具栏上选择 ✛（移动工具），将巨鹰与蟒蛇相斗图像再次拖动到桌面图像中，并降低该图层的不透明度。调整蟒蛇图像的位置，如图 7.167 所示。

Step 15 在工具栏上选择 ⟩（多边形套索工具），选择桌面矩形边框外围蟒蛇图形外的区域，按 Delete 键删除，如图 7.168 所示。

Step 16 在工具栏上选择 ⟩（多边形套索工具），仔细选择桌面矩形边框外围蟒蛇图形外的区域，按 Delete 键删除。在【图层】面板上，将蟒蛇图层的不透明度恢复为100%，此时图形效果如图 7.169 所示。

Step 17 选择巨鹰图形所在图层，在菜单栏上执行【图像】>【调整】>【色彩平衡】命令，将巨鹰图形向暖色调调整；选择蟒蛇图形所在图层，在菜单栏上执行【图像】>【调整】>【亮度 / 对比度】命令，提高蟒蛇图形的亮度，最终效果如图 7.170 所示。

图 7.167　调整导入图层的位置

图 7.168　删除蟒蛇外的图形

图 7.169　调整蟒蛇图层的不透明度

图 7.170　逃离画框的动物的最终效果

7.10　烘托画面的气氛

实例简介

在制作招贴画、平面广告时，经常使用某些滤镜对图像的背景图层进行处理以烘托画面的气氛。本例使用云彩、水彩滤镜制作画面的背景，再使用透明彩虹渐变填充来改变画面的颜色，最终使画面的整体气氛与人物的表情相协调。

最终效果

本例的最终效果如图 7.171 所示。

图 7.171　烘托画面的气氛的原图与最终效果

操作步骤

Step 01 启动 Photoshop。打开本书配套资源【素材】>【第7章】文件夹中的 "716.jpg" 文件，这是一幅女性人物图片，如图 7.172 所示。

Step 02 在工具栏上选择 🪄（魔棒工具），在选项栏中设置【容差】为10。按住 Shift 键，在人物图形之外的白色背景区域单击；在菜单栏上执行【选择】>【反向】命令，将人物图形选中。单击鼠标右键，在弹出的快捷菜单中选择【通过副本的图层】命令，将人物图形复制到新的图层。

Step 03 在【图层】面板上，单击 🔲（创建新图层）按钮，新建一个图层，使用黑色进行填充。将黑色图层拖动到人物图层之下，此时图形效果如图 7.173 所示。

图 7.172　打开一幅女性人物图片

图 7.173　调整图层顺序后的图形效果

Step 04 在工具栏中选择 🖌（画笔工具），在选项栏中按下 🔲（切换画笔）按钮打开【画笔】设置面板。勾选【形状动态】复选框，设置【大小抖动】为41%；勾选【散布】复选框，设置【散布】为800，其他参数设置如图 7.174 所示。

Step 05 将前景色设置为白色。选择黑色图层，在【图层】面板上，单击 🔲（创建新图层）按钮，新建一个图层，使用 🖌（画笔工具）在人物图形周围拖动鼠标绘制白色圆点；选择人物图层，在【图层】面板上，单击 🔲（创建新图层）按钮，新建一个图层，使用 🖌（画笔工具）在人物图形部分区域拖动鼠标绘制白色圆点，最后效果如图 7.175 所示。

图 7.174　【画笔】设置面板

图 7.175　使用画笔绘制后的效果

Step 06 在工具栏中选择 ▣（渐变工具），设置渐变色效果为透明彩虹的线性渐变。按住 Ctrl 键，单击白色圆点图层缩览图窗口，提取白色圆点选区，从左上方向右下角拖动鼠标，为白色圆点填充渐变色，效果如图 7.176 所示。

Step 07 双击渐变色圆点图层，打开【图层样式】面板，勾选【斜面和浮雕】复选框，打开【斜面和浮雕】面板。将【深度】设置为480，【大小】设置为6，【角度】设置为 120 度，如图 7.177 所示。

图 7.176　为白色圆点填充渐变色

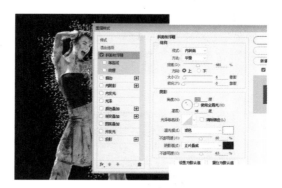

图 7.177　设置【斜面和浮雕】参数

Step 08 单击【确定】按钮，观察到圆点出现了立体浮雕效果。选择圆点图层，在菜单栏上执行【图像】>【调整】>【色相/饱和度】命令，打开【色相/饱和度】对话框，调整圆点图形的饱和度和明度，如图 7.178 所示。

Step 09 选择黑色图层，在菜单栏上执行【滤镜】>【渲染】>【云彩】命令，为黑色背景添加【云彩】滤镜效果，如图 7.179 所示。

图 7.178　调整圆点图形的饱和度和明度

图 7.179　为黑色背景添加【云彩】滤镜效果

Step 10 在菜单栏上执行【滤镜】>【风格化】>【凸出】命令，打开【凸出】对话框，如图 7.180 所示。单击【确定】按钮。

Step 11 在菜单栏上执行【滤镜】>【艺术效果】>【水彩】命令，打开【水彩】对话框，将【画笔细节】设置为4，【纹理】设置为2，如图 7.181 所示。

Step 12 单击【确定】按钮，图形效果如图 7.182 所示。在菜单栏上执行【文件】>【打开】命令，打开本书配套资源【素材】>【第 7 章】文件夹下的"墙贴图.jpg"图像，这是一幅砖墙的图片，如图 7.183 所示。

图 7.180 添加【凸出】滤镜效果

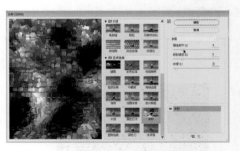

图 7.181 【水彩】对话框

图 7.182 添加【水彩】滤镜后的图像效果

图 7.183 打开一幅砖墙的图像文件

Step 13 在【图层】面板上，单击 ■（添加矢量蒙版）按钮，单击图层蒙版缩览图，在菜单栏上执行【滤镜】>【渲染】>【云彩】命令，此时图形效果如图 7.184 所示。

Step 14 在菜单栏上执行【图像】>【调整】>【亮度/对比度】命令，打开【亮度/对比度】对话框。调整蒙版中云彩的亮度、对比度，从而使该蒙版控制的砖墙图层出现局部透明的效果，如图 7.185 所示。

图 7.184 为砖墙添加云彩蒙版

图 7.185 砖墙图层出现局部透明的效果

Step 15 在【图层】面板上，单击 ■（创建新图层）按钮，新建一个图层，使用透明彩虹的线性渐变进行填充。在【图层】面板上，设置渐变色图层的混合模式为【颜色】，图层【不透明度】为 40%，如图 7.186 所示。

　　Step 16 观察到使用滤镜对图像的背景图层进行处理后画面的气氛被热烈地烘托出来，最后效果如图 7.187 所示。

图 7.186　设置渐变色图层的图层效果　　　　　图 7.187　烘托画面气氛的最终效果

第8章 数码照片处理必练10例

数码照相机已经普及到千家万户。不但专业的摄影工作者拥有数码照相机，普通家庭的拥有量也越来越多，经常看到一些人带着数码照相机在拍摄身边感兴趣的事物。不可否认的是，数码照相机已经成为现代家庭的常用物品。

拍摄归来后，相信每一位会操作Photoshop的人都会打开电脑，将拍摄的数码照片精心调整成自己满意的效果之后才会交给冲印部去冲印。Photoshop可以方便地处理数码照片，经常使用它修掉照片中的瑕疵、裁去多余的部分、对景物或人物进行修饰美化，并且可以为照片添加多种漂亮的装饰效果。

Photoshop的中文含义是"照片商店"。有人曾形容Photoshop是"暗房终结者"，意思是人们可以在舒适明亮的工作间用电脑设计照片的各种效果，再也不用躲进潮湿阴暗的暗房里使用传统的方法制作照片特效了。本章主要介绍数码照片的一般性处理，例如校正由于拍摄环境造成的偏色、在拍摄过程中曝光不足、曝光过度，为照片制作柔焦效果、添加装饰效果等。由于数码照相机输出的是标准的电脑图像，所以本书其他章节中介绍的图像的处理方法和技巧也都可以应用到数码照片的处理中，那样就可以随心所欲地添加更多的调整和添加更多的特效。

8.1 使用照片滤镜

实例简介

自从数码照相机普及以来，Photoshop 就及时地在软件中添加了针对于照片的一些滤镜和命令。使用这些滤镜可以方便地校正照片的枕形失真、透视异常、偏色等。本节通过实例介绍这些滤镜的使用方法。

最终效果

本例的最终效果如图 8.1 所示。

图 8.1 原图与使用照片滤镜处理后的效果对比

操作步骤

Step 01 启动 Photoshop。打开本书配套资源【素材】>【第 8 章】文件夹下的 "801.jpg" 图像文件。观察到照片中的景物有些倾斜，由于镜头的枕形失真，楼房还有些弯曲畸变，如图 8.2 所示。

Step 02 为了更好地观察景物的变形程度，可在菜单栏上执行【视图】>【显示】>【网格】命令，这样即可在图像中出现网格参考线，景物的变形程度一目了然，如图 8.3 所示。

图 8.2　打开一幅景物倾斜的图片

图 8.3　显示网格后的图像效果

Step 03 现在对景物的变形进行校正。在菜单栏上执行【滤镜】>【扭曲】>【镜头校正】命令，设置参数如图 8.4 所示。

Step 04 单击【确定】按钮，观察到景物的倾斜和弯曲都得到改善。但是由于【镜头校正】对图像进行了扭曲，所以在图像的某些边缘区域出现了少许空缺，如图 8.5 所示。

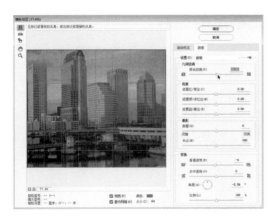
图 8.4　【镜头校正】对话框

图 8.5　图像某些边缘区域出现空缺

Step 05 在工具栏中选择 🔲（裁切工具），在白色空白区域内部绘制矩形选区，按 Enter 键确认操作，观察到白色空白区域被裁切掉，图像效果如图 8.6 所示。

Step 06 调整照片的颜色。在菜单栏上执行【图像】>【调整】>【变化】命令，打开【变化】对话框。选中【中间调】单选按钮，用鼠标单击一次【加深黄色】窗口，再单击一次【加深红色】窗口，此时可以在【当前挑选】窗口中看到调整颜色后的效果，如图 8.7 所示。

Step 07 选中【饱和度】单选按钮，用鼠标单击一次【减少饱和度】窗口，在【当前挑选】窗口中可以看到图像的饱和度被降低少许，如图 8.8 所示。调整满意后，单击【确定】

按钮。最后图像效果如图 8.9 所示。

图 8.6　裁切掉多余的空白区域

图 8.7　在照片滤镜对话框中调整色调

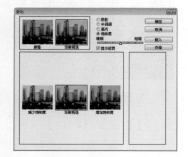

图 8.8　减少图像中的黑色

图 8.9　调整后的图像效果

8.2　校正曝光不足的照片

实例简介

　　照片整体偏暗或者照片中着重表现的主体景物或人物偏暗称为曝光不足。严重曝光不足的照片会由于暗部层次过于黑暗而丢失该部分的层次，颜色也会显得生硬和黯淡。本例对一幅曝光不足的数码照片进行调整，最终使它的暗部层次变得丰富，颜色也得到了明显的改善。

最终效果

　　本例的最终效果如图 8.10 所示。

图 8.10　校正照片曝光不足前后的图像对比

操作步骤

Step 01 启动 Photoshop。打开本书配套资源【素材】>【第 8 章】文件夹下的"802. jpg"图像文件。这是一幅逆光拍摄的人物照片,人物的区域明显曝光不足,如图 8.11 所示。

Step 02 在【图层】面板上,将【背景】图层拖动到 ▣ (创建新图层)按钮上进行复制,将复制图层的混合模式设置为【滤色】。观察到图像被整体提高了亮度,如图 8.12 所示。

图 8.11　打开一幅逆光拍摄的照片

图 8.12　图像被整体提高了亮度

Step 03 再次复制【背景】图层,将复制图层的混合模式设置为【滤色】。观察到图像进一步被提高亮度。调整复制图层的【不透明度】,使人物区域暗部的亮度达到满意,如图 8.13 所示。

Step 04 由于前两步提高亮度的操作,此时图像的亮部有些太白,现在进行纠正。在【图层】面板上单击 ▣ (添加图层蒙版)按钮,如图 8.14 所示。

图 8.13　设置复制图层模式和不透明度

图 8.14　为复制图层添加图层蒙版

Step 05 在工具栏中选择 ▣ (渐变工具),在选项栏中按下 ▣ (线性渐变)按钮,单击渐变色编辑窗口,打开【渐变编辑器】对话框,选择【黑,白渐变】,如图 8.15 所示。

Step 06 在【图层】面板上单击图层蒙版缩览图,从左上到右下填充黑色至白色的渐变色,效果如图 8.16 所示。观察到图像中左上的高光区域的亮度有所降低。

Step 07 单击【背景 拷贝】图层,在【图层】面板上单击 ▣ (添加图层蒙版)按钮,在视图中从左上到右下方向填充黑色至白色的渐变色,使图像中左上的高光区域的亮度进一步降低,如图 8.17 所示。

Step 08 分别对调整【背景 拷贝】图层和【背景 拷贝 2】图层的不透明度参数进行微调,使图像各区域的亮度达到满意。本例最终效果如图 8.18 所示。

图 8.15　选择【黑，白渐变】

图 8.16　填充渐变色后的图像效果

图 8.17　为背景副本添加图层蒙版

图 8.18　调整图层不透明度后的效果

8.3　校正曝光过度的照片

实例简介

　　照片整体偏亮或者照片中着重表现的主体景物或人物过亮称为曝光过度。严重曝光过度的照片会由于图像的亮部层次太白而失去层次。这样的照片纠正起来很困难。这是由于人的眼睛对图像的亮部区域很敏感，而该部分的层次已经没有，即使功能强大的 Photoshop 也不可能为该区域凭空捏造出层次来。但本例还是试着纠正一幅严重曝光过度的照片，纠正后看上去舒服一些，然而仍称不上是一幅成功的照片。因此，有电脑图像处理条件的人，拍摄的曝光设置要"宁欠勿过"，在这点上和使用负片胶卷的传统照相机的"宁过勿欠"原则有所不同。

最终效果

　　本例的最终效果如图 8.19 所示。

图 8.19　原图与校正后的图像对比

操作步骤

Step 01 启动 Photoshop。打开本书配套资源【素材】>【第 8 章】文件夹下的"803.jpg"图像文件。这是一幅由于拍摄时曝光过度，照片中人物的高光区域太白失去了层次的照片，如图 8.20 所示。

Step 02 在【图层】面板上，将【背景】图层拖动到 ▢（创建新图层）按钮上进行复制，将复制图层的混合模式设置为【正片叠底】，【不透明度】设置为 60%，如图 8.21 所示。

图 8.20　打开一幅曝光过度的照片　　　　　图 8.21　【图层】面板状态

Step 03 观察到此时图像的颜色较原始的图像有所加深，但由于曝光过度，已经造成原始的图像的高光部分层次丢失，图像的亮部依旧太白，如图 8.22 所示。

Step 04 现在制作人物高光部位的层次。再次复制【背景】图层，将复制图层的混合模式设置为【正片叠底】，如图 8.23 所示。

图 8.22　图像的亮部依旧太白　　　　　图 8.23　设置复制图层的混合模式

Step 05 在菜单栏上执行【滤镜】>【模糊】>【高斯模糊】命令，打开【高斯模糊】对话框。将【半径】参数设置为 30 像素，如图 8.24 所示。单击【确定】按钮。

Step 06 观察到由于【高斯模糊】滤镜将图像中的一部分中间色调的层次移动到丢失层次的亮部的边缘区域，而【正片叠底】的混合模式使该区域的颜色得到加深，亮部缺乏层次的缺陷得到一定程度的补救，最后效果如图 8.25 所示。

图 8.24 为复制图层添加【高斯模糊】滤镜效果　　　图 8.25 校正曝光过度的照片的最后效果

8.4 对模糊的照片进行锐化

实例简介

　　许多照片由于拍摄时手的抖动、拍摄距离较远或者聚焦不准确，会造成图像的模糊，另外使用手机、网易拍拍摄的数码照片也经常有些模糊。使用 Photoshop 进行锐化处理可以在一定程度上改善图像模糊缺陷。但是 Photoshop 并不能凭空捏造出由于模糊而没有拍到的细节，只能使图像中原本模糊的边界变得清楚。本节通过实例介绍对模糊的照片进行锐化的方法。

最终效果

　　本例的最终效果如图 8.26 所示。

图 8.26 对模糊的照片进行锐化前后的对比效果

操作步骤

　　Step 01 启动 Photoshop。打开本书配套资源【素材】>【第 8 章】文件夹下的 "804.jpg" 图像文件。这是一幅使用手机拍摄的数码照片。该照片不但有些模糊，而且由于手机感光元件的感光曲线不佳，造成较亮区域的对比度过于强烈，如图 8.27 所示。

　　Step 02 在锐化图像时，适当增加图像的像素可以使锐化的效果更好。在菜单栏上执行【图像】>【图像大小】命令，打开【图像大小】对话框。将图像【宽度】设置为1800 像素，如图 8.28 所示。单击【确定】按钮。

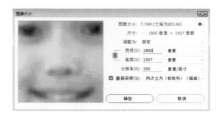

图 8.27　打开一幅画面模糊的照片　　　　图 8.28　重新设置图像大小

Step 03 在菜单栏上执行【图像】>【颜色】>【Lab 颜色】命令，将图像转化为 Lab 色彩模式。在菜单栏上执行【窗口】>【通道】命令，打开【通道】面板。激活【明度】通道，如图 8.29 所示。

> **说明：**对于人像的锐化，通常在锐化前将图像的色彩模式转化为 Lab 格式。该格式有一个【明度】通道，只对明度通道进行锐化，可使锐化后的图像的颜色更为细腻。

Step 04 在菜单栏上执行【滤镜】>【锐化】>【USM 锐化】命令，打开【USM 锐化】对话框。将【数量】设置为 135%，【半径】设置为 4 像素，【阈值】设置为 1 色阶，如图 8.30 所示。

图 8.29　激活【明度】通道　　　　图 8.30　【USM 锐化】对话框

Step 05 观察到使用【USB 锐化】滤镜进行处理后，图像的边缘变得清楚了。如果想使边缘更加清楚，可以再执行一次 USB 锐化。此时图像的效果如图 8.31 所示。

Step 06 在【通道】面板上，单击 Lab 通道栏，使图像显示为彩色，此时图像的效果如图 8.32 所示。

图 8.31　执行 USM 锐化后的图像效果　　　　图 8.32　图像显示为彩色后的效果

Step 07 在菜单栏上执行【图像】>【调整】>【曲线】命令，打开【曲线】对话框。在曲线上添加调整节点后仔细调整曲线的形状，如图 8.33 所示。此时图像较亮区域的对比度过于强烈的缺陷得到校正，效果如图 8.34 所示。

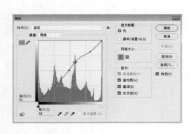

图 8.33　添加节点调整曲线形状

图 8.34　调整图像较亮区域的对比度

Step 08 在视图中单击鼠标右键，在弹出的快捷菜单中选择【放大】命令，将图像放大显示。观察图像中有无由于锐化操作造成的亮度明显发生变化的像素。如果有，在工具栏中选择 （模糊工具），在该区域拖动鼠标进行调整，如图 8.35 所示。

Step 09 在菜单栏上执行【图像】>【模式】>【RGB 颜色】命令，将图像还原为原始的 RGB 色彩模式。在菜单栏上执行【图像】>【图像大小】命令，勾选【约束比例】复选框，将图像【宽度】设置为 900 像素，将图像还原为初始的图像大小。本例对模糊的照片进行锐化后的最终效果如图 8.36 所示。

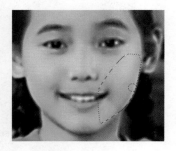

图 8.35　调整亮度明显发生变化的区域

图 8.36　对模糊照片处理后的效果

8.5　制作柔焦效果的照片

实例简介

使用胶卷的传统照相机有很多滤镜用于产生多种拍摄效果，例如将柔焦效果的滤镜接在镜头前即可拍摄出梦幻般柔焦效果的照片。一方面，数码照相机由于镜头的焦距、镜头的接口有很多规格，使得滤镜的制作没有产生统一的标准，因此目前应用于数码照相机的滤镜并不普及。另一方面，数码照相机输出的电子图像可以轻易地在软件中进行编辑产生各种滤镜效果，所以对实物滤镜的需求不像传统使用胶片的照相机那样迫切。本例利用 Photoshop 将一幅数码照片处理成柔焦效果的照片。

Photoshop CC

最终效果

　　本例的最终效果如图 8.37 所示。

图 8.37　为照片制作柔焦效果

操作步骤

　　Step 01 启动 Photoshop。打开本书配套资源【素材】>【第 8 章】文件夹下的 "805. jpg" 图像文件，这是一幅漂亮的女孩图片，如图 8.38 所示。

　　Step 02 由于在下面的操作中会使图像变亮，所以先使用【正片叠底】图层混合模式预先将图像调整得暗一些。复制【背景】图层，将复制图层的混合模式设置为【正片叠底】，如图 8.39 所示。

图 8.38　打开一幅漂亮的女孩图片

图 8.39　设置复制图层的混合模式

　　Step 03 再次复制背景图层。将复制图层的混合模式设置为【滤色】，如图 8.40 所示。在菜单栏上执行【图像】>【调整】>【亮度 / 对比度】命令，打开【亮度 / 对比度】对话框，拖动调节滑块增大图像的亮度和对比度，如图 8.41 所示。

图 8.40　设置复制图层的混合模式

图 8.41　增大图像的亮度和对比度

Step 04 在菜单栏上执行【滤镜】>【模糊】>【高斯模糊】命令，打开【高斯模糊】对话框。将模糊【半径】设置为 7 像素，如图 8.42 所示。

Step 05 在【图层】面板上，将图层的【不透明度】设置为 68%，观察到柔光效果的强烈程度发生变化，如图 8.43 所示。

图 8.42 【高斯模糊】对话框   图 8.43 设置柔光效果的强烈程度

Step 06 在【图层】面板上，单击 📄（创建新图层）按钮，新建一个图层。将前景色设置为白色，在工具栏中选择 ✎（画笔工具），在图像中的高光区域绘制白色斑点，如图 8.44 所示。

Step 07 在菜单栏上执行【滤镜】>【模糊】>【高斯模糊】命令，设置合适的模糊半径，调整各图层的不透明度，得到适当强烈程度的柔光效果的数码照片，如图 8.45 所示。

图 8.44 在高光区域绘制白色斑点   图 8.45 得到具有柔光效果的照片

8.6 彩色照片转黑白照片

实例简介

尽管彩色照片早已普及，但黑白照片仍有其独特的魅力。某些彩色照片被转化成黑白照片后恰巧丢弃了与主题无关的彩色信息，使图像更为凝练，有时也许会产生深邃、神秘等意想不到的效果。将彩色照片转化成黑白照片，在 Photoshop 中最简单的操作是使用【去色】命令进行转化，然而这样得到的灰度图层常常层次不清。本例使用几种不同的方法将彩色照片转化成黑白照片，每种方法所得到的最终效果有所不同。读者可仔细对比其转化后的效果，便于在实际工作中选择恰当的方法进行转化处理。

Photoshop CC

最终效果

本例的最终效果如图 8.46 所示。

图 8.46　彩色照片转黑白照片

操作步骤

Step 01 启动 Photoshop。打开本书配套资源【素材】>【第 8 章】文件夹下的 "806.jpg" 图像文件，这是一幅人物图片，如图 8.47 所示。

Step 02 为了在下面的操作步骤中可以方便地对比每种黑白照片的不同效果，在菜单栏上执行【窗口】>【历史记录】命令，打开【历史记录】面板。在菜单栏上执行【图像】>【调整】>【去色】命令，得到一幅类似于黑白照片的灰度图像。

Step 03 在【历史记录】面板上，单击 📷（创建新快照）按钮，新建一个快照，这样在下面的任何步骤中用鼠标单击这个快照即可返回到建立这个快照时的效果，如图 8.48 所示。

图 8.47　打开一幅人物图片

图 8.48　去色后新建快照

Step 04 在【历史记录】面板上，单击最上面的彩色快照栏，将图像还原成初始状态。在菜单栏上执行【图像】>【模式】>【Lab 颜色】命令，将图像转化成 Lab 色彩模式。打开【通道】面板，观察到该色彩模式的图像中有一个【明度】通道，如图 8.49 所示。

> **说明**：RGB 或 CMYK 图像的单个通道虽然也是灰度信息，但这种灰度信息只是记录了其对应的颜色的相对强度。而明度通道则包含了除色相、饱和度信息以外的图像整体亮度信息，其影像基本符合使用黑白底片拍摄所得到的影像。所以将彩色图像先转化为 Lab 色彩模式的图像再进行【去色】处理，被称作是"原汁原味地转化为灰度图像"。这种方法在从事图像处理的专业工作者中被广泛采用。

Step 05 在菜单栏上执行【图像】>【调整】>【去色】命令，得到一幅灰度图像，如图 8.50 所示。在【历史记录】面板上单击【快照 1】栏，与步骤 2 制作的灰度图像相对比，会发现图像的层次有明显的差异。

图 8.49 转换为 Lab 色彩模式

图 8.50 转换为灰度图像

Step 06 现在尝试另一种彩色图像转化为灰度图像的方法。在【历史记录】面板上，单击最上层的彩色快照栏，将图像还原到初始的彩色图像。

Step 07 在菜单栏上执行【图像】>【调整】>【黑白】命令，打开【黑白】对话框。将【红色】设置为 161%，【黄色】设置为 -49%，【绿色】设置为 96%，【青色】设置为 60%，【蓝色】设置为 185%，如图 8.51 所示。观察到此时得到一幅反差较为强烈的灰度图像，如图 8.52 所示。

图 8.51 【黑白】对话框参数设置

图 8.52 得到反差强烈的灰度图像

Step 08 如果想调整人物肤色的亮度，可以拖动【黄色】或【蓝色】选项栏中的调节滑块。将【红色】设置为 114%，【黄色】设置为 4%，【绿色】设置为 27%，【青色】设置为 5%，【蓝色】设置为 62%，【洋红】设置为 151%，如图 8.53 所示。观察到人物肤色的明度得到了提高，效果如图 8.54 所示。

Step 09 使用【黑白】命令还可以为黑白照片添加颜色形成单色照片效果。勾选【色调】复选框，设置色调颜色为淡蓝色。将【红色】设置为 40%，【黄色】设置为 60%，【绿色】设置为 40%，【青色】设置为 60%，【蓝色】设置为 20%，【洋红】设置为 80%，如图 8.55 所示。此时得到偏向蓝色的单色照片效果，如图 8.56 所示。

图 8.53　【黑白】对话框参数设置

图 8.54　人物肤色的明度得到了提高

图 8.55　【黑白】对话框参数设置

图 8.56　偏向蓝色的单色照片效果

8.7　HDR 效果的照片

实例简介

　　照片中最亮的地方没有现实中有光泽的金属亮，与灯光、太阳的亮度更是无法相比；照片中最暗的地方没有窨井的深处黑，所以照片在表现明暗方面的宽容度远小于自然界中实际的明暗宽容度。

　　如果要保证一幅照片的对比度适中，那么图像中较亮的区域往往超出了照片能够表现的阈值而失真。降低图像的对比度虽然可以提高照片的宽容度，但这样做的结果是使照片的色调变得黯淡。为了解决宽容度与对比度的矛盾，有人用不同的曝光参数分别拍摄景物高光部与暗部（包围式曝光），然后在电脑中将这样得到的几张照片合成到一起，使图像中的每个区域都有较好的层次。这样，虽然得到的是一幅失真的照片，但这样的照片有其独特的风格，并且可以传达更多的信息。照片的这种风格被称为 HDR（高动态）效果。

　　由于人的眼睛对图像的暗部层次不敏感，所以经常忽略照片中较暗区域的细节。为了使人们更容易地注意到这些细节，可以人为地提高图像暗部区域的亮度，虽然这不是使用包围式曝光方式得到的几幅照片的合成图像，而仅仅是通过处理单张照片得到的图像，但这种方法也可以起到传达更多视觉信息的作用。目前这样的照片也被称作是 HDR 效果。

制作 HDR 效果的照片时，有的人喜欢在高动态表现景物明暗的同时也注重照片的真实感；也有的人喜欢制作比现实更加夸张的明暗动态效果，使图像的细节之处的反差更强烈。本例将一幅数码照片处理成 HDR 效果，最终得到一幅较注重真实感的 HDR 效果的照片和一幅较为夸张的 HDR 效果的照片。

最终效果

本例的最终效果如图 8.57 所示。

图 8.57　HDR 效果的照片

操作步骤

Step 01 启动 Photoshop。打开本书配套资源【素材】>【第 8 章】文件夹下的"807.jpg"图像文件，这是一幅街道的图片，如图 8.58 所示。

Step 02 将【背景】图层复制 3 次，得到【背景 拷贝】、【背景 拷贝 2】、【背景 拷贝 3】图层。在【图层】面板上，将【背景 拷贝 2】、【背景 拷贝 3】图层的混合模式设置为【滤色】，调整图层的【不透明度】参数，使人群区域的亮度适当，效果如图 8.59 所示。

图 8.58　打开一幅街道的图片

图 8.59　人群区域的亮度被适当提高

Step 03 按住 Ctrl 键，选择【背景 拷贝】、【背景 拷贝 2】、【背景 拷贝 3】图层，在菜单栏上执行【图层】>【合并图层】命令，将其合并为一个图层。

Step 04 在工具栏中选择　（多边形套索工具），选择人群中亮度仍然较低且不易分辨层次的区域，在菜单栏上执行【选择】>【修改】>【羽化】命令，设置【羽化半径】为 30 像素，单击【确定】按钮，如图 8.60 所示。

Step 05 在选区内单击鼠标右键，弹出快捷菜单后选择【通过副本的图像】命令，将选区中的图像复制到新的图层。在【图层】面板上，设置复制图层的混合模式为【滤色】。观察到此时人群中较暗的区域也有了明显的层次，如图 8.61 所示。

图 8.60　选择人群中较暗的区域　　　　图 8.61　较暗的区域有了明显的层次

Step 06 按住 Ctrl 键，选择【背景 拷贝】、【图层 1】图层，在菜单栏上执行【图层】>【合并图层】命令，将其合并为一个图层。将合并得到的图层重命名为"暗部层次"。

Step 07 将【背景】图层复制两次，得到新的【背景 拷贝】、【背景 拷贝 2】图层。在【图层】面板上，将【背景 拷贝 2】图层的混合模式设置为【滤色】，调整图层的【不透明度】参数，使两侧建筑区域的亮度适当，如图 8.62 所示。

Step 08 按住 Ctrl 键，选择【背景 拷贝】、【背景 拷贝 2】图层，在菜单栏上执行【图层】>【合并图层】命令，将其合并为一个图层。将合并得到的图层重命名为"中间层次"，如图 8.63 所示。

图 8.62　调整两侧建筑区域的亮度　　　　图 8.63　合并图层并重新命名

Step 09 在【中间层次】图层上观察到远处的楼房由于亮度过高失去了层次。在工具栏中选择 （多边形套索工具）选择该区域，在菜单栏上执行【选择】>【修改】>【羽化】命令，设置【羽化半径】为 50 像素，单击【确定】按钮，如图 8.64 所示。

Step 10 单击【背景】图层，在选区内单击鼠标右键，在弹出的快捷菜单中选择【通过副本的图层】命令，将得到的新图层排列在图像的最上层，并将该图层的混合模式设置为【滤色】。

Step 11 复制【中间层次】图层，得到【中间层次 拷贝】图层。按住 Ctrl 键，选择【图层1】、【中间层次 拷贝】图层,在菜单栏上执行【图层】>【合并图层】命令,将其合并为一个图层。将合并得到的图层重命名为"中间与亮部层次",如图8.65所示。

> 说明:此时在【中间与亮部】图层中较好地表现了远处及两侧的建筑区域的细节层次,在【暗部层次】图层中,较好地表现了人群区域的细节层次。下面使用图层的蒙版功能将它们融合在一起。

图 8.64　选择失去层次的楼房区域

图 8.65　合并图层并重新命名

Step 12 在【图层】面板上,单击 ▣(添加矢量蒙版)按钮,在工具栏中选择 ▣(渐变工具),在蒙版中填充由白色至黑色的线性渐变色,如图8.66所示。

Step 13 在菜单栏上执行【图层】>【拼合图像】命令。在菜单栏上执行【图像】>【调整】>【色相/饱和度】命令,调整图像中各区域的饱和度,效果如图8.67所示。

图 8.66　在蒙版中填充线性渐变色

图 8.67　调整图像中各区域的饱和度

> 说明:经过上面的操作,照片中的亮部区域与暗部区域的细节层次变得丰富也更容易分辨,得到了一幅侧重真实感的 HDR 效果的照片。在下面的操作中,将使图像的细节之处的反差更强烈,最终得到一幅较为夸张的 HDR 效果的照片。

Step 14 将【背景】图层复制2次,得到【背景 拷贝】、【背景 拷贝2】图层。选择【背景 拷贝2】图层,在菜单栏上执行【图像】>【调整】>【去色】命令,如图8.68所示。

Step 15 在菜单栏上执行【图像】>【调整】>【反相】命令。在【图层】面板上,将【背景 拷贝2】图层的混合模式设置为【明度】,效果如图8.69所示。

Step 16 在【图层】面板上,将【背景 拷贝2】图层的【不透明度】设置为42%。在菜单栏上执行【滤镜】>【模糊】>【高斯模糊】命令,打开【高斯模糊】对话框。将【模糊半径】设置为 20 像素, 如图 8.70 所示。

图 8.68 去色后的图像效果

图 8.69 设置图层混合模式

Step 17 按住 Ctrl 键, 选择【背景 拷贝】、【背景 拷贝 2】图层, 在菜单栏上执行【图层】>【合并图层】命令, 将其合并为一个图层。此时【图层】面板状态和图像效果如图 8.71 所示。

图 8.70 为图像添加高斯模糊效果

图 8.71 合并图层后的图像效果

Step 18 在菜单栏上执行【图层】>【新建调整图层】>【色相/饱和度】命令, 打开【新建】图层, 单击【确定】按钮。在菜单栏上执行【图层】>【新建调整图层】>【亮度/对比度】命令, 打开【新建】图层, 单击【确定】按钮。此时【图层】面板状态如图 8.72 所示。

Step 19 双击【亮度/对比度】调节图层缩览图, 打开【调整】面板, 增大图像的对比度。如果色彩过于浓烈, 双击【色相/饱和度】调节图层缩览图, 打开【调整】面板, 降低色彩的饱和度, 即可得到细节之处的对比度较为夸张的 HDR 效果的照片, 效果如图 8.73 所示。

图 8.72 新建两个调整图层

图 8.73 HDR 效果的照片

8.8 照片的边框和花边

实例简介

用 Photoshop 为照片添加一些活泼可爱的花边作为装饰可以说是轻而易举的事。本例使用几种方法为一幅数码照片制作多种效果花边的画框。

最终效果

本例的最终效果如图 8.74 所示。

图 8.74 添加边框和花边的照片效果

操作步骤

Step 01 启动 Photoshop。打开本书配套资源【素材】>【第 8 章】文件夹下的 "808.jpg"图像文件,这是一幅女性人物图片,如图 8.75 所示。

Step 02 在菜单栏上执行【窗口】>【动作】命令,打开【动作】面板。单击【动作】面板右上角的 图标,在其下拉菜单中选择【画框】命令,载入【画框】动作,选择【滴溅形画框】选项,如图 8.76 所示。

图 8.75 打开一幅女性人物图片

图 8.76 选择【滴溅形画框】选项

Step 03 在【动作】面板上,单击 ► (播放选定动作)按钮,观察到出现了相应的花边效果,如图 8.77 所示。激活【历史记录】面板,观察到自动生成了【快照 1】,如图 8.78 所示。

图 8.77　出现相应的花边效果

图 8.78　【历史记录】面板状态

Step 04 在【历史记录】面板上，单击最上面的快照栏，将图像还原成初始状态。激活【动作】面板，选择【照片卡角】动作选项，如图 8.79 所示。单击 ▶ （播放选定动作）按钮，观察到图像出现卡角画框效果，如图 8.80 所示。

图 8.79　选择【照片卡角】动作选项

图 8.80　图像出现卡角画框效果

Step 05 激活【历史记录】面板，单击最上面的快照栏，将图像还原成初始状态。在工具栏中选择 ⬚ （矩形选框工具），在视图中绘制矩形选区，如图 8.81 所示。打开【动作】面板，选择【下陷画框（选区）】动作选项，单击 ▶ （播放选定动作）按钮，观察到图像出现下陷画框效果，如图 8.82 所示。

图 8.81　在视图中绘制矩形选区

图 8.82　图像出现下陷画框效果

Step 06 在工具栏中选择 ⬜ （圆角矩形工具），在选项栏中将圆角【半径】设置为 40px，在下陷画框外围绘制圆角矩形路径，如图 8.83 所示。

Step 07 在工具栏中选择 ✏ （画笔工具），在选项栏中按下 🖼 （切换画笔）按钮打开【画笔】对话框，设置【画笔笔尖形状】，形状如图8.84所示。

图8.83 绘制圆角矩形路径

图8.84 设置画笔笔尖形状

Step 08 在【画笔】对话框中，单击【颜色动态】选项，将【色相抖动】设置为22%，【饱和度抖动】设置为11%，【亮度抖动】设置为13%，如图8.85所示。

Step 09 将前景色设置为红色，背景色设置为黄色。在【图层】面板上，单击 🔲（创建新图层）按钮，新建一个图层。

Step 10 在工具栏中选择 ▶（路径选择工具），在视图中单击鼠标右键，在弹出的快捷菜单中选择【描边路径】命令，使用【画笔】进行描边。单击【确定】按钮，观察到沿圆角矩形路径出现了彩色枫叶装饰的画框效果，如图8.86所示。

图8.85 设置颜色抖动效果

图8.86 彩色枫叶装饰的画框效果

Step 11 在工具栏中选择 ▥（矩形选框工具），沿下陷画框边缘绘制矩形选区，按Delete键，删除选区内的枫叶图形，如图8.87所示。

Step 12 选择【背景】图层，在菜单栏上执行【选择】>【反向】命令，将矩形选区外的图形选中。在视图中单击鼠标右键，在弹出的快捷菜单中选择【通过拷贝的图层】命令，将选区内的图形复制在新的图层。

Step 13 双击复制的边框图层打开【图层样式】对话框。将【大小】设置为18像素，【角度】设置为120度，【高度】设置为48度，如图8.88所示。

Step 14 单击【确定】按钮，观察到相框的立体效果进一步加强，如图8.89所示。这样，使用枫叶装饰的相框就制作完成了。

图 8.87　删除选区内的图形

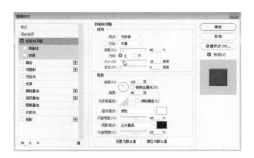

图 8.88　【图层样式】对话框

Step 15 激活【历史记录】面板，单击最上面的快照栏，将图像还原成初始状态。打开【图层】面板，将【背景】图层拖动到 🔲（创建新图层）按钮上，复制得到【背景 拷贝】图层。

Step 16 选择【背景】图层，在工具栏中选择 🔲（渐变工具），在选项栏中单击 🔲（线性渐变）按钮，为背景填充色谱渐变色。选择【背景 拷贝】图层，在菜单栏上选择【编辑】>【自由变换】命令，按住 Shift 键，将人物图形等比例缩小，如图 8.90 所示。

图 8.89　枫叶装饰的相框效果

图 8.90　调整人物图形大小

Step 17 此时【图层】面板状态如图 8.91 所示。选择【背景 拷贝】图层，在【图层】面板上单击 🔲（添加图层蒙版）按钮，为人物图层添加图层蒙版，如图 8.92 所示。

图 8.91　【图层】面板状态

图 8.92　为人物图层添加图层蒙版

Step 18 在工具栏中选择 🔲（矩形选框工具），在人物图形内部绘制矩形选区。在菜单栏上执行【选择】>【反向】命令，选择矩形选区外的区域，使用黑色进行填充，如图 8.93 所示。

Step 19 取消选择。在菜单栏上执行【滤镜】>【模糊】>【高斯模糊】命令，打开【高斯模糊】对话框。设置合适的模糊半径，观察到人物图像周围逐渐变得透明，如图 8.94 所示。

图 8.93　使用黑色填充蒙版选区　　　　　　　　图 8.94　人物图像周围逐渐变得透明

Step 20 单击图层蒙版缩览图，在菜单栏上执行【滤镜】>【纹理】>【龟裂缝】命令，观察到出现了龟裂缝相框效果，如图 8.95 所示。

Step 21 在菜单栏上执行【编辑】>【还原龟裂缝】命令，取消上一步的操作。在菜单栏上执行【滤镜】>【纹理】>【染色玻璃】命令，观察到出现了染色玻璃相框效果，如图 8.96 所示。

图 8.95　出现龟裂缝相框效果　　　　　　　　图 8.96　出现染色玻璃相框效果

Step 22 在工具栏中选择 ▭（矩形选框工具），在人物图形内部绘制矩形选区。在菜单栏上执行【选择】>【修改】>【羽化】命令，设置合适的羽化半径，按 Delete 键删除选区内的图形。

Step 23 选择【背景】图层，在菜单栏上执行【图像】>【调整】>【亮度/对比度】命令，提高背景图形的亮度，效果如图 8.97 所示。在图层蒙版窗口单击鼠标右键，选择【应用图层蒙版】命令。添加图层样式后的效果如图 8.98 所示。

Step 24 在菜单栏上执行【图层】>【拼合图像】命令。将【背景】图层拖动到 ◻（创建新图层）按钮上，复制得到【背景 拷贝】图层。选择【背景】图层，将其填充为白色。选择【背景 拷贝】图层，在【图层】面板上单击 ◻（添加图层蒙版）按钮。

图 8.97　提高背景图形亮度

图 8.98　添加图层样式后边框的效果

Step 25 单击图层蒙版缩览图，在工具栏中选择 ▢（矩形选框工具），沿染色玻璃边框绘制矩形选区，设置合适的羽化半径，在菜单栏上执行【选择】>【反向】命令，使用黑色填充反选后的区域，如图 8.99 所示。观察到染色玻璃边框周围逐渐变得透明，最后效果如图 8.100 所示。

图 8.99　使用黑色填充蒙版选区

图 8.100　边框周围逐渐变得透明

8.9　制作邮票效果的照片

实例简介

　　将照片制作成邮票的样式可谓是别出心裁。本例学习邮票齿孔的制作方法，然后与一幅照片合成，最终得到一幅邮票式的照片效果。

最终效果

　　本例的最终效果如图 8.101 所示。

图 8.101　制作邮票效果的照片

操作步骤

Step 01 启动 Photoshop。在菜单栏上执行【文件】>【新建】命令，打开【新建】对话框，将【宽度】和【高度】都设置为 20 像素，单击【确定】按钮。在工具栏中选择 ⬭（椭圆选框工具），按住 Shift 键绘制正圆图形，并使用黑色进行填充，如图 8.102 所示。

Step 02 在菜单栏上执行【编辑】>【定义图案】命令，打开【图案名称】对话框，将【名称】设置为"邮票齿孔"，如图 8.103 所示，单击【确定】按钮。

图 8.102　绘制正圆图形

图 8.103　将【名称】设置为"邮票齿孔"

Step 03 在菜单栏上执行【文件】>【新建】命令，打开【新建】对话框，将【高度】设置为 500 像素，【宽度】设置为 550 像素，单击【确定】按钮，如图 8.104 所示。

Step 04 在菜单栏上执行【编辑】>【填充】命令，打开【填充】对话框。将【使用】内容设置为【图案】，设置【自定图案】为【邮票齿孔】，单击【确定】按钮。此时图形效果如图 8.105 所示。

图 8.104　【新建】对话框

图 8.105　填充后的图形效果

Step 05 在工具栏中选择 ⬚（矩形选框工具），绘制矩形选区。在菜单栏中执行【选择】>【反向】命令，使用黑色填充反选的区域，效果如图 8.106 所示。

Step 06 在工具栏中选择 ⬚ （矩形选框工具），在邮票齿孔内部绘制矩形选区，使用白色进行填充，效果如图 8.107 所示。

图 8.106　使用黑色填充反选区域

图 8.107　使用白色填充齿孔内部

Step 07 在菜单栏上执行【文件】>【打开】命令，打开本书配套资源【素材】>【第 8 章】文件夹下的"809.jpg"文件，这是一幅女孩的图片，如图 8.108 所示。

Step 08 在工具栏中选择 ✛ （移动工具），将女孩图像拖动到邮票齿孔图像中，如图 8.109 所示。

图 8.108　打开一幅女孩图片

图 8.109　拖动女孩图像到邮票齿孔图像中

Step 09 在菜单栏上执行【编辑】>【自由变化】命令，调整女孩图像的大小和位置，使其位于邮票图像的中间，效果如图 8.110 所示。

Step 10 在工具栏中选择 **T** （横排文字工具），在选项栏中设置文本颜色为白色，在女孩图像右下角输入"120 分"，如图 8.111 所示。

图 8.110　调整女孩图像的大小和位置

图 8.111　在女孩图像右下角输入文本

Step 11 在菜单栏上执行【图层】>【拼合图像】命令。在工具栏中选择 ✐ (魔棒工具)，在黑色区域中单击鼠标，选择黑色背景图形；在菜单栏上执行【选择】>【反向】命令，将邮票图形选中。

Step 12 在视图中单击鼠标右键，在弹出的快捷菜单中选择【通过拷贝的图层】命令，将邮票图形复制到新的图层。选择【背景】图层，使用线性渐变色进行填充，效果如图 8.112 所示。

Step 13 在菜单栏上执行【滤镜】>【纹理】>【龟裂纹】命令，单击【确定】按钮，观察到背景出现了龟裂纹效果，如图 8.113 所示。

图 8.112 为背景图形填充线性渐变色

图 8.113 背景出现了龟裂纹效果

Step 14 在菜单栏上执行【图像】>【调整】>【色相/饱和度】命令，拖动色相栏的调节滑块，调整背景图形效果，如图 8.114 所示。

Step 15 在【图层】面板上，将邮票图形拖动到 ▣ (创建新图层)按钮上进行复制。在键盘上按住 Ctrl 键，单击复制邮票图形的图层缩览图窗口，提取邮票图形选区，使用黑色进行填充，效果如图 8.115 所示。

图 8.114 调整背景图形的色调

图 8.115 使用黑色填充复制图形

Step 16 选择黑色邮票图层，在菜单栏上执行【滤镜】>【模糊】>【高斯模糊】命令，设置合适的模糊半径，单击【确定】按钮。在【图层】面板上，调整该图层的不透明度，使其形成邮票的阴影效果，如图 8.116 所示。

Step 17 按住 Shift 键，选择邮票图层和阴影图层，在菜单栏上执行【图层】>【合并图层】命令。复制合并后的邮票图形，调整复制图形的位置和角度，最后效果如图 8.117 所示。

图 8.116　调整阴影图形的不透明度

图 8.117　邮票效果照片的最后效果

8.10　拼合多张照片

实例简介

常常遇到这样的照片，照片中人物的主体表现得不错，但周围的环境却很糟糕，所以希望裁去周围不理想的区域，但裁去之后照片又显得过于单调。这时可把裁切后的几幅照片拼合在一张照片中，就会得到一幅内容丰富的照片。本例将三幅照片拼到一幅照片中。

最终效果

本例的最终效果如图 8.118 所示。

图 8.118　拼合多张照片的最终效果

操作步骤

Step 01 启动 Photoshop，新建一个背景色为淡蓝色的文档。在【图层】面板上，单击 （创建新图层）按钮，新建一个图层。在工具栏中选择 （矩形选框工具）绘制矩形选区，并使用粉色进行填充，如图 8.119 所示。

Step 02 在【图层】面板上，单击 （创建新图层）按钮，新建一个图层。在工具栏中选择 （钢笔工具），绘制左边线为曲线的路径。使用合适的颜色填充路径，效果如图 8.120 所示。

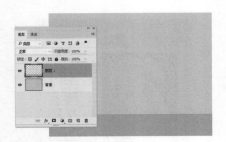

图 8.119　绘制矩形并填充为粉色

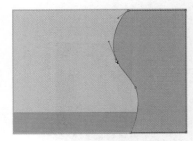

图 8.120　绘制路径并填充颜色

Step 03 在菜单栏上执行【文件】>【打开】命令，打开本书配套资源【素材】>【第8章】文件夹下的 810.jpg 文件，这是一幅全家野游的照片，如图 8.121 所示。

Step 04 在工具栏中选择 ✛（移动工具），将野游照片拖动到背景图像中，调整图层顺序后的效果如图 8.122 所示。

图 8.121　打开一幅全家野游的照片

图 8.122　将照片拖动到背景图像中

Step 05 在菜单栏上执行【文件】>【打开】命令，打开本书配套资源【素材】>【第8章】文件夹下的 "811.jpg" 文件，这是一幅孩子的照片，如图 8.123 所示。在工具栏中选择 ✛（移动工具），将孩子照片拖动到背景图形中。在菜单栏上执行【编辑】>【自由变换】命令，调整孩子图片的大小，如图 8.124 所示。

图 8.123　打开一幅孩子的照片

图 8.124　调整孩子照片的大小

Step 06 在工具栏中选择 ○（椭圆选框工具），按住 Shift 键，在孩子照片上绘制圆形选区。在菜单栏上执行【选择】>【反向】命令，按 Delete 键删除圆形选区外的图形，如图 8.125 所示。

Step 07 在菜单栏上执行【编辑】>【自由变换】命令，调整孩子图片的大小和位置，效果如图 8.126 所示。

图 8.125　删除圆形选区外的图形

图 8.126　调整图片的大小和位置

Step 08 在菜单栏上执行【文件】>【打开】命令，打开本书配套资源【素材】>【第 8 章】文件夹下的 "812.jpg" 文件，这是一幅父女照片，如图 8.127 所示。

Step 09 在工具栏中选择 （移动工具），将父女照片拖动到背景图像中。在菜单栏上执行【编辑】>【自由变换】命令，调整父女照片的大小和位置，效果如图 8.128 所示。

图 8.127　打开一幅父女照片

图 8.128　调整父女照片的大小和位置

Step 10 在工具栏中选择 T （横排文字工具），在粉色矩形中输入合适的文本，如图 8.129 所示。

Step 11 在工具栏中选择 ✐ （画笔工具），在选项栏中按下 按钮打开【画笔】面板。设置【画笔笔尖形状】为星状笔刷，勾选【颜色动态】复选框，如图 8.130 所示。

图 8.129　在画面中输入合适的文本

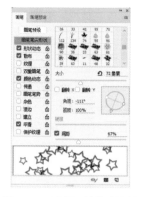

图 8.130　设置画笔笔尖形状

Step 12 在【图层】面板上，单击 （创建新图层）按钮，新建一个图层。在工具

栏中选择 ✔（画笔工具），在视图中绘制星状图形。调整星状图层的图层顺序，效果如图 8.131 所示。

Step 13 在菜单栏上执行【图像】>【调整】>【色相/饱和度】命令，打开【色相/饱和度】对话框，拖动调节滑块，调整星状图形的颜色，单击【确定】按钮，如图 8.132 所示。

图 8.131　绘制星状图形并调整图层顺序　　　图 8.132　调整星状图形的颜色效果

Step 14 单击孩子照片的图层缩览图窗口，提取图形选区。选择左边线为曲线的背景图层，按 Delete 键删除选区内的图形；单击父女照片的图层缩览图窗口，提取图形选区。选择左边线为曲线的背景图层，按 Delete 键删除选区内的图形。

Step 15 双击左边线为曲线的背景图层栏，打开【图层样式】面板。勾选【斜面和浮雕】复选框，参数设置如图 8.133 所示。观察到左边线为曲线的背景图层出现了立体效果，如图 8.134 所示。

图 8.133　设置【斜面和浮雕】参数　　　图 8.134　添加图层样式后的图形效果

Step 16 使用鼠标双击孩子照片的图层栏，打开【图层样式】面板。单击【斜面和浮雕】选项栏，参数设置如图 8.135 所示。单击【确定】按钮，观察到孩子照片出现了立体效果。

Step 17 在孩子照片的图层栏上单击鼠标右键，在弹出的快捷菜单中选择【副本图层样式】命令；在父女照片图层栏上单击鼠标右键，在弹出的快捷菜单中选择【粘贴图层样式】命令。这样，就将孩子照片图层的浮雕效果复制在父女照片图层上，此时图形效果如图 8.136 所示。

Step 18 选择文本图层，在菜单栏上执行【窗口】>【样式】命令，打开【样式】面板。单击【铬金光泽（文字）】图标，观察到文字被添加了所选择的样式，如图 8.137 所示。

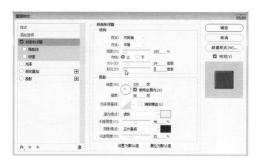

图 8.135　为孩子照片添加浮雕效果

图 8.136　为父女照片复制浮雕效果

Step 19 双击文本图层栏，打开【图层样式】面板。单击【渐变叠加】选项，打开【渐变叠加】对话框。单击【渐变】栏右面的渐变色示意窗口，打开【渐变编辑器】，在【预设】选项栏中选择【橙，黄，橙渐变】，单击【确定】按钮，观察到文字的颜色发生了改变，效果如图 8.138 所示。

图 8.137　为文本添加文字样式

图 8.138　调整文字的渐变色效果

第9章 美化人像与制作婚纱照必练8例

经常看到广告图片上的完美人物形象，她们的脸型标准、五官精致、肤色娇艳，完美得无可挑剔。其实这些完美的人像绝大多数都是借助Photoshop后期加工得到的。婚纱照片也是要将人物尽量拍摄得更漂亮、更完美，有时为了增加婚纱照片的浪漫气氛和情调，经常要为婚纱照片替换背景、套用一些特效模板。本章介绍美化人像以及合成婚纱的制作方法。

9.1 将皮肤处理得平滑细腻

实例简介

亚洲人种的肤色普遍偏黄偏暗，所以美白成了爱美人士永恒的主题。将图像中的人像皮肤处理得平滑、细腻、嫩白的过程被很多人称作"磨皮"。该过程通常是先去除皮肤上的色斑、疤痕，再减少图像的黄色和绿色以纠正肤色偏黄，然后使用图层的混合模式使肤色显得更加靓丽。对于阴影处的皮肤，可以使用局部加亮和加色的方法使其显得有光泽。本例将对一幅人物的面部皮肤进行处理，使黯淡的肤色变得平滑靓丽。

最终效果

本例的最终效果如图9.1所示。

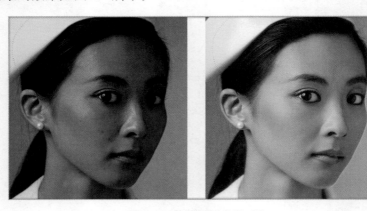

图 9.1 磨皮前后的效果对比

操作步骤

Step 01 启动 Photoshop。打开本书配套资源【素材】>【第9章】文件夹下的"901.jpg"图像文件，这是一幅皮肤上有斑点、肤色较为黯淡的女性人物图片，如图9.2所示。

Step 02 在【图层】面板上，复制【背景】图层得到【背景 拷贝】图层。在工具栏中选择 ▣（仿制图章工具），在该工具的选项栏中设置合适的【画笔大小】。按住 Alt

键，在斑点附近区域单击鼠标右键，提取正常皮肤的纹理后，在斑点上单击鼠标右键，观察到斑点被所提取的皮肤纹理所代替。使用同样的方法，去除脸上的其他斑点，最后效果如图 9.3 所示。

图9.2　打开一幅女性人物图片

图9.3　使用仿制图章工具去除斑点

Step 03 在菜单栏上执行【窗口】>【通道】命令，打开【通道】面板。单击【绿】通道栏，在工具栏上选择 ○（套索工具），选择皮肤纹理粗大的脸颊区域，单击鼠标右键并选择【羽化】命令，设置【羽化】半径为 5 像素，单击【确定】按钮，如图 9.4 所示。

Step 04 在菜单栏上执行【滤镜】>【模糊】>【高斯模糊】命令，打开【高斯模糊】对话框，设置【模糊半径】为 4 像素，单击【确定】按钮，如图 9.5 所示。

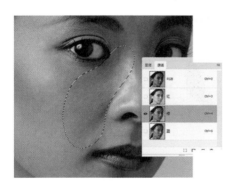

图9.4　选择皮肤纹理粗大的区域

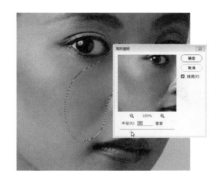

图9.5　打开【高斯模糊】对话框

> **说明：** 只对【绿】通道中的图像进行模糊调整，可以使选区内粗大的皮肤纹理消失。由于【红】、【蓝】通道内仍有皮肤纹理，所以当显示所有通道时，图像中仍保留了皮肤的纹理细节，但纹理粗大的缺陷会得到改善。

Step 05 在【通道】面板上，单击 RGB 通道栏显示所有通道，观察到脸颊区域皮肤纹理粗大的缺陷得到改善，如图 9.6 所示。

Step 06 激活【图层】面板，将【背景 拷贝】图层拖动到 回（创建新图层）按钮上，复制得到【背景 拷贝2】图层。将复制图层的混合模式设置为【滤色】，【不透明度】设置为 70%，效果如图 9.7 所示。

图9.6　粗大的皮肤纹理得到改善

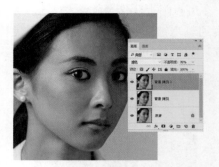

图9.7　设置复制图层的混合模式和不透明度

Step 07 在菜单栏上执行【选择】>【取消选择】命令。在工具栏最下面按下 回 （以快速蒙版模式编辑）按钮，使用 ✔ （画笔工具）在眼睛、眉毛鼻孔等区域绘制蒙版，如图9.8所示。

Step 08 在工具栏最下面按下 回 （以标准模式编辑）按钮，观察到除绘制蒙版的区域外，其他区域被转换为选区。在菜单栏上执行【滤镜】>【模糊】>【高斯模糊】命令，打开【高斯模糊】对话框，设置【模糊半径】为4像素，单击【确定】按钮，如图9.9所示。

图9.8　在眼睛等区域绘制蒙版

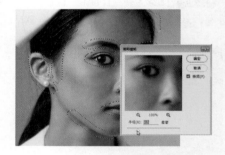

图9.9　对选区进行高斯模糊处理

> 说明：【高斯模糊】滤镜会使皮肤的纹理消失，但由于当前所操作图层的混合模式已经设置为【滤色】，并且不透明度为50%，因此仍旧可见下面图层中皮肤的纹理，只是皮肤的整体效果显得更加细腻了。

Step 09 按住Shift键，将【背景 拷贝】图层和【背景 拷贝2】图层同时选择，单击【图层】面板右上方的 ≡ 图标，在其下拉菜单中选择【合并图层】命令。复制合并后的图层，得到【背景 拷贝3】图层。

Step 10 取消选择。在工具栏中选择 ♀ （套索工具），按住Shift键不放，在额头、颧骨、鼻侧处光斑较为明显的区域绘制选区，如图9.10所示。单击鼠标右键，在弹出的快捷菜单中选择【羽化】命令，设置羽化半径为3像素，单击【确定】按钮。

Step 11 在菜单栏中执行【滤镜】>【模糊】>【高斯模糊】命令，打开【高斯模糊】对话框，设置模糊半径为15像素，单击【确定】按钮，如图9.11所示。

图 9.10　在光斑明显的区域绘制选区

图 9.11　为选区添加高斯模糊效果

Step 12 取消选择。在【图层】面板上，单击【背景 拷贝 3】图层，将该图层的【不透明度】设置为 60%，使模糊后的额头、颧骨、鼻侧处区域，可以显示下方图层中的皮肤纹理，如图 9.12 所示。

Step 13 将【背景 拷贝 3】图层和【背景 拷贝 2】图层合并为一个图层。复制合并后的图层，得到【背景 拷贝 4】图层。将该图层的混合模式设置为【滤色】，图层【不透明度】设置为 40%，观察到图像整体变亮了，如图 9.13 所示。

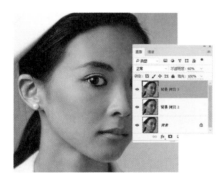
图 9.12　显示下方图层的皮肤纹理

图 9.13　设置复制图层的混合模式

Step 14 在【图层】面板上，单击 ■（添加矢量蒙版）按钮，为【背景 拷贝 4】图层添加图层蒙版。在工具栏中选择 ■（渐变工具），在选项栏中按下 ■（线性渐变）按钮；单击渐变色编辑窗口，打开【渐变编辑器】对话框，选择【黑，白渐变】，单击【确定】按钮。在视图中由左上至右下方拖动鼠标，观察到过于明亮的左上角区域变得暗淡了一些，如图 9.14 所示。

Step 15 复制【背景 拷贝 4】图层，得到【背景 拷贝 5】图层。单击【背景 拷贝 5】图层蒙版缩略图窗口，在工具栏中选择 ■（渐变工具），由左下至右上方拖动鼠标，为该图层蒙版添加黑、白线性渐变色，观察到较暗的右上角区域变得亮了一些，如图 9.15 所示。

Step 16 将【背景 拷贝 5】、【背景 拷贝 4】和【背景 拷贝 3】图层合并为一个图层。复制合并后的图层，得到【背景 拷贝 6】图层。将该图层的【混合模式】设置为【滤色】，图层【不透明度】设置为 25%，使人像面部的整体亮度适当，如图 9.16 所示。

209

Step 17 在工具栏中选择 [○]（套索工具），按住 Shift 键，选择两颊区域，单击鼠标右键选择【羽化】命令，设置羽化半径为 3 像素。在菜单栏上执行【图像】>【调整】>【色彩平衡】命令，打开【色彩平衡】对话框。向【洋红】方向拖动调节滑块，增加选区内的洋红色，如图 9.17 所示。

图 9.14　左上角区域变得暗淡了一些

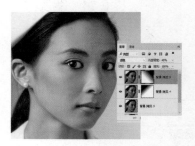

图 9.15　右上角区域变得亮了一些

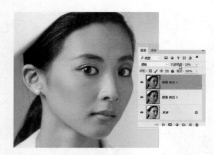

图 9.16　设置图层的混合模式和不透明度

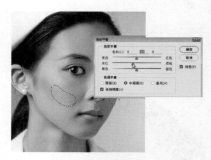

图 9.17　拖动调节滑块调整选区内的颜色

Step 18 在工具栏中选择 [○]（套索工具），按住 Shift 键，选择图像中认为需要提高亮度的局部区域，单击鼠标右键并选择【羽化】命令，设置合适的羽化半径，单击【确定】按钮。

Step 19 在菜单栏上执行【图像】>【调整】>【亮度/对比度】命令，打开【亮度/对比度】对话框。向右拖动【亮度】栏中的调节滑块，适当提高选区内的亮度，单击【确定】按钮，如图 9.18 所示。

Step 20 在菜单栏上执行【选择】>【取消选择】命令。在菜单栏上执行【图像】>【调整】>【色彩平衡】命令，打开【色彩平衡】对话框。向【洋红】方向稍稍拖动调节滑块，调整整体图像的色调，单击【确定】按钮，如图 9.19 所示。

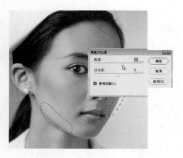

图 9.18　调整选区内的亮度

图 9.19　调整整体图像色调

Step 21 可以根据自己的喜好进一步调整各图层的不透明度，使皮肤纹理的明显程度和皮肤的亮度达到满意。此时人像面部皮肤的效果与原始图像相对比，有了很大的改观，如图 9.20 所示。

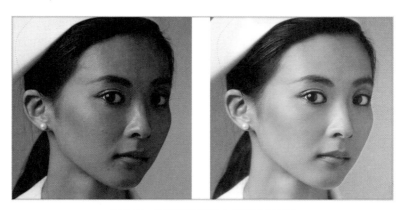

图 9.20　调整后的图像有了明显的改观

9.2　人像的适当整形

实例简介

　　使用 Photoshop 可以修整人物的脸型。例如将过高颧骨适当修整得低一些、将过宽的下颌修整得窄一些等，还有的人笑起来时嘴有些歪，这也可以使用 Photoshop 进行修正。在进行脸型的修正时一定要把握适当的修正量，在美化人像的同时还要兼顾照片原有的真实性。本例对一幅人像的照片进行修描，包括调整肤色、将鼻梁修长、修整脸颊轮廓等内容。

最终效果

　　本例的最终效果如图 9.21 所示。

图 9.21　修整脸型前后的对比效果

操作步骤

Step 01 启动 Photoshop。打开本书配套资源【素材】>【第 9 章】文件夹下的"902.jpg"图像文件,这是一幅肤色偏黄的女性正面半身照。在菜单栏上执行【图像】>【调整】>【色彩平衡】命令,拖动调节滑块,将人物肤色向健康的红润调整,如图 9.22 所示。

Step 02 复制【背景】图层,将复制图层的混合模式设置为【滤色】,将图层【不透明度】设置为 25%,如图 9.23 所示。

图 9.22 将人物肤色调整为健康的红润

图 9.23 调整图层的混合模式和不透明度

Step 03 在菜单栏上执行【图层】>【向下合并】命令,将复制图层与【背景】图层合并为一个图层。

Step 04 调整下颌形状。在工具栏中选择 ☑(多边形套索工具),在下颌区域绘制矩形选区,单击鼠标右键,在弹出的快捷菜单中选择【通过副本的图层】命令,将下颌图形复制到新的图层。在菜单栏上执行【编辑】>【变换】>【斜切】命令,调整下颌垂直于鼻梁,如图 9.24 所示。

Step 05 调整眼睛大小。单击【背景】图层,在工具栏中选择 ☑(多边形套索工具),分别选择左、右眼睛图形,单击鼠标右键,在弹出的快捷菜单中选择【通过副本的图层】命令,将左、右眼睛图形复制到不同的图层。在菜单栏上执行【编辑】>【变换】>【缩放】命令,将眼睛图层等比例放大,如图 9.25 所示。

图 9.24 调整下颌的形状

图 9.25 调整眼睛的大小

Step 06 调整鼻子的形状。单击【背景】图层,在工具栏中选择 ☑(多边形套索工具),在鼻子区域绘制矩形选区。单击鼠标右键,在弹出的快捷菜单中选择【通过副本的图层】

命令，将鼻子图形复制到新的图层。在菜单栏上执行【编辑】>【自由变换】命令，使鼻子的形状更挺直，如图 9.26 所示。

Step 07 调整右侧脸颊的轮廓。复制【背景】图层，在工具栏中选择 ✈（多边形套索工具），在右侧脸颊处绘制选区。在工具栏中选择 💧（涂抹工具），向脸颊内侧拖动鼠标进行涂抹，如图 9.27 所示。

图 9.26　调整鼻子的形状

图 9.27　调整右侧脸颊的轮廓

Step 08 调整左侧脸颊的轮廓。在工具栏中选择 ✒（钢笔工具），在左侧脸颊处绘制路径，如图 9.28 所示。

Step 09 在路径上单击鼠标右键，弹出快捷菜单后选择【建立选区】命令，打开【建立选区】对话框，设置羽化半径为 0 像素，单击【确定】按钮。在工具栏中选择 💧（涂抹工具），向脸颊内侧拖动鼠标进行涂抹，使其与右侧脸颊对称，如图 9.29 所示。

图 9.28　在左侧脸颊处绘制路径

图 9.29　向脸颊内侧涂抹后的效果

Step 10 在工具栏中选择 ✒（钢笔工具），在脸部高光处绘制路径。在路径上单击鼠标右键，弹出快捷菜单后选择【建立选区】命令，设置合适的羽化半径，单击【确定】按钮，如图 9.30 所示。

Step 11 在菜单栏上执行【滤镜】>【模糊】>【高斯模糊】命令，打开【高斯模糊】对话框，设置模糊半径为 9.0 像素，如图 9.31 所示。

Step 12 在工具栏中选择 ✒（钢笔工具），绘制嘴唇的轮廓路径。单击鼠标右键，在弹出的快捷菜单中选择【建立选区】命令。在菜单栏上执行【图像】>【调整】>【亮度 / 对比度】命令，弹出【亮度 / 对比度】对话框，提高嘴唇的对比度，使唇色更加鲜艳，如图 9.32 所示。

Step 13 在工具栏上分别选择 ✋（加深工具）、🔍（减淡工具），在嘴唇区域拖动鼠标进行涂抹，进一步调整唇色，如图 9.33 所示。

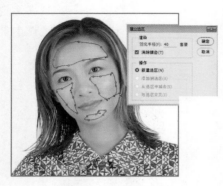

图 9.30　设置羽化半径

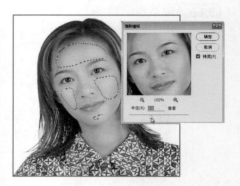

图 9.31　设置高斯模糊半径

图 9.32　提高嘴唇的对比度

图 9.33　进一步调整唇色

Step 14 在工具栏中选择 ✋（多边形套索工具），在左、右脸颊区域绘制选区。在菜单栏上执行【图像】>【调整】>【色彩平衡】命令，打开【色彩平衡】对话框。向红色方向拖动调节滑块，使脸部的立体效果增强，如图 9.34 所示。

Step 15 在工具栏中分别选择 ✋（涂抹工具）、🖈（仿制图章工具），对各图层进行调整，消除修饰的痕迹，如图 9.35 所示。

图 9.34　调整脸颊的立体效果

图 9.35　消除修饰的痕迹

Step 16 在菜单栏上执行【图层】>【拼合图像】命令，将所有图层合并为一个图层。观察到修整脸型后的人物图形柔和、靓丽了很多，如图 9.36 所示。

图 9.36　修整脸型前后的对比效果

9.3　改变头发的颜色

实例简介

　　本例使用添加图层并设置图层混合模式的方法改变头发的颜色，这种方法可以方便地将头发改变成多种颜色，效果真实自然。

最终效果

　　本例的最终效果如图 9.37 所示。

图 9.37　改变头发颜色后的效果

操作步骤

　　Step 01 启动 Photoshop。打开本书配套资源【素材】>【第 9 章】文件夹下的"903.jpg"图像文件，如图 9.38 所示。

　　Step 02 在工具栏中选择 ☑（钢笔工具），在少女的头发区域绘制路径，如图 9.39 所示。

　　Step 03 在【图层】面板上，单击 ☐（创建新图层）按钮，新建一个图层。在绘制的路径上单击鼠标右键，弹出快捷菜单后选择【填充路径】命令，使用粉色进行填充，如图 9.40 所示。

　　Step 04 在【图层】面板上，将粉色图层的混合模式设置为【色相】，此时图形效果如图 9.41 所示。

图 9.38　打开一幅少女图片

图 9.39　在头发区域绘制路径

图 9.40　使用粉色填充路径

图 9.41　设置填充图层的混合模式

Step 05 按 Delete 键删除路径。在【图层】面板上，单击 ▣（添加图层蒙版）按钮，为粉色图层添加蒙版效果。将前景色设置为黑色，在工具栏中选择 ✐（画笔工具）在蒙版上绘制，使溢出头发区域的粉色变得透明，如图 9.42 所示。

Step 06 在 ✐（画笔工具）的选项栏中设置较小的画笔直径仔细在蒙版上绘制，使图层的粉色块可以正确地覆盖细小的发丝，效果如图 9.43 所示。

图 9.42　使溢出头发区域的粉色变得透明

图 9.43　设置较小的画笔直径在蒙版上绘制

Step 07 在【图层】面板上，将蒙版图层拖动到 ▣（创建新图层）按钮上进行复制。将复制图层的混合模式设置为【颜色】，图层【不透明度】设置为 40%，观察到头发的变色效果自然了很多，如图 9.44 所示。

Step 08 在菜单栏上执行【图像】>【调整】>【色相/饱和度】命令，打开【色相/饱和度】对话框。在色相栏拖动调节滑块，将头发颜色调整为蓝色，如图 9.45 所示。

图 9.44　复制蒙版图层并设置图层样式　　　　　　图 9.45　将头发颜色调整为蓝色效果

Step 09 在色相栏拖动调节滑块，将头发调整为其他颜色，效果如图 9.46 所示。

图 9.46　将头发调整为其他颜色

9.4　使头发富有光泽

实例简介

　　本例使用添加图层并设置图层的混合模式的方法使头发显得更有光泽。

最终效果

　　本例的最终效果如图 9.47 所示。

图 9.47　调整头发光泽后的效果

操作步骤

Step 01 启动 Photoshop。打开本书配套资源【素材】>【第 9 章】文件夹下的"904. jpg"图像文件，如图 9.48 所示。

Step 02 将【背景】图层拖动到 🗂 (创建新图层) 按钮上进行复制，设置复制图层混合模式为【叠加】。在工具栏中选择 🖊 (钢笔工具)，在人物图像周围绘制路径，如图 9.49 所示。

图 9.48　打开一幅少女图片　　　　　　　图 9.49　在人物周围绘制路径

Step 03 在工具栏中选择 ▶ (路径选择工具)，在路径上单击鼠标右键，弹出快捷菜单后选择【建立选区】命令。在菜单栏上执行【图像】>【调整】>【色彩平衡】命令，打开【色彩平衡】对话框。拖动调节滑块，将选区内图像的颜色向洋红的方向调整，如图 9.50 所示。

Step 04 在菜单栏上执行【选择】>【取消选择】命令。在【图层】面板上，单击 ▭ (添加图层蒙版) 按钮，使用黑色填充蒙版，如图 9.51 所示。

图 9.50　调整选区内的颜色　　　　　　　图 9.51　使用黑色填充蒙版

Step 05 将前景色设置为白色。在工具栏中选择 🖌 (画笔工具)，设置合适的画笔大小，在人物头发区域进行绘制，如图 9.52 所示。观察到此时的头发具有了明显的光泽感。

Step 06 在【图层】面板上，将【背景 拷贝】图层拖动到 🗂 (创建新图层) 按钮上，复制得到【背景 拷贝 2】图层。在工具栏中选择 🖌 (画笔工具)，进一步绘制头发的轮廓，观察到头发的光泽效果进一步加强，如图 9.53 所示。

图 9.52　在人物头发区域进行绘制

图 9.53　复制得到【背景 拷贝】图层

Step 07 在【图层】面板上，将【背景 拷贝 2】图层拖动到 ⬜（创建新图层）按钮上，复制得到【背景 拷贝 3】图层。单击【背景 拷贝 3】图层的蒙版缩览图窗口，使用黑色进行填充。将【背景 拷贝 3】图层的混合模式设置为【滤色】，如图 9.54 所示。

Step 08 将前景色设置为 50% 灰色，在工具栏中选择 ✎（画笔工具），设置较柔和的笔刷，在头发的高光区域拖动鼠标进行绘制，使头发的光泽效果柔和、自然，如图 9.55 所示。

图 9.54　复制并设置图层混合模式

图 9.55　使头发的光泽效果柔和自然

Step 09 在【图层】面板上，将【背景 拷贝 3】图层拖动到 ⬜（创建新图层）按钮上，复制得到【背景 拷贝 4】图层，观察到头发高光区域的光泽进一步加强，如图 9.56 所示。

Step 10 仔细调整各图层的不透明度，使头发的颜色和光泽自然、柔和，最后效果如图 9.57 所示。

图 9.56　高光区域的光泽进一步加强

图 9.57　头发具有光泽的最后效果

9.5 合成半透明的婚纱 1

实例简介

轻柔的婚纱经常表现为多褶皱层次的半透明状态。将这样的婚纱照片合成到另一幅图像中时，要恰当地表现婚纱一褶一褶的多层次的半透明状态才能得到真实自然的合成效果。本例使用通道的功能提取图像，为一幅婚纱照片替换背景。

最终效果

本例的最终效果如图 9.58 所示。

图 9.58 合成半透明婚纱后的效果

操作步骤

Step 01 启动 Photoshop。打开本书配套资源【素材】>【第 9 章】文件夹下的"905.jpg"图像文件，这是一幅婚纱图片。在工具栏中选择 ⬿ （钢笔工具），沿人物周围仔细绘制路径，如图 9.59 所示。

Step 02 在绘制的路径上单击鼠标右键，弹出快捷菜单后选择【建立选区】命令，打开【建立选区】对话框。将【羽化半径】设置为 0 像素，单击【确定】按钮，如图 9.60 所示。

图 9.59 沿人物周围绘制路径

图 9.60 将路径转换为选区

Step 03 在工具栏中选择 ▭（矩形选框工具），在选区内单击鼠标右键，在弹出的快捷菜单中选择【通过拷贝的图层】命令，将人物图形复制到新的图层。

Step 04 在菜单栏上执行【文件】>【打开】命令，打开本书配套资源【素材】>【第9章】文件夹下的"906.jpg"图像文件。在工具栏中选择 ✛（移动工具），将枫叶树林图形拖动到人物图像中，如图9.61所示。

Step 05 在【图层】面板上，单击【背景】图层与枫叶树林图层前面的 👁 图标，隐藏这两个图层，只显示人物图形，此时图形效果如图9.62所示。

图 9.61　将枫林拖动到人物图像中

图 9.62　隐藏人物图形之外的图层

Step 06 在菜单栏上执行【窗口】>【通道】命令，打开【通道】面板。复制【蓝】通道，得到【蓝 拷贝】通道。按住 Ctrl 键不放，单击【蓝 拷贝】的通道缩览图窗口，载入选区，如图9.63所示。

Step 07 激活【图层】面板。单击枫叶树林图层，并单击该图层前面的 ▢ 图标，显示该图层。此时图形效果如图9.64所示。

图 9.63　复制并载入【蓝 拷贝】通道选区

图 9.64　显示枫叶树林图层后的效果

Step 08 单击人物图层，在菜单栏上执行【图层】>【新建】>【通过拷贝的图层】命令。单击人物图层前面的 👁 图标，隐藏该图层，观察到副本到新图层上的图像呈半透明状态，如图9.65所示。

Step 09 在【图层】面板上，单击半透面人物图层，将该图层的混合模式设置为【滤色】，此时图形效果如图9.66所示。

Step 10 在【图层】面板上，将人物图层拖动到 ▢（创建新图层）按钮上，复制得到【图层1拷贝】图层。单击【图层1拷贝】图层前面的 ▢ 图标，显示该图层。

图 9.65 副本到新图层上的图像呈半透明

图 9.66 设置半透明人物图层的混合模式

Step 11 使用鼠标将【图层1拷贝】图层拖动到所有图层的上面。在工具栏中选择 ⬚（多边形套索工具），选择头纱左侧的不透明区域，按 Delete 键将其删除，观察到左侧的头纱呈现半透明状态，如图 9.67 所示。

Step 12 在工具栏中选择 ⬚（多边形套索工具），选择头纱右侧的不透明区域，按 Delete 键将其删除，观察到右侧的头纱呈现了几乎透明的状态，如图 9.68 所示。

图 9.67 左侧头纱呈现半透明状态

图 9.68 右侧头纱呈现几乎透明的状态

Step 13 单击半透明人物图层，在工具栏中选择 ⬚（多边形套索工具），选择几乎完全透明的右侧头纱区域。在视图中单击鼠标右键，弹出快捷菜单后选择【通过副本的图层】命令，观察到此时右侧头纱同左侧头纱一样，呈现了半透明状态，如图 9.69 所示。

Step 14 仔细调整各图层的图形效果，使婚纱照片与更换后的背景自然融合在一起。最终效果如图 9.70 所示。

图 9.69 右侧头纱也呈现半透明状态

图 9.70 合成婚纱的最终效果

9.6　合成半透明的婚纱 2

实例简介

本例婚纱照片中的头纱部分呈现多褶皱层次的半透明状态，而且半透明的头纱区域与其背景中的图案融合在一起。要为这样的婚纱照替换背景难度较上一例更大。本例使用通道的功能提取图像后，对混入背景图案的细节部分进行擦除，再于新的图层中绘制与婚纱颜色相似的白色以弥补擦除的部分，最终在合成图像中得到真实自然的半透明婚纱效果。

最终效果

本例的最终效果如图 9.71 所示。

图 9.71　合成半透明的婚纱 2 的最终效果

操作步骤

Step 01 启动 Photoshop。打开本书配套资源【素材】>【第 9 章】文件夹下的"907. jpg"图像文件，这是一幅有背景的婚纱图片，如图 9.72 所示。

Step 02 在菜单栏上执行【文件】>【打开】命令，打开本书配套资源【素材】>【第 9 章】文件夹下的"908.jpg"图像文件，这是一幅有绿色草坪的建筑物图片，如图 9.73 所示。

图 9.72　打开一幅有背景的婚纱图片　　　　图 9.73　打开一幅建筑物图片

Step 03 在工具栏中选择 ✛（移动工具），将建筑物图片拖动到人物图像中。单击人物背景图层，将其拖动到 ![按钮]（创建新图层）按钮上，复制得到【背景 拷贝】图层，将复制的人物图层拖动到建筑物图层的上面，如图9.74所示。

Step 04 在工具栏中选择 ![工具]（多边形套索工具），沿人物图形周围勾勒选区。在视图中单击鼠标右键，在弹出的快捷菜单中选择【通过拷贝的图层】命令，将人物图形复制到新的图层。单击【背景 拷贝】图层前面的 ![图标] 图标，隐藏该图层。观察到人物更换了背景，但婚纱透明处显示的仍是原背景，如图9.75所示。

图9.74　将复制人物放置在图层顶端

图9.75　婚纱透明处仍显示原背景

Step 05 在菜单栏上执行【窗口】>【通道】命令，打开【通道】面板。将【绿】通道拖动到 ![按钮]（创建新图层）按钮上，复制得到【绿 拷贝】通道，如图9.76所示。

Step 06 在菜单栏上执行【图像】>【调整】>【亮度/对比度】对话框，打开【亮度/对比度】对话框。在【对比度】选项栏，向右拖动调节滑块，增加【绿 拷贝】通道图像的对比度，如图9.77所示。

图9.76　复制得到【绿 拷贝】通道

图9.77　调整复制通道图像的对比度

Step 07 按住 Ctrl 键不放，单击【绿 拷贝】的通道缩略图窗口，载入选区，如图9.78所示。

Step 08 激活【图层】面板，单击背景镂空的人物图层。在菜单栏上执行【图层】>【新建】>【通过副本的图层】命令。单击背景镂空人物图层前面的 ![图标] 图标，隐藏该图层，观察到副本到新图层上的人物图像呈半透明状态，如图9.79所示。

Step 09 单击背景镂空的人物图层，在工具栏中选择 ![工具]（多边形套索工具），选择应显示新背景的婚纱区域，按 Delete 键删除，如图9.80所示。

Step 10 在【图层】面板上，单击 ![按钮]（创建新图层）按钮，新建一个图层。使用黑色填充新图层，观察到半透明的婚纱区域仍隐约呈现原背景图形，如图 9.81 所示。

图 9.78 载入【绿 拷贝】通道的选区

图 9.79 副本到人物图像呈半透明状态

图 9.80 删除人物图形的半透明婚纱区域

图 9.81 半透明的婚纱区域呈现原背景图形

Step 11 单击半透明人物图层，在工具栏中选择 （多边形套索工具），选择右面边缘有纹理的区域，在菜单栏上执行【滤镜】>【模糊】>【动感模糊】命令，打开【动感模糊】对话框，将【角度】设置为 -43，模糊【距离】设置为 15 像素，如图 9.82 所示。单击【确定】按钮，观察到此时婚纱的纹理平顺了许多。

Step 12 在工具栏中选择 （橡皮擦工具），在隐约呈现原背景图形的婚纱区域进行擦拭，效果如图 9.83 所示。

图 9.82 右边缘婚纱的纹理平顺了许多

图 9.83 删除呈现原背景的婚纱区域

Step 13 单击黑色图层前面的 图标，隐藏该图层。观察到擦拭后的婚纱区域可以清晰地透视后面的新背景图形，如图 9.84 所示。

Step 14 在【图层】面板上，单击 （创建新图层）按钮，新建一个图层。在工具栏中选择 （多边形套索工具），在右面的婚纱区域绘制选区，并使用白色进行填充，效果如图 9.85 所示。

图 9.84　隐藏黑色图层后的图形效果

图 9.85　使用白色填充绘制的婚纱区域

Step 15 在【图层】面板上，调整填充白色图层的不透明度，使婚纱呈现半透明的状态。调整图层顺序，将该图层放置在背景镂空人物图层的下面，此时图形效果如图 9.86 所示。

Step 16 在【图层】面板上，单击 回（创建新图层）按钮，新建一个图层。在工具栏中选择 ✐（画笔工具），在婚纱的半透明区域绘制白色线条作为婚纱的纹理，如图 9.87 所示。

图 9.86　调整图层顺序和不透明度

Step 17 在菜单栏上执行【滤镜】>【模糊】>【高斯模糊】命令，打开【高斯模糊】对话框。设置合适的模糊半径，单击【确定】按钮。在【图层】面板上，调整该图层的不透明度，使婚纱纹理自然、真实。最终效果如图 9.88 所示。

图 9.87　绘制婚纱的纹理线条

图 9.88　合成半透明婚纱的最终效果

9.7　绘制分层婚纱模板 1

实例简介

为了使婚纱照片具有浪漫的气氛和情调，经常要为婚纱照片替换背景并添加一些漂亮的图案和文字。将这些背景图像、图案、文字等内容在未合并图层之前进行保存，即成为分层婚纱模板。应用婚纱模板时，只要将原婚纱照中的人物选择出来并置于模板中的恰当图层即可得到精美的合成婚纱照，有工作量小但效果却非常好的特点。分层婚纱模板是具有商业价值的，不少人设计出多种精美的婚纱模板在网络上进行销售，颇受欢迎。本例以一幅海滩的图像作为主要素材制作分层婚纱模板，使用该模板可方便地制作梦幻般效果的合成婚纱照。

最终效果

本例的最终效果如图 9.89 所示。

图 9.89　绘制分层婚纱模板 1 的最终效果

操作步骤

Step 01　启动 Photoshop。打开本书配套资源【素材】>【第 9 章】文件夹下的"909.jpg"图像文件，这是一幅漂亮的背景图片，如图 9.90 所示。

Step 02　在工具栏中选择 （自定形状工具），在选项栏中将【形状】设置为心形，拖动鼠标，在背景右上方绘制心形路径，如图 9.91 所示。

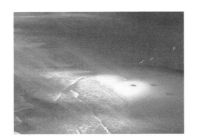

图 9.90　打开一幅漂亮的背景图片　　　　　图 9.91　在背景右上方绘制心形路径

Step 03　在【图层】面板上，单击 （创建新图层）按钮，新建一个图层。将前景色设置为白色，在工具栏中选择 （路径选择工具），在绘制的路径上单击鼠标右键，弹出快捷菜单后选择【描边路径】命令，此时图形效果如图 9.92 所示。

Step 04　在工具栏中选择 （画笔工具），在选项栏中按下 （切换画笔）按钮打开【画笔】面板。将画笔【直径】设置为 19px，【硬度】设置为 7%，【间距】设置为 308%。勾选【形状动态】、【散布】复选框，如图 9.93 所示。

图9.92　使用白色描边心形路径

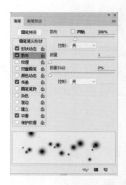

图9.93　【画笔】面板

Step 05 在【图层】面板上，单击 ▣ （创建新图层）按钮，新建一个图层。在工具栏中选择 ▶ （路径选择工具），在绘制的路径上单击鼠标右键，弹出快捷菜单后选择【描边路径】命令，观察到此时心形路径周围不规则排列了许多白色圆点。单击心形图形图层，降低图层的不透明度后效果如图9.94所示。

Step 06 按 Enter 键确认操作。在【图层】面板上，单击 ▣ （创建新图层）按钮，新建一个图层。在工具栏中选择 ✏ （画笔工具），在选项栏中将颜色的【不透明度】设置为30%，设置较大的柔角画笔直径，在心形图形上拖动鼠标进行绘制。

Step 07 在工具栏中选择 ✐ （橡皮擦工具），在选项栏中设置合适的画笔直径，将【不透明度】和【流量】都设置为50%，在心形图形内部拖动鼠标进行擦拭，此时图形效果如图9.95所示。

图9.94　心形路径周围排列了许多白色圆点

图9.95　在心形内部擦拭后的图形效果

Step 08 在菜单栏上执行【文件】>【打开】命令，打开本书配套资源【素材】>【第9章】文件夹下的"910.jpg"图像文件，这是一幅花瓣飘落的图片。在工具栏中选择 ✛ （移动工具），将花瓣飘落的图形拖动到心形图形的下方，如图9.96所示。

Step 09 在【图层】面板上单击 ▣ （创建新图层）按钮，新建一个图层。在工具栏中选择 ▢ （矩形选框工具），绘制一个略大于花瓣飘落图层的矩形选区，使用白色进行填充。将白色矩形图层拖动到花瓣飘落图层的下面，效果如图9.97所示。

Step 10 取消选择。在菜单栏上执行【滤镜】>【模糊】>【动感模糊】命令，打开【动感模糊】对话框。将【角度】设置为0度，设置合适的【距离】，单击【确定】按钮，观察到白色矩形出现了水平模糊效果，如图9.98所示。

Step 11 按住 Shift 键，将白色矩形图层和花瓣飘落图层同时选择，在菜单栏上执行

【图层】>【合并图层】命令。在菜单栏上执行【编辑】>【变换】>【旋转 90 度（顺时针）】命令，将合并后的图形顺时针旋转 90 度。

Step 12 在工具栏中选择 ⊡（矩形选框工具），绘制一个大于合并后的花瓣飘落图形的矩形选区，在菜单栏上执行【滤镜】>【扭曲】>【切变】命令，打开【切变】对话框。在切变曲线上单击鼠标，添加节点，拖动节点调整曲线形状，效果如图 9.99 所示。单击【确定】按钮确认操作。

图 9.96　将花瓣图像拖动到心形图形中

图 9.97　绘制一个略大的白色矩形图形

图 9.98　设置白色矩形的水平模糊效果

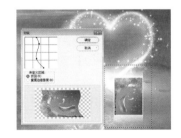

图 9.99　设置合并后图形的切变效果

Step 13 在菜单栏上执行【编辑】>【变换】>【旋转 90 度（逆时针）】命令，将切变后的图形水平放置。在菜单栏执行【编辑】>【变换】>【透视】命令，拖动透视调节框下面的节点，调整图形状，如图 9.100 所示。

Step 14 按 Enter 键确认操作。在菜单栏上执行【图像】>【变换】>【缩放】命令，将花瓣飘落图形等比例缩放至合适大小。复制花瓣飘落图层，使用 ✛（移动工具）调整复制图层的位置。在【图层】面板上，调整两个花瓣飘落图层的不透明度，使其产生逐渐淡出的效果，如图 9.101 所示。

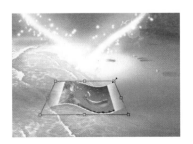

图 9.100　调整花瓣飘落图形的透视效果

图 9.101　调整图层不透明度后的效果

Step 15 在工具栏中选择 **T**（横排文字工具），在选项栏中将【文本颜色】设置为【黑色】，并设置合适的字体大小，在视图中输入文本"爱""永恒"。在工具栏中选择 ✛（移动工具），调整文本位置，如图 9.102 所示。

Step 16 在【图层】面板上，单击 ▣（创建新图层）按钮，新建一个图层。在工具栏中选择 ✎（钢笔工具），在新图层中绘制枝叶的路径，按 Esc 键结束路径的绘制，最后效果如图 9.103 所示。

图 9.102　输入文本

图 9.103　绘制枝叶的路径

Step 17 在视图中单击鼠标，取消路径的选择。在工具栏中选择 ✐（画笔工具），在选项栏中设置合适的画笔大小和画笔颜色。在工具栏中选择 ▶（路径选择工具），选择绘制的所有枝叶路径，在视图中单击鼠标右键，弹出快捷菜单后选择【描边路径】命令，打开【描边路径】对话框。勾选【模拟压力】复选框，单击【确定】按钮，效果如图 9.104 所示。

Step 18 按住 Shift 键，选择所有文本和枝叶图层，在菜单栏上执行【图层】>【合并图层】命令。

Step 19 双击合并后的文本枝叶图层，打开【图层样式】对话框。勾选【外发光】复选框，将【外发光】颜色设置为白色，【不透明度】设置为100%。勾选【光泽】复选框，将【混合模式】颜色设置为橘色。勾选【渐变叠加】复选框，将【渐变】颜色设置为【橙，黄，橙渐变】。勾选【斜面和浮雕】复选框，勾选【等高线】复选框，参数设置如图 9.105 所示。

图 9.104　描边路径后的图形效果

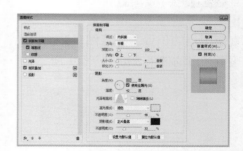

图 9.105　设置斜面和浮雕参数

Step 20 单击【确定】按钮，观察到文本、枝叶图形产生了浮雕效果，颜色也转换为橙、黄、橙渐变效果，如图 9.106 所示。

Step 21 在菜单栏上执行【编辑】>【自由变换】命令，调整文本、枝叶图形的大小和位置。复制【背景】图层，在菜单栏上执行【图像】>【调整】>【色相/饱和度】

命令，打开【色相／饱和度】对话框，调整颜色如图 9.107 所示。

图 9.106　文本枝叶图形产生浮雕效果

图 9.107　复制图层并调整图形色调

Step 22 在菜单栏上执行【文件】>【打开】命令，打开本书配套资源【素材】>【第 9 章】文件夹下的 "911.jpg" 图像文件，这是一幅女性婚纱图片。在工具栏中选择 <kbd>⊕</kbd>（移动工具），将婚纱图片拖动到背景图形的左面，如图 9.108 所示。

Step 23 在工具栏中选择 <kbd>🪄</kbd>（魔棒工具），在婚纱背景处单击鼠标将其选择，按 Delete 键删除，此时图形效果如图 9.109 所示。

图 9.108　将婚纱图片拖动到背景图形中

图 9.109　选择并删除背景图形

Step 24 在菜单栏上执行【文件】>【打开】命令，打开本书配套资源【素材】>【第 9 章】文件夹下的 "912.jpg" 图像文件，这是一幅婚纱合影图片。在工具栏中选择 <kbd>⊕</kbd>（移动工具），将婚纱合影图片拖动到心形图形的中间，如图 9.110 所示。

Step 25 调整图层顺序，将婚纱合影图层放置在【背景 拷贝】图层的上面。在工具栏中选择 <kbd>◢</kbd>（橡皮擦工具），在选项栏中设置合适的画笔柔角大小，擦拭溢出心形图形外的婚纱合影图像，最终效果如图 9.111 所示。

图 9.110　将婚纱合影图像拖动到背景中

图 9.111　擦拭溢出心形图形外的图像

9.8　绘制分层婚纱模板 2

实例简介

本例使用竹林作为分层婚纱模板的背景图层，并添加竹叶、绘制图案和特效文字作为前景，使用该模板可以合成较为真实的外景婚纱照。

最终效果

本例的最终效果如图 9.112 所示。

图 9.112　绘制分层婚纱模板 2 的最终效果

操作步骤

Step 01 启动 Photoshop。打开本书配套资源【素材】>【第 9 章】文件夹下的 "913.jpg" 图像文件，这是一幅风景图片，如图 9.113 所示。

Step 02 在【图层】面板上，单击 🔲（创建新图层）按钮，新建一个图层。在工具栏中选择 🔲（矩形选框工具），在风景图像上、下边缘绘制矩形图形，并使用绿色进行填充，如图 9.114 所示。

图 9.113　打开一幅风景图片　　　　图 9.114　绘制矩形并填充颜色

Step 03 在【图层】面板上，降低绿色矩形图层的【不透明度】，使其产生半透明效果，如图 9.115 所示。

Step 04 在菜单栏上执行【文件】>【打开】命令，打开本书配套资源【素材】>【第 9 章】文件夹下的 "914.jpg" 图像文件，这是一幅竹林的图片。在工具栏中选择 ⬧（多边形套索工具），选择一棵竹子的图形，如图 9.116 所示。

图 9.115　绿色矩形产生半透明效果

图 9.116　选择一棵竹子的图形

Step 05 在工具栏中选择 ✛（移动工具），将竹子图像拖动到风景图像中，如图 9.117 所示。

Step 06 将竹子图层拖动到 🔲（创建新图层）按钮上进行复制，在菜单栏上执行【编辑】>【自由变换】命令，调整竹子图形的位置和粗细，如图 9.118 所示。

图 9.117　将竹子图像拖动到风景图像中

图 9.118　调整竹子图形的位置和粗细

Step 07 在菜单栏上执行【文件】>【打开】命令，打开本书配套资源【素材】>【第 9 章】文件夹下的 "915.jpg" 图像文件，这是一幅竹叶的图片，如图 9.119 所示。

Step 08 在工具栏中选择 ✨（魔棒工具），在选项栏中设置合适的【容差】，按住 Shift 键，选择竹叶的选区；按住 Alt 键，删除多余的选区。在工具栏中选择 ✛（移动工具），将竹叶图形拖动到风景图像中，并放置在合适的位置，效果如图 9.120 所示。

图 9.119　打开一幅竹叶的图片

图 9.120　将竹叶拖动到风景图像中

Step 09 复制竹叶图层。在菜单栏上执行【编辑】>【自由变换】命令，调整复制竹叶图形的大小和位置，如图 9.121 所示。

Step 10 在【图层】面板上，单击 🔲（创建新图层）按钮，新建一个图层。在工具

栏中选择 ⌀（钢笔工具），在视图中绘制星形路径，如图 9.122 所示。

图 9.121　调整复制竹叶图形的大小和位置

图 9.122　在视图中绘制星形路径

Step 11 在工具栏中选择 ▶（路径选择工具），在视图中单击鼠标右键，弹出快捷菜单后选择【填充路径】命令，使用白色进行填充，如图 9.123 所示。按 Delete 键删除路径。

Step 12 在菜单栏上执行【编辑】>【自由变换】命令，将星形图形缩小到合适大小。在工具栏中选择 ✿（自定形状工具），在选项栏中将【形状】设置为心形，拖动鼠标绘制心形路径。

Step 13 在工具栏中选择 ✛（移动工具），按住 Alt 键，沿心形路径复制并调整星形图形的位置，效果如图 9.124 所示。

图 9.123　使用白色填充星形路径

图 9.124　复制并调整星形图形位置

Step 14 按 Delete 键删除路径。复制排列后的心形图形，在菜单栏上执行【编辑】>【自由变换】命令，调整两个心形图形的位置和角度，如图 9.125 所示。

Step 15 在工具栏中选择 T（横排文字工具），在视图中输入"LOVE"文本。在文本图层栏上单击鼠标右键，弹出快捷菜单后选择【栅格化文字】命令，将文字转化为图形。按住 Ctrl 键，单击文本图形缩览图窗口，提取文本选区。

Step 16 在工具栏中选择 ▣（渐变工具），使用蓝色、绿色、黄绿色的线性渐变色进行填充，效果如图 9.126 所示。

Step 17 在【图层】面板上，单击 ◰（创建新图层）按钮，新建一个图层。在工具栏中选择 ⬚（矩形选框工具），在视图中单击鼠标右键并选择【描边】命令，将【颜色】设置为白色，并设置合适的描边【宽度】，单击【确定】按钮。

Step 18 在菜单栏上执行【选择】>【存储选区】命令，单击【确定】按钮。单击渐变色文本图层，在菜单栏上执行【滤镜】>【模糊】>【高斯模糊】命令，打开【高

Photoshop CC

斯模糊】对话框。设置合适的【模糊半径】，单击【确定】按钮，观察到文本出现了模糊效果，如图 9.127 所示。

Step 19 在菜单栏上执行【选择】>【载入选区】命令，打开【载入选区】对话框，将【通道】设置为 Alpha 1，单击【确定】按钮。按 Delete 键删除选区内的文本图形，效果如图 9.128 所示。

图 9.125　调整两个心形图形的位置和角度

图 9.126　使用线性渐变色填充文本选区

图 9.127　为文本描边后的效果

图 9.128　删除选区内的文本图形

Step 20 取消选择。按住 Shift 键，选择描边文本图层与模糊文本图层，在菜单栏上执行【图层】>【合并图层】命令。在工具栏中选择 ✈（多边形套索工具），分别选择 L、O、V 文本图形，单击鼠标右键并选择【通过剪切的图层】命令，将文本图形放置在不同的图层。在工具栏中选择 ✛（移动工具），调整各文本图形的位置，最后效果如图 9.129 所示。

Step 21 合并所有文本图形。在菜单栏上执行【编辑】>【自由变换】命令，调整文本图形的大小和位置。在工具栏中选择 **T**（横排文字工具），在视图中输入其他所需要的文本，最后效果如图 9.130 所示。

图 9.129　调整各文本图形的位置

图 9.130　输入其他文本后的效果

Step 22 在菜单栏上执行【文件】>【打开】命令，打开本书配套资源【素材】>【第

9 章】文件夹下的 "916.jpg" 图像文件，这是一幅合影婚纱图片，如图 9.131 所示。

Step 23 在工具栏中选择 ✛（移动工具），将合影婚纱图像拖动到风景图形中，如图 9.132 所示。

图 9.131　打开一幅合影婚纱图片　　　　图 9.132　擦拭多余的合影婚纱图像

Step 24 在【图层】面板上，将婚纱合影图层拖动到绿色矩形图层的下面，如图 9.133 所示。

Step 25 在工具栏中选择 ✎（多边形套索工具），选择人物图形外的区域，按 Delete 键删除。这样，分层婚纱模板 2 就绘制完成了，最后效果如图 9.134 所示。

图 9.133　将婚纱图层拖动到矩形图层下面　　　图 9.134　分层婚纱模板 2 的最后效果

第10章 人物特殊效果必练6例

在形形色色的图片中，人物图片总是比风景、动物图片更吸引眼球。为了使自己的作品给人留下更深刻的印象，许多人还要进一步将人物图像进行夸张、怪异甚至荒诞的修改。本章所介绍的人物特殊效果的修改实例，其中有几例虽然不能带给人愉悦的视觉享受，但了解这些实例的创作手法可以开拓图像特效的创意思维，对全面掌握Photoshop来讲无疑是有益的。

10.1 人物变形与改变皮肤纹理

实例简介

本例利用自由变换的【变形】方式对人物进行分区域变形，然后使用图层的混合模式将动物皮的纹理与人物进行叠加，最终得到一个有着粗糙皮肤纹理并且严重变形的奇异人物效果。

最终效果

本例的最终效果如图 10.1 所示。

图 10.1 人物变形与改变皮肤纹理的最终效果

操作步骤

Step 01 启动 Photoshop。打开本书配套资源【素材】>【第 10 章】文件夹下的 "1001. jpg" 文件，这是一幅男性人物图像。在工具栏中选择 ▢（矩形选框工具），在人物头部区域绘制矩形选区，如图 10.2 所示。

Step 02 在菜单栏上执行【编辑】>【变换】>【变形】命令，在变形控制框中拖动控制手柄以改变头部形状，如图 10.3 所示。在选项栏中按下 ✔ 按钮确认操作。

Step 03 在工具栏中选择 ▢（矩形选框工具），在右耳区域绘制矩形选区，如图 10.4 所示。

Step 04 在菜单栏上执行【编辑】>【变换】>【变形】命令，在变形控制框中拖动控制手柄以改变右耳的形状，如图 10.5 所示。满意后在选项栏中按下 ☑ 按钮确认操作。

图 10.2　在头部区域绘制矩形选区

图 10.3　拖动调节手柄以改变头部的形状

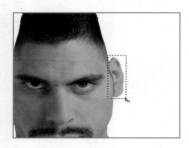

图 10.4　在右耳区域绘制矩形选区

图 10.5　拖动调节手柄以改变右耳的形状

Step 05 在工具栏中选择 ⬚（矩形选框工具），在左耳区域绘制矩形选区，如图 10.6 所示。

Step 06 在菜单栏上执行【编辑】>【变换】>【变形】命令，在变形控制框中拖动控制手柄以改变左耳形状，如图 10.7 所示。在选项栏中按下 ☑ 按钮确认操作。

图 10.6　在左耳区域绘制矩形选区

图 10.7　拖动控制手柄以改变左耳形状

Step 07 在工具栏中选择 ⬚（矩形选框工具），在右眼区域绘制矩形选区，如图 10.8 所示。

Step 08 在菜单栏上执行【编辑】>【变换】>【变形】命令，在变形控制框中拖动控制手柄以改变右眼形状，效果如图 10.9 所示。在选项栏中按下 ☑ 按钮确认操作。

Step 09 使用同样的方法改变左眼的形状。在工具栏中选择 ⬚（矩形选框工具），在眼睛以下、肩部以上区域绘制矩形选区。

Step 10 在菜单栏上执行【编辑】>【变换】>【变形】命令，在变形控制框中拖动控制手柄以调整形状，如图 10.10 所示。在选项栏中按下 ✔ 按钮确认操作。

Step 11 在工具栏中选择 ✐（钢笔工具），在人物边缘以外多余的区域绘制路径，如图 10.11 所示。单击鼠标右键，在弹出的快捷菜单中选择【建立选区】命令，按 Delete 键删除选区内图形。

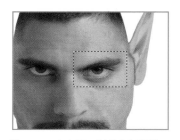

图 10.8　在右眼区域绘制矩形选区

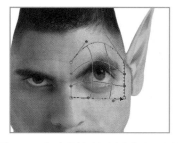

图 10.9　拖动调节手柄以改变右眼形状

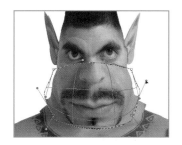

图 10.10　拖动调节手柄以调整图形形状

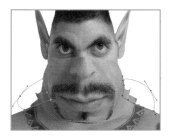

图 10.11　在人物边缘以外多余的区域绘制路径

Step 12 在工具栏中选择 🖈（仿制图章工具），按住 Alt 键，提取正常皮肤的纹理，释放鼠标后在衔接不自然的地方单击鼠标，如图 10.12 所示。观察到调整后脸部皮肤明显的过渡痕迹消失了，如图 10.13 所示。

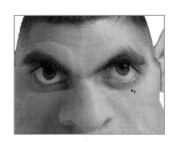

图 10.12　在衔接不自然的地方单击鼠标

图 10.13　调整后的皮肤明显的过渡痕迹消失

Step 13 在菜单栏上执行【文件】>【打开】命令，打开本书配套资源【素材】>【第 10 章】文件夹下的 "1002.jpg" 文件，这是一幅动物皮的纹理图片，如图 10.14 所示。

Step 14 在工具栏中选择 ✛（移动工具），将动物皮纹理图片拖动到人物图像中。在工具栏中选择 ▢（矩形选框工具），选择纹理分布比较均匀的区域，将其复制到新的图层。

Step 15 在菜单栏上执行【编辑】>【自由变换】>命令，调整复制动物皮纹理的角度，使其横向排列。在选项栏中按下 🔲（在自由变换和变形模式之间切换）按钮，在变形控制框中拖动控制手柄以调整纹理图像的形状，如图 10.15 所示。

图 10.14　打开一幅动物皮肤纹理图片　　　　图 10.15　拖动控制手柄以调整横向纹理的形状

Step 16 单击动物皮纹理图层，在工具栏中选择 🔲（矩形选框工具），再次选择一块动物皮纹理区域，将其复制到新的图层。

Step 17 在工具栏中选择【编辑】>【自由变换】>命令，调整复制动物皮纹理图像的角度，并将其放置在人物右眼的下面。在选项栏中按下 🔲（在自由变换和变形模式之间切换）按钮，在变形控制框中拖动控制手柄，调整复制纹理的形状，如图 10.16 所示。

Step 18 使用复制和变形的方法，制作脸部皮肤其他区域的纹理，如图 10.17 所示。

图 10.16　调整右眼下皮肤纹理的形状　　　　图 10.17　制作脸部其他区域的纹理

Step 19 使用同样的方法，根据人物皮肤纹理的走向，使用动物皮纹理将人物身体的所有区域覆盖，并删除人物身体以外的动物皮纹理，效果如图 10.18 所示。

Step 20 合并所有动物皮纹理图层。在【图层】面板上，将合并图层的混合模式设置为【叠加】，如图 10.19 所示。

图 10.18　删除人物身体外的动物皮纹理　　　　图 10.19　合并图层并设置图层的混合模式

Step 21 在工具栏中选择 ⌇（多边形套索工具），选择嘴部区域的动物皮纹理，按 Delete 键将其删除，效果如图 10.20 所示。

Step 22 在菜单栏上执行【图像】>【调整】>【色相 / 饱和度】命令，调整人物的颜色。选择一张自己喜欢的背景图片替换原背景，效果如图 10.21 所示。

图 10.20　删除嘴部区域的动物皮纹理　　　　　图 10.21　使用新背景替换原背景后的效果

10.2　绘制人物的面具

实例简介

本例将人物面部的一部分复制到新的图层，再使用 Photoshop 的色彩调整、滤镜等功能将其处理成金属面具效果。由于金属面具图层是使用人物面部的一部分经过处理得到的，因此面具曲面的凹凸状态与人物面部的形状很服贴。

最终效果

本例的最终效果如图 10.22 所示。

图 10.22　绘制人物面具的最终效果

操作步骤

Step 01 启动 Photoshop。打开本书配套资源【素材】>【第 10 章】文件夹下的"1003.jpg"文件，这是一幅女性的半侧面脸部图像。在工具栏中选择 ✎（钢笔工具），绘制面具的路径曲线，如图 10.23 所示。

Step 02 在视图窗口中单击鼠标右键，在弹出的快捷菜单中选择【建立选区】命令；在视图中单击鼠标右键，在弹出的快捷菜单中选择【通过拷贝的图层】命令，将选区内的图形复制到新的图层。

Step 03 在菜单栏上执行【图像】>【调整】>【去色】命令，此时图形效果如图 10.24 所示。

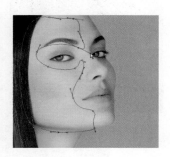

图 10.23 绘制面具的路径曲线

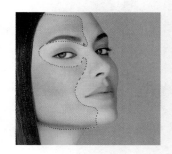

图 10.24 去色后的图形效果

Step 04 按住 Ctrl 键，单击面具图层的缩览图窗口，提取面具图形选区。在菜单栏上执行【滤镜】>【模糊】>【高斯模糊】命令，打开【高斯模糊】对话框，设置合适的模糊半径，单击【确定】按钮，如图 10.25 所示。

Step 05 复制模糊后的面具图层，使面具图形边缘的不透明度降低，合并所有面具图层。在菜单栏上执行【图像】>【调整】>【曲线】命令，打开【曲线】对话框。在调节曲线上单击鼠标添加节点，调整曲线形状，如图 10.26 所示。

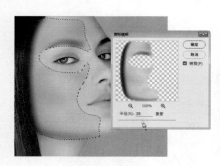

图 10.25 为面具添加高斯模糊效果

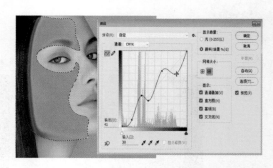

图 10.26 使用【曲线】命令调整图像效果

Step 06 双击面具图层栏，打开【图层样式】对话框。勾选【斜面和浮雕】复选框，将【大小】设置为4像素，【角度】设置为119度，【高度】设置为37度，单击【确定】按钮，如图 10.27 所示。

Step 07 在【图层】面板上，单击 （创建新图层）按钮，新建一个图层。按住 Shift 键，将创建的空白图层与面具图层同时选择，单击【图层】面板右上角的 图标，在其下拉命令菜单中选择【合并图层】命令。这样就将所设置的图层样式应用在了面具图形上。

Step 08 再次双击面具图层，打开【图层样式】对话框。勾选【斜面和浮雕】复选

框，打开【斜面和浮雕】面板。将【大小】设置为 120 像素，【软化】设置为 1 像素，
如图 10.28 所示。单击【确定】按钮。

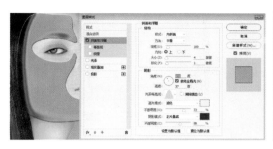 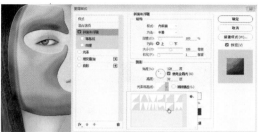

图 10.27　设置斜面和浮雕参数　　　　　　　　图 10.28　设置斜面和浮雕样式

Step 09 在【图层】面板上，单击 ▣（创建新图层）按钮，新建一个图层。按住 Shift
键，将创建的空白图层与面具图层同时选择，单击【图层】面板右上角的 ≡ 图标，在
其下拉命令菜单中选择【合并图层】命令。

Step 10 在菜单栏上执行【滤镜】>【素描】>【基底凸现】命令，打开【基底凸现】
对话框。将【细节】设置为 15，【平滑度】设置为 1，【光照】设置为【左上】，如
图 10.29 所示。单击【确定】按钮，观察到面具表面产生了金属的纹理效果。

Step 11 在工具栏中选择 ✈（多边形套索工具），选择面具图形的高光区域，设
置合适的羽化半径，单击【确定】按钮。在菜单栏上执行【图像】>【调整】>【亮度 /
对比度】命令，打开【亮度 / 对比度】对话框。拖动调节滑块提高被选择区域的亮度，
如图 10.30 所示。观察到面具图像具有了立体效果。

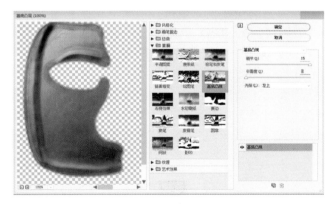 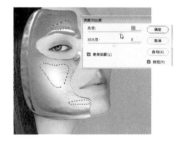

图 10.29　【基底凸现】对话框　　　　　　　图 10.30　提高被选择区域的亮度

Step 12 复制面具图层。选择位于下面的面具图层，在菜单栏上执行【图像】>【调
整】>【亮度 / 对比度】命令，打开【亮度 / 对比度】对话框。拖动调节滑块，将【亮度】
设置为 -100，【对比度】设置为 100，观察到此时面具图像被调整为黑色，如图 10.31
所示。

Step 13 选择黑色的面具图层，在菜单栏上执行【编辑】>【自由变换】命令，调
整黑色面具图形的大小，使其形成面具在脸上的阴影，如图 10.32 所示。

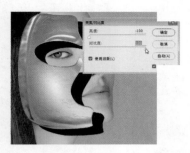

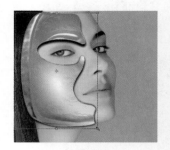

图 10.31　将下面的面具图像调整为黑色　　　　图 10.32　调整黑色面具图像的大小

Step 14 在【图层】面板上，单击面具阴影图层，设置其图层【不透明度】为50%，如图 10.33 所示。在工具栏中选择 ⊘（钢笔工具），绘制面具的镂空花纹路径，如图 10.34 所示。

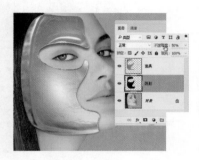

图 10.33　设置阴影图层的不透明度　　　　图 10.34　绘制面具的镂空花纹路径

Step 15 在视图中单击鼠标右键，在弹出的快捷菜单中选择【建立选区】命令。在菜单栏上执行【图层】>【新建】>【通过拷贝的图层】命令，将选区内的图像复制到新的图层。双击该图层，打开【图层样式】面板。勾选【斜面和浮雕】复选框，将【角度】设置为 -72 度，【高度】设置为 58 度，如图 10.35 所示。

Step 16 单击【确定】按钮，观察到面具上绘制的镂空花纹出现了立体效果。在菜单栏上执行【图像】>【调整】>【亮度/对比度】命令，打开【亮度/对比度】对话框。拖动调节滑块，提高镂空面具图层的对比度并适当降低亮度，最后效果如图 10.36 所示。

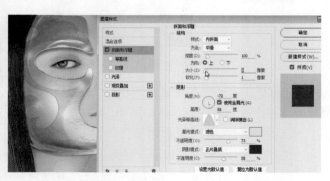

图 10.35　为镂空花纹添加斜面和浮雕效果　　　　图 10.36　提高对比度并降低亮度后的效果

10.3　撕纸的宝宝

实例简介

　　本例利用复制图层、绘制路径、对路径进行描边、渐变填充等操作，制作了一个可爱的小宝宝将纸撕开一个窗口向外看的效果。

最终效果

　　本例的最终效果如图 10.37 所示。

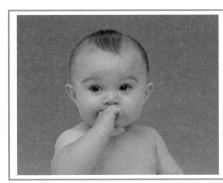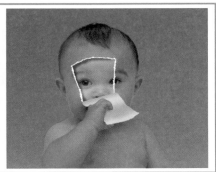

图 10.37　撕纸的宝宝的最终效果

操作步骤

　　Step 01 启动 Photoshop。打开本书配套资源【素材】>【第 10 章】文件夹下的"1004.jpg"文件，这是一幅可爱的宝宝图像，如图 10.38 所示。

　　Step 02 在菜单栏上执行【选择】>【色彩范围】命令，打开【色彩范围】对话框。将【颜色容差】设置为 200，使用 （吸管工具）在背景色上单击鼠标，勾选【反相】复选框，单击【确定】按钮。在菜单栏上执行【图层】>【新建】>【通过拷贝的图层】命令，将宝宝图像复制到新的图层。

　　Step 03 在菜单栏上执行【图像】>【调整】>【去色】命令，此时图像效果如图 10.39 所示。

图 10.38　打开一幅宝宝的图像　　　　　图 10.39　去色后的图像效果

　　Step 04 在工具栏上选择 （钢笔工具），在宝宝手指的上方绘制如图 10.40 所示的路径曲线。

Step 05 在视图中单击鼠标右键，在弹出的快捷菜单中选择【建立选区】命令，按 Delete 键删除选区内的图形，如图 10.41 所示。

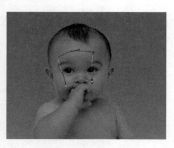

图 10.40　在视图中绘制路径曲线

图 10.41　删除选区内的图形

Step 06 在【图层】面板上，单击 ▣（创建新图层）按钮，新建一个图层。在工具栏中选择 □□（矩形选框工具），在视图中单击鼠标右键，在弹出的快捷菜单中选择【描边】命令。打开【描边】对话框，将描边【宽度】设置为 3 像素，【颜色】设置为白色，单击【确定】按钮，效果如图 10.42 所示。

Step 07 在工具栏上选择 ⬚（钢笔工具），在视图中绘制如图 10.43 所示的路径曲线。

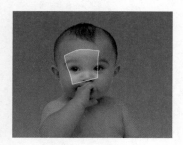

图 10.42　使用白色描边后的图像效果

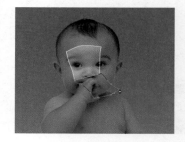

图 10.43　在视图中绘制路径曲线

Step 08 在【图层】面板上，单击 ▣（创建新图层）按钮，新建一个图层。在视图中单击鼠标右键，在弹出的快捷菜单中选择【建立选区】命令。在工具栏中选择 ▥（渐变工具），在选项栏中单击渐变示意窗口，打开【渐变编辑器】对话框，设置渐变色效果，如图 10.44 所示。

Step 09 在选项栏中按下 ▢（线性渐变）按钮，拖动鼠标为选区填充渐变色，效果如图 10.45 所示。

Step 10 在菜单栏上执行【图像】>【调整】>【亮度 / 对比度】命令，打开【亮度 / 对比度】对话框，适当提高图像的亮度并降低对比度，如图 10.46 所示。

Step 11 在【图层】面板上，降低渐变色图层的不透明度。在工具栏上选择 ⬚（钢笔工具），在宝宝的手上绘制路径曲线，如图 10.47 所示。

Step 12 在视图中单击鼠标右键，在弹出的快捷菜单中选择【建立选区】命令。按 Delete 键删除选区内的图形。在【图层】面板上，将渐变色图层的【不透明度】恢复为 100%，效果如图 10.48 所示。

Photoshop CC

图 10.44　编辑渐变色效果

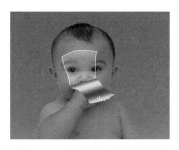

图 10.45　填充渐变色后的效果

图 10.46　适当提高图像的亮度并降低对比度

图 10.47　沿着宝宝手的轮廓绘制路径曲线

Step 13 在【图层】面板上，单击 ▣（创建新图层）按钮，新建一个图层。将前景色设置为黑色，在工具栏中选择 ✦（画笔工具），在视图中绘制手在撕纸上的投影图形，如图 10.49 所示。

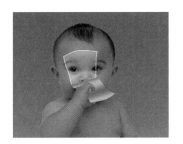

图 10.48　恢复渐变色图层的不透明度

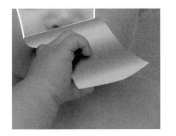

图 10.49　绘制手在撕纸上的投影图形

Step 14 在【图层】面板上，将投影图层的【不透明度】设置为 38%，效果如图 10.50 所示。

Step 15 将前景色设置为白色，在工具栏中选择 ✦（画笔工具），在选项栏中设置合适的画笔笔尖形状，在露出宝宝脸部的区域绘制不规则图形作为撕纸的毛边，如图 10.51 所示。

Step 16 在【图层】面板上，单击 ▣（创建新图层）按钮，新建一个图层。将前景色设置为黑色，在工具栏中选择 ✦（画笔工具），在视图中绘制撕开纸后，缺口在宝宝脸上的投影图形，如图 10.52 所示。

Step 17 在【图层】面板上，降低缺口投影图形的不透明度，使其形成自然的投影效果，如图 10.53 所示。

图 10.50　调整投影图层的不透明度

图 10.51　绘制不规则图形作为撕纸的毛边

图 10.52　绘制缺口在脸上的投影图形

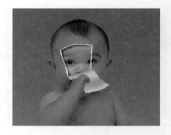

图 10.53　降低缺口投影图形的不透明度

10.4　裂开的头部

实例简介

当前，各种平面广告、招贴画充斥着我们的生活，图像的创作者都会不遗余力地通过画面内容和效果吸引人的眼球。有人甚至会采用荒诞、怪异的创作手法。本例将人的头部制作成裂开的效果就是一种近乎荒诞的创作。了解这些实例的制作过程对全面掌握 Photoshop 的创意方法是有帮助的。但需要指出的是，这类创作往往不会带给人愉悦的视觉享受，只有在某些特定的情况下可以慎重使用。

最终效果

本例的最终效果如图 10.54 所示。

图 10.54　裂开的头部的最终效果

操作步骤

Step 01 启动 Photoshop。打开本书配套资源【素材】>【第 10 章】文件夹下的"1005.jpg"文件，这是一幅女性人物图片，如图 10.55 所示。

Step 02 在菜单栏上执行【选择】>【色彩范围】命令，打开【色彩范围】对话框。设置合适的【颜色容差】，使用 ✏️（吸管工具）在背景色上单击；使用 ✏️（添加到取样）工具，加入未被选择的背景区域，勾选【反相】复选框，单击【确定】按钮。在菜单栏上执行【图层】>【新建】>【通过拷贝的图层】命令，将人物图像复制到新的图层，如图 10.56 所示。

图 10.55　打开一幅女性人物图片

图 10.56　复制【背景】图层

Step 03 在工具栏上选择 ✏️（钢笔工具），在人物头部中间的位置绘制路径曲线，如图 10.57 所示。

Step 04 在视图中单击鼠标右键，在弹出的快捷菜单中选择【建立选区】命令。在工具栏中选择 ▫️（矩形选框工具），在视图中单击鼠标右键，在弹出的快捷菜单中选择【通过剪切的图层】命令，如图 10.58 所示。

图 10.57　在人物头部中间绘制路径曲线

图 10.58　将选区内的图形剪切到新的图层

Step 05 在【图层】面板上，单击【背景】图层栏前面的 👁️ 图标，隐藏该图层。选择剪切的图层，在菜单栏上执行【编辑】>【自由变换】命令，将变形调节框的中点拖动到左下角，向右稍稍旋转一定的角度，如图 10.59 所示。在选项栏中按下 ✔️ 按钮确定操作。

Step 06 在工具栏上选择 ✏️（钢笔工具），在人物右半部分头部绘制如图 10.60 所示的路径曲线。

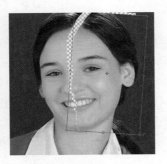

图 10.59　调整剪切图形的角度

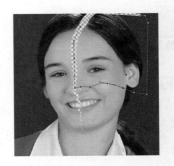

图 10.60　绘制路径曲线

Step 07 在视图中单击鼠标右键，在弹出的快捷菜单中选择【建立选区】命令。在工具栏中选择 ▢（矩形选框工具），在视图中单击鼠标右键，在弹出的快捷菜单中选择【通过剪切的图层】命令。

Step 08 在菜单栏上执行【编辑】>【自由变换】命令，将变形调节框的中点拖动到右下角，向右稍稍旋转一定的角度，使其形成右半面头部的裂纹效果，如图 10.61 所示。在选项栏中按下 ✔ 按钮确定操作。

Step 09 使用同样的方法，制作左半面头部的裂纹效果，如图 10.62 所示。

图 10.61　制作右半面头部的裂纹效果

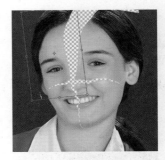

图 10.62　制作左半面头部的裂纹效果

Step 10 在菜单栏上执行【文件】>【打开】命令，打开本书配套资源【素材】>【第 10 章】文件夹下的 "1006.jpg" 文件，这是一幅哈密瓜的切面图片，如图 10.63 所示。

Step 11 在工具栏中选择 ✛（移动工具），将哈密瓜的切面图片拖动到人物图像中，如图 10.64 所示。

图 10.63　打开一幅哈密瓜的切面图片

图 10.64　将切面图片拖动到人物图像中

Step 12 在工具栏上选择 ✐ （魔棒工具），在选项栏中设置【容差】为 20，在白色背景上单击，按 Delete 键将其删除。在菜单栏上执行【选择】>【取消选择】命令。

Step 13 调整图层顺序，将哈密瓜图层拖动到背景图层的上面。在菜单栏上执行【编辑】>【变换】>【扭曲】命令，调整哈密瓜形状，如图 10.65 所示。

Step 14 在菜单栏上执行【图像】>【调整】>【色相/饱和度】命令，打开【色相/饱和度】对话框。拖动调节滑块，调整图形色调，如图 10.66 所示。

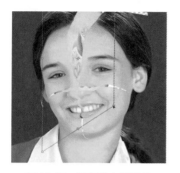

图 10.65　调整哈密瓜形状

图 10.66　调整图形色调

Step 15 复制哈密瓜图层。在菜单栏上执行【编辑】>【自由变换】命令，调整哈密瓜图形的角度和位置，使其覆盖人物脸部的横向裂纹，效果如图 10.67 所示。

Step 16 在【图层】面板上，单击 ▣ （创建新图层）按钮，新建一个图层。在工具栏上选择 ✐ （钢笔工具），在裂纹上绘制路径曲线，并使用白色进行描边，如图 10.68 所示。

图 10.67　调整复制图层的角度和位置

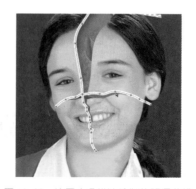

图 10.68　使用白色描边绘制的路径曲线

Step 17 调整图层顺序，将白色线条图层放置在哈密瓜图层的上面。在工具栏中选择 ✐ （橡皮擦工具），在选项栏中设置合适的画笔笔尖大小，擦除裂缝接口中的白色线条，如图 10.69 所示。

Step 18 在菜单栏上执行【图像】>【调整】>【亮度/对比度】命令，打开【亮度/对比度】对话框，拖动调节滑块，降低白色线条的亮度，效果如图 10.70 所示。

图 10.69　擦除裂缝接口处的白色线条　　　　　　图 10.70　拖动调节滑块以降低白色线条的亮度

10.5　在人体上制作凹陷效果

实例简介

　　本例将头部的一部分复制到新的图层，旋转 180 度后得到了该区域凹陷的效果。又使用图层的混合模式制作了头部的双层效果。

最终效果

　　本例的最终效果如图 10.71 所示。

图 10.71　在人体上制作的凹陷的最终效果

操作步骤

　　Step 01 启动 Photoshop。打开本书配套资源【素材】>【第 10 章】文件夹下的"1007.jpg"文件，这是一幅男性人物图片，如图 10.72 所示。

　　Step 02 复制背景图层。在工具栏中选择 ◯ （椭圆选框工具）在人物头部绘制椭圆选区，如图 10.73 所示。

　　Step 03 在视图中单击鼠标右键，在弹出的快捷菜单中选择【通过拷贝的图层】命令，将椭圆选区内的图形复制到新的图层。在菜单栏上执行【编辑】>【自由变换】命令，将复制图形旋转 180 度，效果如图 10.74 所示。

图 10.72　打开一幅男性人物图片

图 10.73　在人物头部绘制椭圆选区

Step 04 选择复制的背景图层，在工具栏中选择 （涂抹工具），将椭圆以上的头部图形向下进行涂抹，效果如图 10.75 所示。

图 10.74　将复制图形旋转 180 度

图 10.75　向下涂抹椭圆以上的图形

Step 05 按住 Ctrl 键，单击椭圆图层栏示意图窗口，提取椭圆选区。在【图层】面板上，单击（创建新图层）按钮，新建一个图层。单击鼠标右键，在弹出的快捷菜单中选择【描边】命令，打开【描边】对话框。将【宽度】设置为3 像素，【颜色】设置为较浅的肤色，单击【确定】按钮。

Step 06 按住 Shift 键，选择背景图层以外的所有图层，在菜单栏上执行【图层】>【合并图层】命令，此时图像的效果如图 10.76 所示。

Step 07 在工具栏上选择（钢笔工具），在人物眼睛周围绘制如图 10.77 所示的路径曲线。

图 10.76　将选区内的图像复制在新的图层

图 10.77　在人物眼睛周围绘制路径曲线

Step 08 在视图中单击鼠标右键，在弹出的快捷菜单中选择【建立选区】命令，观察到路径曲线转化为选区，如图 10.78 所示。

Step 09 在菜单栏上执行【选择】>【反向】命令。在工具栏中选择 ⬭（椭圆选框工具），在视图中单击鼠标右键，在弹出的快捷菜单中选择【通过拷贝的图层】命令，如图 10.79 所示。

图 10.78　路径曲线转化为选区

图 10.79　将选区内的图像复制到新的图层

Step 10 双击眼睛区域镂空的人物图层，打开【图层样式】对话框。勾选【斜面和浮雕】复选框，打开【斜面和浮雕】面板。将【角度】设置为 139 度，【高度】设置为 32 度，如图 10.80 所示。单击【确定】按钮，观察到眼睛的镂空处出现了立体效果，如图 10.81 所示。

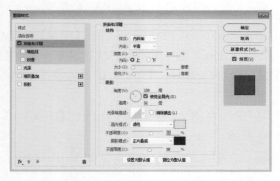

图 10.80　设置【斜面和浮雕】参数

图 10.81　眼睛的镂空处出现立体效果

Step 11 在【图层】面板上，单击 ⬛（创建新图层）按钮，新建一个图层。按住 Shift 键，将创建的空白图层与眼睛区域镂空的人物图层同时选择，单击【图层】面板右上角的 ≡ 图标，在其下拉命令菜单中选择【合并图层】命令。

Step 12 双击眼睛区域镂空的人物图层，打开【图层样式】对话框。勾选【斜面和浮雕】复选框；勾选【投影】复选框，打开【投影】面板，参数设置如图 10.82 所示。单击【确定】按钮，效果如图 10.83 所示。

Step 13 选择复制的背景图层，在菜单栏上执行【图像】>【调整】>【色相/饱和度】命令，打开【色相/饱和度】对话框。在色相栏拖动调节滑块，调整图形色调，如图 10.84 所示。单击【确定】按钮，观察到头部产生了双层效果，如图 10.85 所示。

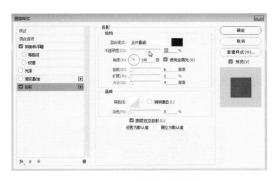

图 10.82　设置投影参数

图 10.83　再次添加斜面和浮雕后的效果

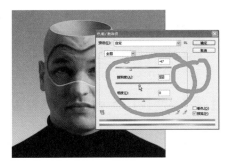

图 10.84　调整复制的背景图层色调

图 10.85　头部产生了双层效果

10.6　制作人体的裂纹与剥落效果

实例简介

本例使用【分层云彩】、【等高线】、【最小化】等滤镜制作人体的裂纹，通过删除图层的局部区域制作外皮剥落效果。

最终效果

本例的最终效果如图 10.86 所示。

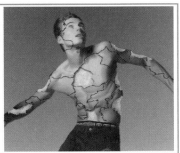

图 10.86　制作人体的裂纹与剥落效果

操作步骤

Step 01 启动 Photoshop。打开本书配套资源【素材】>【第10章】文件夹下的"1008.jpg"文件，这是一幅人物图片，如图 10.87 所示。

Step 02 在【图层】面板上，单击 ▣ （创建新图层）按钮，新建一个图层。在菜单栏上执行【滤镜】>【渲染】>【云彩】命令，如图 10.88 所示。

图 10.87　打开一幅人物图片　　　　　　　　　　图 10.88　云彩滤镜效果

Step 03 在菜单栏上执行【滤镜】>【风格化】>【等高线】命令，打开【等高线】对话框，单击【确定】按钮，如图 10.89 所示。

Step 04 在菜单栏上执行【滤镜】>【其他】>【最小值】命令，打开【最小值】对话框，单击【确定】按钮，如图 10.90 所示。

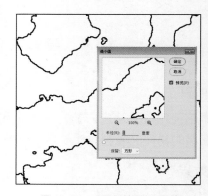

图 10.89　【等高线】对话框　　　　　　　　　　图 10.90　【最小值】对话框

Step 05 在【图层】面板上，将云彩滤镜图层的【混合模式】设置为【正片叠底】，此时图形效果如图 10.91 所示。在工具栏中选择 ✎ （铅笔工具），在视图中添加一些黑色线条，效果如图 10.92 所示。

Step 06 在菜单栏上执行【选择】>【色彩范围】命令，打开【色彩范围】对话框。使用 ✐ （吸管工具）在黑色线条上单击鼠标，选择黑色线条区域，取消【反相】复选框的勾选，单击【确定】按钮。删除云彩滤镜图层，观察到黑色线条区域被选择，如图 10.93 所示。

Step 07 选择背景图层，在视图中单击鼠标右键，在弹出的快捷菜单中选择【通过拷贝的图层】命令，将黑色线条区域内的图形复制到新的图层。

Photoshop CC

图 10.91　设置云彩图层的混合模式

图 10.92　在视图中添加黑色线条

Step 08　双击复制图层，打开【图层样式】对话框。勾选【斜面和浮雕】复选框，打开【斜面和浮雕】面板，将【深度】设置为 100%，【角度】设置为 –40 度，【高度】设置为 48 度，如图 10.94 所示。.

图 10.93　黑色线条区域被选择

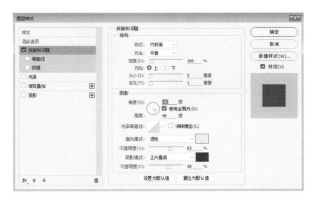

图 10.94　设置【斜面和浮雕】参数

Step 09　单击【确定】按钮，观察到黑色线条出现了立体效果。在工具栏中选择 ，擦除人物身体图形外的立体线条图形，效果如图 10.95 所示。

Step 10　在菜单栏上执行【图层】>【拼合图像】命令。在工具栏中选择 ，按住 Shift 键，选择背景图形。在菜单栏上执行【选择】>【反向】命令，将人物图形选择。在视图中单击鼠标右键，在弹出的快捷菜单中选择【通过拷贝的图层】命令，将人物图形复制到新的图层。

Step 11　在背景图层填充淡灰色到深灰色的线性渐变色。选择复制的人物图层，在工具栏中选择 ，选择人物图形的部分区域，按 Delete 键将其删除，如图 10.96 所示。

Step 12　选择背景图层。在【图层】面板上，单击 按钮，新建一个图层。将前景色设置为棕色，在工具栏中选择 ，在身体的部分区域进行绘制，效果如图 10.97 所示。

Step 13　在菜单栏上执行【滤镜】>【杂色】>【添加杂色】命令，打开【添加杂色】对话框。勾选【单色】复选框，设置合适的数量，单击【确定】按钮，效果如图 10.98 所示。

图 10.95　擦除人物身体图形外的线条　　　　图 10.96　选择并删除人物的部分区域

图 10.97　在身体的部分区域进行绘制　　　　图 10.98　添加杂色后的图形效果

Step 14 选择人物身体图层，在工具栏中选择 (多边形套索工具)，再次选择身体的部分区域，按 Delete 键将其删除，效果如图 10.99 所示。

Step 15 在【图层】面板上，单击 (创建新图层) 按钮，新建一个图层。将前景色设置为棕色，在工具栏中选择 (画笔工具)，在被删除的区域进行绘制。

Step 16 在菜单栏上执行【滤镜】>【杂色】>【添加杂色】命令，打开【添加杂色】对话框，单击【确定】按钮，此时图形效果如图 10.100 所示。这样人体表面的裂纹与剥落效果就制作完成了。

图 10.99　再次选择并删除身体的部分区域　　　　图 10.100　人体的裂纹与剥落的最终效果

第11章 制作光影与图案必练8例

色彩缤纷的光影与奇异多变的图案经常是现代数码图像中的重要构成要素。将Photoshop中的滤镜、蒙版、通道等功能巧妙地配合使用，能绘制出灵异莫测的各种光影和效果奇特的多种图案。本章介绍用Photoshop制作光影与图案的方法和技巧。

11.1 魔罐发出的光

实例简介

本例将在一幅罐子的图像上绘制罐子发出的光芒。制作中巧妙地利用了笔刷、滤镜、图层的混合模式等功能绘制了点状光芒、光晕效果、火焰状光芒，使一幅平淡的图片充满了神秘的气氛。

最终效果

本例的最终效果如图11.1所示。

图11.1 本例的最终效果

操作步骤

Step 01 启动 Photoshop。打开本书配套资源中【素材】>【第 11 章】文件夹中的"陶罐.psd"图像文件，如图 11.2 所示。

Step 02 在工具栏中选择 ▽（多边形套索工具），选择陶罐图形，在图像中单击鼠标右键，弹出快捷菜单后选择【通过拷贝的图层】命令，将陶罐的图像复制到新的图层。

Step 03 在【图层】面板上单击 ▣（创建新图层）按钮，新建一个图层。在工具栏中选择 ○（椭圆选框工具），在陶罐图像上绘制椭圆形选区，使用桃红色填充选区。取消选择，效果如图 11.3 所示。

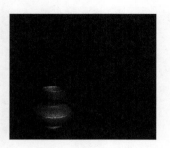

图 11.2　打开陶罐图像　　　　　　　　图 11.3　绘制椭圆选区

Step 04 在菜单栏上执行【滤镜】>【模糊】>【高斯模糊】命令，打开【高斯模糊】对话框，设置合适的模糊半径，单击【确定】按钮，观察到椭圆图形产生了模糊效果，如图 11.4 所示。

Step 05 在【图层】面板上，将模糊后的椭圆图层拖动到陶罐图层的下方，此时图形效果如图 11.5 所示。

图 11.4　为椭圆添加模糊效果　　　　　　图 11.5　调整图层顺序后的效果

Step 06 在【图层】面板上单击 （创建新图层）按钮，新建一个图层。在工具栏中选择 （钢笔工具），在罐子的上方绘制螺旋状的路径曲线，如图 11.6 所示。

Step 07 在工具栏上选择 （画笔工具），在选项栏中按下 （切换画笔）按钮打开【画笔】面板，设置参数如图 11.7 所示。

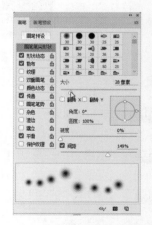

图 11.6　绘制螺旋状的路径曲线　　　　图 11.7　在【画笔】面板中进行设置

Step 08 在工具栏中选择 ▶ (路径选择工具)，在图像中单击鼠标右键，弹出快捷菜单后选择【描边路径】命令，打开【描边路径】对话框。将对路径描边的工具设置为【画笔】，单击【确定】按钮，观察到沿着路径曲线被描上桃红色的点状笔刷，如图11.8所示。

Step 09 在工具栏中选择 ○ (椭圆选框工具)，按住 Shift 键，在桃红色的点状图案处建立选区。在菜单栏上执行【选择】>【修改】>【收缩】命令，设置【收缩量】为2像素，单击【确定】按钮。这样，只有点状图案的中心处被选择。

Step 10 在菜单栏上执行【图像】>【调整】>【亮度/对比度】命令，提高选区内图像的亮度。这样，点状图形的中心处就变亮了，效果如图11.9所示。

图11.8 点状笔刷描边路径后的效果

图11.9 点状图形的中心处变亮

Step 11 在【图层】面板上单击 ▣ (创建新图层)按钮，新建一个图层。在工具栏中选择 ◢ (钢笔工具)，在罐子的上方区域绘制螺旋状的路径曲线，如图11.10所示。

Step 12 将前景色设置为红色。在工具栏上选择 ▶ (路径选择工具)，在图像中单击鼠标右键，弹出快捷菜单后选择【描边路径】命令，使用点状笔刷对路径进行描边，效果如图11.11所示。

图11.10 绘制螺旋状路径曲线

图11.11 使用点状笔刷描边路径

Step 13 在工具栏中选择 ○ (椭圆选框工具)，按住 Shift 键，在红色的点状图案处建立选区。在菜单栏上执行【选择】>【修改】>【收缩】命令。在菜单栏上执行【图像】>【调整】>【亮度/对比度】命令，提高选区内图像的亮度。观察到红色点状图形的中心处就变亮了，如图11.12所示。

Step 14 在工具栏中选择 T (直排文字工具)，在图像中以直排的方式输入3句文字，文字的内容可根据自己的需要而定，如图11.13所示。

Step 15 在菜单栏上执行【滤镜】>【扭曲】>【切变】命令，打开【切变】对话框，单击鼠标添加节点，拖动鼠标调整控制线的弯曲形状，如图 11.14 所示。满意后单击【确定】按钮，观察到其中的一句文字被弯曲，如图 11.15 所示。

图 11.12　提高中心点的亮度

图 11.13　输入直排文本

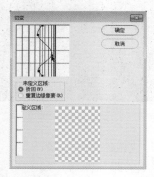

图 11.14　【切变】对话框

图 11.15　文字产生弯曲效果

Step 16 使用同样的方法对另外两句文字进行处理使其弯曲，效果如图 11.16 所示。合并 3 个文字图层。

Step 17 在菜单栏上执行【编辑】>【自由变换】命令，按下选项栏中的 🖳（在自由变换和自由模式之间切换）按钮，进一步调整文字的形状。

Step 18 在菜单栏上执行【图像】>【调整】>【色彩平衡】命令，调整文字的颜色。在工具栏中选择 🔍（加深工具）和 🔍（减淡工具），调整文字各区域的颜色，使颜色的深浅发生变化。此时图像的效果如图 11.17 所示。

图 11.16　所有文字产生弯曲效果

图 11.17　调整文字的颜色和效果

Step 19 单击罐子图层，在【图层】面板上单击 🗒（创建新图层）按钮，新建一个图层。在工具栏上选择 🔾（套索工具），在陶罐上方建立火焰形状的选区，使用红色填充选区，如图 11.18 所示。

Step 20 在菜单栏上执行【模糊】>【高斯模糊】命令，打开【高斯模糊】对话框。设置合适的模糊半径，单击【确定】按钮。在【图层】面板上将该图层的【不透明度】设置为 50%。

Step 21 在工具栏中选择 ⊘（涂抹工具），在红色图形上拖动鼠标将其涂抹成火焰的形状。选择火焰图形的下部区域，在菜单栏上执行【选择】>【修改】>【羽化】命令，设置【羽化半径】为 30 像素，单击【确定】按钮。在菜单栏上执行【图像】>【调整】>【亮度/对比度】命令，提高选区内图像的亮度，满意后单击【确定】按钮。取消选择，此时图像的效果如图 11.19 所示。

图 11.18　建立火焰形状的选区

图 11.19　制作火焰效果

Step 22 在【图层】面板上单击 ⬚（创建新图层）按钮，新建一个图层。在工具栏上选择 ○（椭圆选框工具），在火焰图形下部建立椭圆形选区，使用白色填充选区。取消选择，效果如图 11.20 所示。

Step 23 在菜单栏上执行【模糊】>【高斯模糊】命令，打开【高斯模糊】对话框。设置合适的模糊半径，单击【确定】按钮。在【图层】面板上，设置图层【不透明度】为 60%。这样在罐口处就形成了白色的光晕效果，如图 11.21 所示。

图 11.20　建立椭圆形选区

图 11.21　罐口出现白色光晕效果

Step 24 在工具栏上选择 ⬚（橡皮擦工具），在选项栏上设置【不透明度】和【流量】为 20%，在罐口边缘的下方拖动鼠标，使该区域的白色光晕变淡一些。此时图像的效果如图 11.22 所示。

Step 25 单击【背景】图层，在【图层】面板上单击 ⬚（创建新图层）按钮，新建一个图层。在工具栏上选择 ◌（套索工具），在陶罐周围建立选区。在工具栏中选择 ▣（渐变工具），在选区内填充由蓝色至绿色的渐变色，效果如图 11.23 所示。

图 11.22 调整白色光晕效果

图 11.23 在新图层建立选区

Step 26 在菜单栏上执行【模糊】>【高斯模糊】命令，打开【高斯模糊】对话框。设置合适的模糊半径，单击【确定】按钮，如图 11.24 所示。

Step 27 在【图层】面板上，将该图层混合模式设置为【滤色】，【不透明度】设置为 45%。此时图像的效果如图 11.25 所示。

图 11.24 添加高斯模糊效果

图 11.25 设置图层混合模式

Step 28 仔细调整各图层的【不透明度】，使整体效果更为协调。这样，为罐子绘制神秘的发光效果就完成了。现在可以在图片中添加文字和其他的图像素材，这里不再赘述。本例的最终效果如图 11.26 所示。

图 11.26 本例的最终效果

11.2 日出时刻天空的景象

实例简介

在使用 Photoshop 进行平面设计时，经常要制作天空的背景。使用 Photoshop 绘制的日出时刻天空的景象有着梦幻般的、较数码照片更为热烈的蒸腾气氛。本例通过绘制日出时刻天空的景象介绍一些滤镜、色彩调节命令的运用技巧。

最终效果

本例绘制的是日出时刻天空的景象，最后效果如图 11.27 所示。

图 11.27 日出时刻天空的景象

操作步骤

Step 01 启动 Photoshop。在菜单栏上执行【文件】>【新建】命令，打开【新建】对话框。设置【宽度】为 600 像素，【高度】为 300 像素，背景色为透明，如图 11.28 所示。

Step 02 在工具栏中选择■（渐变工具），在选项栏中按下■（线性渐变）按钮。单击渐变色示意窗口，打开【渐变编辑器】对话框。在【预设】选项栏中，选择黄色到橘色的渐变色效果，如图 11.29 所示。

图 11.28 【新建】对话框

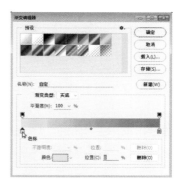

图 11.29 【渐变编辑器】对话框

Step 03 在视图中从下至上拖动鼠标，为文档填充渐变色。在【图层】面板上单击▣（创建新图层）按钮，新建一个图层，将其命名为"云彩"。将前景色设置为橘色，背景色设置为黄色。在菜单栏上执行两次【滤镜】>【渲染】>【云彩】命令，观察到图形出现了云彩效果，如图 11.30 所示。

Step 04 在菜单栏上执行【图像】>【调整】>【亮度 / 对比度】命令，打开【亮度 / 对比度】对话框。勾选【使用旧版】复选框，设置【亮度】为 -86，【对比度】为 87，单击【确定】按钮，如图 11.31 所示。

图 11.30　图形出现了云彩效果

图 11.31　调整亮度、对比度后的效果

Step 05 在菜单栏上执行【选择】>【色彩范围】命令，打开【色彩范围】对话框。将【颜色容差】设置为 200，使用滴管工具在云彩图形上单击鼠标，选择云彩图形，单击【确定】按钮。

Step 06 在菜单栏上执行【选择】>【反向】命令。按 Delete 键，删除云彩图形以外的区域，取消选择，如图 11.32 所示。在菜单栏上执行【滤镜】>【模糊】>【高斯模糊】命令，设置模糊【半径】为 1.5。

Step 07 在菜单栏上执行【图像】>【调整】>【色相 / 饱和度】命令，打开【色相 / 饱和度】对话框，设置【明度】为 100，单击【确定】按钮，此时图形效果如图 11.33 所示。

图 11.32　删除云彩图形以外的区域

图 11.33　调整图形明度后的效果

Step 08 在【图层】面板上，将【云彩】图层拖动到 ▢（创建新图层）按钮上，复制该图层。

Step 09 在菜单栏上执行【图像】>【调整】>【亮度 / 对比度】命令，打开【亮度 / 对比度】对话框。将【亮度】设置为 -100，【对比度】设置为 100，单击【确定】按钮。在【图层】面板上，设置复制图层的混合模式为【叠加】，观察到此时出现了淡淡的云彩效果，如图 11.34 所示。

Step 10 合并所有图层。在菜单栏上执行【滤镜】>【渲染】>【镜头光晕】命令，打开【镜头光晕】对话框。调整【亮度】为 150，勾选【50-300 毫米变焦】单选按钮。

按住 Alt 键不放单击预览区域，弹出【精确光晕中心】对话框，设置 X 为 285 像素，Y 为 261 像素，如图 11.35 所示。

图 11.34　出现淡淡的云彩效果

图 11.35　精确设置光晕中心

Step 11 单击【确定】按钮，观察到图像出现了日出时刻天空的景象，如图 11.36 所示。

图 11.36　图像的最终效果

11.3　恒星的表面

实例简介

　　本例将【云彩】、【球面化】、【高斯模糊】、【添加杂色】等滤镜灵活运用、相互融合，配合图层的混合模式来制作炽热的恒星的表面图像。

最终效果

　　本例的最终效果如图 11.37 所示。

操作步骤

　　Step 01 启动 Photoshop。新建一个文档，设置【宽度】为 1600 像素，【高度】为 1200 像素。使用蓝色填充背景。

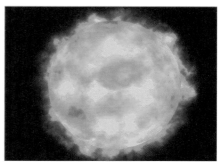

图 11.37　制作的恒星表面图像的最终效果

Step 02 在工具栏中选择 ◯ （椭圆选框工具），在视图中绘制正圆图形。在【图层】面板上，单击 ▣ （创建新图层）按钮，新建一个图层。将前景色的 RGB 值设置为 204、51、0，背景色的 RGB 值设置为 204、102、0。在菜单栏上执行【滤镜】>【渲染】>【云彩】命令，如图 11.38 所示。

Step 03 在菜单栏上执行两次【滤镜】>【扭曲】>【球面化】命令，打开【球面化】对话框，设置【数量】为 100，如图 11.39 所示。

图 11.38　执行【云彩】滤镜后的效果

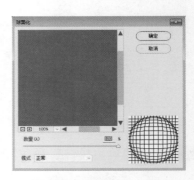

图 11.39　【球面化】对话框

Step 04 复制椭圆图层，将其命名为"纹理"。在工具栏中将前景色设置为黑色，背景色设置为白色，在菜单栏上执行【滤镜】>【渲染】>【云彩】命令。在菜单栏上执行两次【滤镜】>【渲染】>【分层云彩】命令，如图 11.40 所示。

Step 05 在菜单栏上执行两次【滤镜】>【扭曲】>【球面化】命令，打开【球面化】对话框，设置【数量】为 100，单击【确定】按钮，此时图形效果如图 11.41 所示。

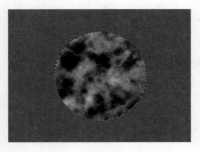

图 11.40　应用云彩和分层云彩效果

图 11.41　添加【球面化】滤镜效果

Step 06 在【图层】面板上，单击 ▣ （创建新图层）按钮，新建一个图层，将其命名为"发光"。

Step 07 将前景色的 RGB 值设置为 242、68、8。在菜单栏上执行【编辑】>【填充】命令，设置【内容】为【前景色】。取消选择，在菜单栏上执行【滤镜】>【模糊】>【高斯模糊】命令，设置模糊半径为 70，单击【确定】按钮，此时图形效果如图 11.42 所示。

Step 08 在【图层】面板上，单击 ▣ （创建新图层）按钮，新建一个图层，将其命名为"太阳边缘"。将前景色设置为黑色，在菜单栏上执行【滤镜】>【渲染】>【云彩】命令。在【图层】面板上，将太阳边缘图层的混合模式设置为【颜色减淡】，纹理图层的混合模式设置为【柔光】。调整图层顺序，将发光图层拖动到纹理图层的下方，此时图形效果如图11.43所示。

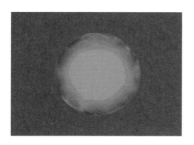

图11.42 添加【高斯模糊】滤镜

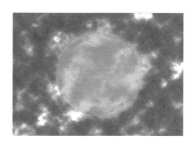

图11.43 设置图层混合模式

Step 09 在【图层】面板上，单击 🗔 （创建新图层）按钮，新建一个图层，将其命名为"边缘发光"。

Step 10 在菜单栏上执行【滤镜】>【渲染】>【云彩】命令，在菜单栏上执行【滤镜】>【渲染】>【分层云彩】命令5次，设置该图层的混合模式为【颜色减淡】，此时【图层】面板状态如图11.44所示。

Step 11 在工具栏中选择 ⭕ （椭圆选框工具），绘制一个大于太阳图形的正圆选区，在菜单栏上执行【选择】>【反向】命令。在菜单栏上执行【选择】>【修改】>【羽化】命令，设置【羽化半径】为20像素，按Delete键删除多余区域，如图11.45所示。

图11.44 【图层】面板状态

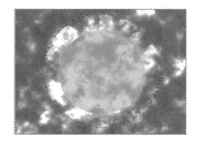

图11.45 反选后删除多余区域

Step 12 在【图层】面板上，按住Ctrl键，单击【纹理】图层示意图窗口，提取太阳的圆形选区，设置【羽化半径】为10像素。选择边缘发光图层，按Delete键删除选区内的图形。使用黑色填充背景图层，此时图形效果如图11.46所示。

Step 13 制作星空效果。打开【通道】面板，单击 🗔 （创建新通道）按钮，新建Alpha 1通道。在菜单栏上执行【滤镜】>【杂色】>【添加杂色】命令，设置【数量】为31，勾选【高斯分布】复选框，单击【确定】按钮。在菜单栏上执行【图像】>【调整】>【色阶】命令，打开【色阶】对话框，设置如图11.47所示。

Step 14 单击【确定】按钮。在菜单栏上执行【选择】>【载入选区】命令，载入Alpha 1通道，如图11.48所示。

Step 15 激活【图层】面板。在【图层】面板上单击 🗇 （创建新图层）按钮，新建一个图层，将其命名为"星光"。在菜单栏上执行【编辑】>【填充】命令，使用白色填充。观察到视图中出现了星空背景。

Step 16 仔细调整各图层的不透明度及亮度，使球体表面的火焰效果更加热烈，本例的最终效果如图 11.49 所示。

> 说明：如果有兴趣，可以在星光的背景中加上星云效果。在添加星云效果时，最好使用颜色较暗的画笔，这样不会和前面我们使用的图层混合模式发生冲突。

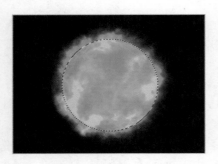

图 11.46　使用黑色填充背景后的效果

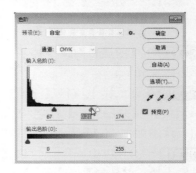

图 11.47　设置【色阶】对话框各参数

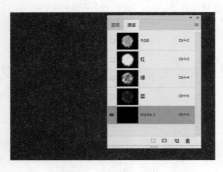

图 11.48　载入通道

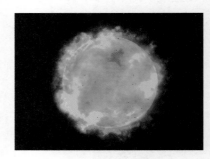

图 11.49　添加星空后的效果

11.4　放射状的光线

实例简介

　　放射状的线条是合成图像中经常用到的素材，在实际工作中经常要借助 Photoshop 的功能生成各种放射状图像。本例将滤镜效果和图层的混合模式巧妙地配合使用制作炽热的火球，并在火球图片上生成放射状的光线效果。

最终效果

　　本例的最终效果如图 11.50 所示。

图 11.50 放射状光线的最终效果

操作步骤

Step 01 启动 Photoshop。新建一个文档。将前景色设置为棕色，背景色设置为黑色。在菜单栏上执行【滤镜】>【渲染】>【云彩】命令，如图 11.51 所示。

Step 02 复制背景图层。在菜单栏上执行【编辑】>【自由变换】命令，将复制图形缩小后放置在背景图形的中间，如图 11.52 所示。

图 11.51 执行【云彩】滤镜

图 11.52 调整复制图形的大小

Step 03 在工具栏中选择 ◯（椭圆选框工具），在复制图形上建立圆形选区。在菜单栏上执行【选择】>【反向】命令，按 Delete 键删除选区中的图像，如图 11.53 所示。

Step 04 取消选择。在菜单栏上执行【滤镜】>【模糊】>【高斯模糊】命令，设置合适的模糊半径，使画面中心的圆形图像产生模糊效果，如图 11.54 所示。

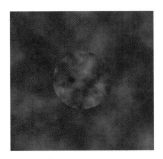

图 11.53 删除圆形区域外的图形

图 11.54 圆形图像产生模糊效果

Step 05 在【图层】面板上单击 ▤ 图标，在其下拉菜单中选择【拼合图像】命令。在菜单栏上执行【滤镜】>【渲染】>【光照效果】命令，参数设置如图 11.55 所示。单击【确定】按钮，此时图形效果如图 11.56 所示。

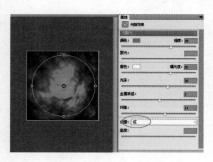

图 11.55 设置【光照效果】参数

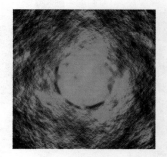

图 11.56 添加滤镜后的图像效果

Step 06 在菜单栏上执行【图像】>【调整】>【亮度/对比度】命令，勾选【使用旧版】复选框，参数设置如图 11.57 所示。单击【确定】按钮。

Step 07 在菜单栏上执行【滤镜】>【扭曲】>【球面化】命令，打开【球面化】对话框，设置【数量】为 54%，如图 11.58 所示。单击【确定】按钮。

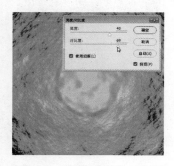

图 11.57 调整图像亮度、对比度

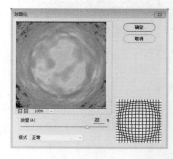

图 11.58 【球面化】对话框

Step 08 在菜单栏上执行【滤镜】>【球面化】命令，此时图像的效果如图 11.59 所示。

Step 09 在菜单栏上执行【滤镜】>【扭曲】>【球面化】命令，打开【球面化】对话框，设置【数量】为 -90%，单击【确定】按钮。在菜单栏上执行【滤镜】>【球面化】命令，得到画面中向图像中心收缩的效果，如图 11.60 所示。

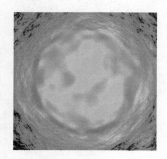

图 11.59 再次执行【球面化】命令的效果

图 11.60 设置新参数后的球面化效果

Step 10 复制背景图层。在菜单栏上执行【滤镜】>【球面化】命令，使图像进一步向图像中心收缩，如图 11.61 所示。

Step 11 在菜单栏上执行【滤镜】>【风格化】>【查找边缘】命令，此时图像效果如图 11.62 所示。

图 11.61   图像进一步向中心收缩

图 11.62   执行【查找边缘】命令

Step 12 在菜单栏上执行【图像】>【调整】>【去色】命令，使图层中的图像转换为灰色图像，如图 11.63 所示。

Step 13 在菜单栏上执行【图像】>【调整】>【反相】命令。在菜单栏上执行【图像】>【调整】>【亮度/对比度】命令，拖动调节滑块，调整图像的亮度和对比度，使图像呈现出白色线条放射状的效果，如图 11.64 所示。

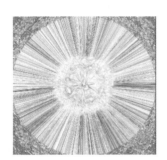

图 11.63   使图层中的图像转换为灰色图像

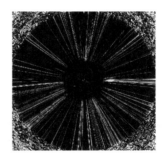

图 11.64   调整图像亮度、对比度

Step 14 在菜单栏上执行【滤镜】>【扭曲】>【球面化】命令，打开【球面化】对话框，设置【数量】为 -70%，单击【确定】按钮。在【图层】面板上，将该图层的混合模式设置为【滤色】，此时图像效果如图 11.65 所示。

Step 15 拼合图像。在工具栏中选择 ◯（椭圆选框工具），选择图像的中心区域。在菜单栏上执行【选择】>【修改】>【羽化】命令，设置【羽化半径】为 20 像素。

Step 16 在菜单栏上执行【滤镜】>【扭曲】>【球面化】命令，打开【球面化】对话框，设置【数量】为 80%，单击【确定】按钮。观察到选区中的图像产生凸出效果。在工具栏中选择 ⌞（裁剪工具），裁去图像的边缘区域。此时图像的效果如图 11.66 所示。

Step 17 在工具栏中选择 ◯（椭圆选框工具），选择图像的中心区域。在菜单栏上执行【选择】>【修改】>【羽化】命令，设置羽化半径为 30 像素。

Step 18 在菜单栏上执行【选择】>【反向】命令，选择圆形以外的区域。在视图中单击鼠标右键，弹出快捷菜单后选择【通过拷贝的图层】命令，如图 11.67 所示。

Step 19 在【图层】面板上，设置复制图层的混合模式为【颜色加深】，【不透明度】为 75%，观察到此时图形的对比效果加强，如图 11.68 所示。

图 11.65　设置图层混合模式后的效果

图 11.66　裁去图像边缘多余的区域

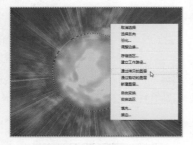

图 11.67　复制圆形区域外的图形

图 11.68　【颜色加深】模式的效果

Step 20 在本例第 11 步骤中，如果将图层的混合模式设置为【差值】，可以得到绿色的放射状光芒。如图 11.69 所示。使用【色相 / 饱和度】命令进行调整，还可得到其他颜色的放射状光芒，如图 11.70 所示。

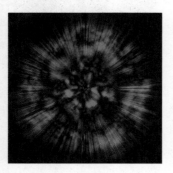

图 11.69　【差值】模式的效果

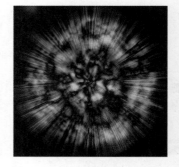

图 11.70　调整色相后的图形效果

11.5　燃烧效果

实例简介

使用 Photoshop 的功能，可以生成火焰的图像效果。在制作火焰的时候我们先观察火焰是怎么生成的：火焰是由焰心、喷射火焰、景深外火苗和近景内火苗构成的。本例通过几种滤镜的配合使用制作明亮的火焰光斑和火苗图像，最终将会得到一幅剧烈燃烧的火焰画面。

最终效果

本例的最终效果如图 11.71 所示。

图 11.71　燃烧的图形效果

操作步骤

Step 01 启动 Photoshop。新建一个文档，将【名称】设置为"火焰"。将【宽度】设置为 1181 像素，【高度】设置为 1181 像素，【背景内容】设置【透明】。

Step 02 通过光照滤镜制作焰心效果。在【图层】面板上单击 ▣（创建新图层）按钮，新建图层【焰心】，使用白色填充新图层。在菜单栏上执行【滤镜】>【渲染】>【光照效果】命令，参数设置如图 11.72 所示。单击【确定】按钮，此时图形效果如图 11.73 所示。

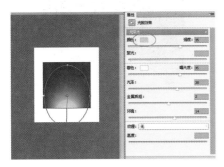

图 11.72　设置【光照效果】参数

图 11.73　执行【光照效果】命令后的图形效果

Step 03 在【图层】面板上单击 ▣（创建新图层）按钮，新建一个图层。在工具栏中选择 ▣ 渐变工具，使用深蓝色至白色的线性渐变色进行填充。

Step 04 在【图层】面板上单击 ▣（创建新图层）按钮，新建一个图层。在菜单栏上执行【滤镜】>【渲染】>【云彩】命令，设置该图层的混合模式为【叠加】，此时图形效果如图11.74所示。

Step 05 在【图层】面板上单击 ≡ 图标，在其下拉菜单中选择【向下合并】命令。将合并后的图层命名为"喷射火焰"，将该图层的混合模式设置为【颜色减淡】。在菜单栏上执行【滤镜】>【渲染】>【分层云彩】命令，在菜单栏上执行【编辑】>【渐隐分层云彩】命令，打开【渐隐】对话框，设置【模式】为【强光】，单击【确定】按钮，此时图形效果如图11.75所示。

图11.74 添加【云彩】滤镜并设置混合模式

图11.75 设置渐隐分层云彩后的图形效果

Step 06 在菜单栏上执行【滤镜】>【锐化】>【USM锐化】命令，打开【USM锐化】对话框。将【数量】设置为185，【半径】设置为9.3，如图11.76所示。单击【确定】按钮。

Step 07 在菜单栏上执行【滤镜】>【其他】>【高反差保留】命令，将【半径】设置为51像素，单击【确定】按钮。在菜单栏上执行【编辑】>【渐隐高反差保留】命令，将【不透明度】设置为32%，【模式】设置为【颜色加深】，如图11.77所示。

图11.76 【USM锐化】对话框

图11.77 执行【渐隐高反差保留】命令

Step 08 在菜单栏上执行【图像】>【调整】>【曲线】命令，打开【曲线】对话框，调整曲线形状，如图11.78所示。

Step 09 复制当前图层，将其命名为"景深外火苗"。在菜单栏上执行【滤镜】>【模糊】>【动感模糊】命令，将【角度】设置为90度，【距离】设置为57，单击【确定】按钮。

Step 10 在菜单栏上执行【编辑】>【自由变换】命令，在选项栏中设置W为40%、H为40%，如图11.79所示。按Enter键确认操作。

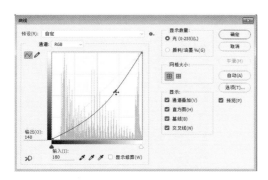

图 11.78 【曲线】对话框

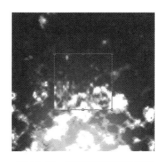

图 11.79 调整为原图的 40%

Step 11 在菜单上栏执行【滤镜】>【素描】>【铬黄】命令,打开【铬黄渐变】对话框,设置【细节】为 4,【平滑度】为 7,如图 11.80 所示。

Step 12 在菜单栏上执行【编辑】>【自由变换】命令,在选项栏中设置 W 为 258%、H 为 258%。在菜单栏上执行【滤镜】>【模糊】>【高斯模糊】命令,设置合适的模糊半径,单击【确定】按钮,图形效果如图 11.81 所示。

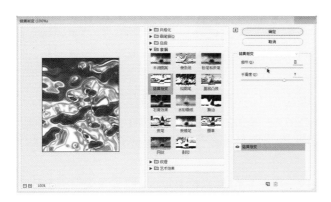

图 11.80 【铬黄渐变】对话框

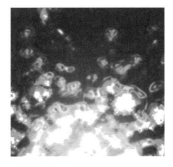

图 11.81 高斯模糊后的效果

Step 13 在菜单栏上执行【滤镜】>【扭曲】>【极坐标】命令,勾选【极坐标到平面坐标】复选框。在菜单栏上执行【编辑】>【变换】>【旋转180度】命令。在【图层】面板上,将该图层的【不透明度】设置为 50%,效果 11.82 所示。

Step 14 在【图层】面板上,单击 ▣ (创建新图层)按钮,新建一个图层。设置前景色为淡黄色,背景色为蓝色。在工具栏中选择 ▣ (渐变工具),按下选项栏中的 ▣ (菱形渐变)按钮,从视图中心向边缘拖动,如图 11.83 所示。

Step 15 在【图层】面板上,单击 ▣ (创建新图层)按钮,新建一个图层。设置前景色为深蓝色、背景色为淡灰色,在菜单栏上执行【滤镜】>【渲染】>【云彩】命令,单击【确定】按钮。

Step 16 在菜单栏上执行【滤镜】>【模糊】>【高斯模糊】命令,设置模糊半径为 21 像素,单击【确定】按钮,如图 11.84 所示。

Step 17 在菜单栏上执行【滤镜】>【素描】>【铬黄】命令,设置【细节】为 5,【平滑度】为 8，如图 11.85 所示。

图 11.82 设置图层不透明度

图 11.83 使用菱形渐变填充图形

图 11.84 添加高斯模糊滤镜效果

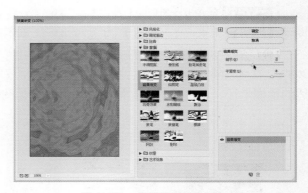

图 11.85 【铬黄渐变】对话框

Step 18 在【图层】面板上，设置当前图层的混合模式为【叠加】。在菜单栏上执行【图层】>【向下合并】命令，合并渐变图层，将其命名为"近景内火苗"。此时图形效果如图 11.86 所示。

Step 19 在菜单栏上执行【滤镜】>【扭曲】>【极坐标】命令，打开【极坐标】对话框。勾选【极坐标到平面坐标】复选框，单击【确定】按钮。

Step 20 在菜单栏上执行【编辑】>【变换】>【旋转 180 度】命令。在【图层】面板上，将该图层的混合模式设置为【叠加】。最终效果如图 11.87 所示。

图 11.86 设置混合模式后合并图层

图 11.87 执行极坐标后设置混合模式

11.6　像素构成的云彩底纹

实例简介

　　有一些这样的图片：远远望去它是一幅有层次的图像，而仔细观察图像细节，却发现该图像是由若干个排列整齐的小的图案构成的。这种图像的艺术形式被称为"像素构成"。本例使用多个方形的马赛克构成云彩的底纹图案。

最终效果

　　本例的最终效果如图 11.88 所示。

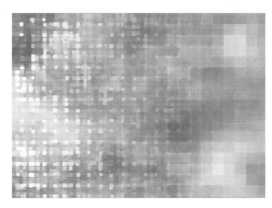

图 11.88　构成云彩的底纹图案

操作步骤

　　Step 01 启动 Photoshop。新建一个文档，将【名称】设置为"绚丽背景"。将【宽度】设置为 800 像素，【高度】设置为 600 像素，【背景内容】设置为白色，【分辨率】设置为 72 像素 / 英寸。

　　Step 02 在【图层】面板上单击 （创建新图层）按钮，新建一个图层。在菜单栏上执行【滤镜】>【渲染】>【云彩】命令，效果如图 11.89 所示。

　　Step 03 在菜单栏上执行【滤镜】>【像素化】>【马赛克】命令，打开【马赛克】对话框，将【单元格大小】设置为 35 方形，如图 11.90 所示。单击【确定】按钮。

图 11.89　设置【云彩】滤镜效果

图 11.90　设置【马赛克】滤镜

Step 04 在【图层】面板上单击 🔲（创建新图层）按钮，新建两个图层。分别在菜单栏上执行【滤镜】>【渲染】>【云彩】命令。再分别在菜单栏上执行【滤镜】>【像素化】>【马赛克】命令，设置【单元格大小】依次为 21 方形、9 方形，单击【确定】按钮，如图 11.91 所示。

Step 05 在【图层】面板上，设置两个图层的混合模式为【柔光】。按住 Shift 键，选择 3 个云彩图层，在菜单栏上执行【图层】>【合并图层】命令，此时图形效果如图 11.92 所示。

图 11.91　设置马赛克【单元格大小】为 9

图 11.92　调整图层混合模式并合并图层

Step 06 复制当前图层。在菜单栏上执行【滤镜】>【风格化】>【查找边缘】命令，此时图形效果如图 11.93 所示。

Step 07 在菜单栏上执行【滤镜】>【风格化】>【照亮边缘】命令，打开【照亮边缘】对话框，设置【边缘宽度】为 2、【边缘亮度】为 4、【平滑度】为 6，如图 11.94 所示。单击【确定】按钮。

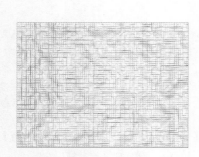

图 11.93　添加【查找边缘】滤镜效果

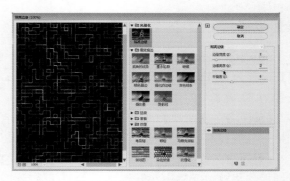

图 11.94　【照亮边缘】对话框

Step 08 使用金黄色填充背景图层。选择副本图层，将其拖动到原图层的下面，设置该图层的混合模式为【滤色】。选择原图层，设置其图层混合模式为【叠加】。此时图形效果如图 11.95 所示。

Step 09 选择复本图层，在【图层】面板上单击 🔲（添加图层蒙版）按钮。在工具栏上选择 🔲（渐变工具），设置前景色为白色、背景色为黑色。在选项栏中按下 🔲（线性渐变）按钮，在视图中从左到右拖出鼠标。此时图形效果如图 11.96 所示。

Step 10 在菜单栏上执行【图层】>【新建调整图层】>【色相/饱和度】命令，打开【属性】面板，如图 11.97 所示。拖动调节滑块调整颜色，最后效果如图 11.98 所示。

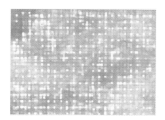

图 11.95　设置图层混合模式

图 11.96　添加图层蒙版效果

图 11.97　【属性】面板

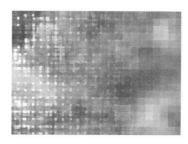

图 11.98　调整颜色后的图形效果

11.7　绚 丽 光 影

实例简介

在平面广告制作中，经常要设计一些绚丽的光影来衬托画面的整体效果。本例将用多个滤镜相互配合制作一个层次丰富的绚丽光影效果。

最终效果

本例的最终效果如图 11.99 所示。

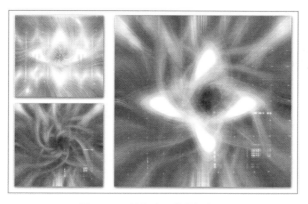

图 11.99　绚丽光彩的最终效果

操作步骤

Step 01 启动 Photoshop。新建一个文档。将【宽度】设置为 1772 像素，【高度】设置为 1772 像素，单击【确定】按钮。使用黑色填充背景。

Step 02 在菜单栏中执行【滤镜】>【艺术效果】>【塑料包装】命令，打开【塑料包装】对话框，参数设置如图 11.100 所示。

Step 03 在菜单栏中执行【滤镜】>【塑料包装】命令，单击【确定】按钮，此时图形效果如图 11.101 所示。

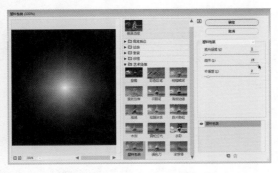

图 11.100　【塑料包装】对话框　　　　　　图 11.101　再次运用【塑料包装】滤镜

Step 04 在菜单栏中执行【滤镜】>【扭曲】>【极坐标】命令，打开【极坐标】对话框，勾选【极坐标到平面坐标】复选框，如图 11.102 所示。

Step 05 复制背景图层。在菜单栏上执行【编辑】>【变换】>【垂直翻转】命令，将复制图层的混合模式设置为【排除】，此时图形效果如图 11.103 所示。在菜单栏上执行【图层】>【向下合并】命令。

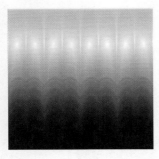
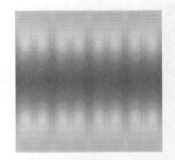

图 11.102　执行【极坐标】滤镜　　　　　　图 11.103　复制图层并设置混合模式

Step 06 在【图层】面板上单击 🔲（创建新图层）按钮，新建【红线】图层。在菜单栏中执行【滤镜】>【渲染】>【云彩】命令。在菜单栏中执行【滤镜】>【像素化】>【铜版雕刻】命令，将【类型】设置为【中等点】，单击【确定】按钮。如图 11.104 所示。

Step 07 在菜单栏中执行【滤镜】>【模糊】>【径向模糊】命令，打开【径向模糊】对话框。勾选【缩放】复选框，单击【确定】按钮。在菜单栏中执行【滤镜】>【径向模糊】命令，此时图形效果如图 11.105 所示。

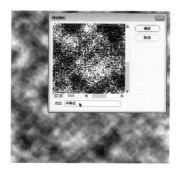

图 11.104　添加【铜版雕刻】滤镜效果

图 11.105　添加【径向模糊】滤镜效果

Step 08 复制当前图层，将其命名为"蓝线"。在菜单栏中执行【滤镜】>【扭曲】>【旋转扭曲】命令，打开【旋转扭曲】对话框，设置【角度】为94，单击【确定】按钮，如图 11.106 所示。

Step 09 在【图层】面板上，设置蓝线图层的混合模式为【变亮】，此时图形效果如图 11.107 所示。

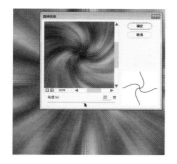

图 11.106　添加【旋转扭曲】滤镜效果

图 11.107　设置复制图层的混合模式

Step 10 复制蓝线图层，将其重新命名为"深蓝线"。在菜单栏上执行【编辑】>【变形】>【水平翻转】命令，此时图形效果如图 11.108 所示。

Step 11 选择红线图层。在菜单栏上执行【图层】>【新建调整图层】>【色彩平衡】命令，使用鼠标向红色方向拖动调节滑块，效果如图 11.109 所示。将该图层的混合模式设置为【强光】。

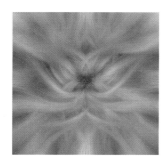

图 11.108　将复制图层水平翻转

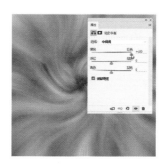

图 11.109　调整复制图形颜色

Step 12 选择蓝线图层，在菜单栏上执行【图层】>【新建调整图层】>【色彩平衡】命令，打开【色彩平衡】对话框，向蓝色方向拖动调节滑块，调整图形效果，如图 11.110 所示。

Step 13 选择深蓝线图层，在菜单栏上执行【图像】>【调整】>【色彩平衡】命令，打开【色彩平衡】对话框，向蓝色方向拖动调节滑块，使用色彩平衡调整浅蓝层和深蓝层，完成所有线条制作如图 11.111 所示。

图 11.110　调整【蓝线】图层效果

图 11.111　调整【深蓝线】图层效果

Step 14 在【图层】面板上单击 🔲（创建新图层）按钮，新建【小圆点】图层，使用黑色进行填充。

Step 15 在【图层】面板上，设置该图层的【混合模式】为【滤色】。在菜单栏上执行【滤镜】>【渲染】>【镜头光晕】命令，打开【镜头光晕】对话框，鼠标拖动镜头光晕的中心点，调整效果如图 11.112 所示。

Step 16 在菜单栏上执行【滤镜】>【扭曲】>【波浪】命令，打开【波浪】对话框。设置【生成器数】为 350，如图 11.113 所示。单击【确定】按钮，观察到图形中出现了网状圆形光点。

图 11.112　添加镜头光晕效果

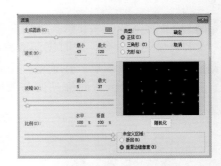

图 11.113　【波浪】对话框

Step 17 制作发光体。在【图层】面板上单击 🔲（创建新图层）按钮，新建一个图层，使用黑色进行填充。在菜单栏上执行【滤镜】>【渲染】>【镜头光晕】命令。在菜单栏上执行【滤镜】>【扭曲】>【切变】命令，打开【切变】对话框，调整曲线形状，如图 11.114 所示。单击【确定】按钮。

Step 18 复制切变图形所在的图层，并设置其图层【混合模式】为【亮光】。按住

Shift 键，选择复制的切变图形图层和原图层，将其合并为一个图层。

Step 19 在菜单栏上执行【图像】>【调整】>【色相/饱和度】命令，打开【色相/饱和度】对话框。勾选【着色】复选框，在【色相】栏拖动调节滑块，将图形颜色调整为蓝色，如图 11.115 所示。

Step 20 拖动复制图层和自曲变换，得到十字形状的发光体。绚丽光影的最终图形效果如图 11.116 所示。试着为背景添加其他装饰效果。

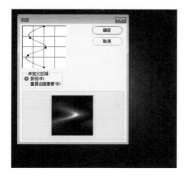

图 11.114　使用【切变】调整图形效果

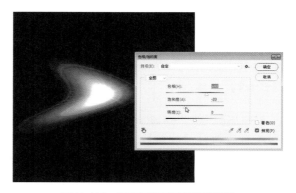

图 11.115　调整复制图形的颜色效果

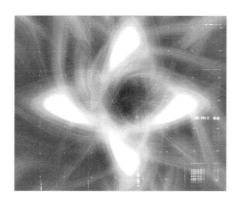

图 11.116　绚丽光影的最终图形效果

11.8　彩色光线

实例简介

　　放射状的线条会使画面产生纵深感。在实际工作中经常要设计一些绚丽的放射状光线来衬托画面。本例将用多个滤镜相互配合制作放射状彩色光线的效果。

最终效果

　　本例的最终效果如图 11.117 所示。

图 11.117　彩色光线的最终效果

操作步骤

Step 01 启动 Photoshop。新建一个文档。将前景色设置为红色，背景色设置为黄色。在菜单栏上执行【滤镜】>【渲染】>【云彩】命令，如图 11.118 所示。

Step 02 在菜单栏上执行【滤镜】>【像素化】>【马赛克】命令，设置【单元格大小】为 15 方形，如图 11.119 所示。单击【确定】按钮。

图 11.118　执行【云彩】滤镜效果

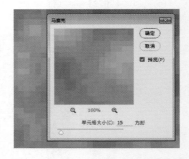

图 11.119　执行【马赛克】滤镜效果

Step 03 在菜单栏上执行【滤镜】>【模糊】>【径向模糊】命令，将【数量】设置为 10，选中【缩放】单选按钮，单击【确定】按钮，如图 11.120 所示。

Step 04 在菜单栏上执行【滤镜】>【风格化】>【浮雕效果】命令，打开【浮雕效果】对话框，参数设置如图 11.121 所示。

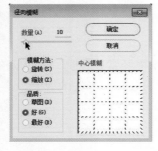

图 11.120　【径向模糊】对话框

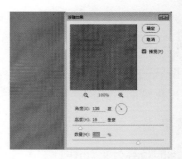

图 11.121　执行【浮雕效果】滤镜

Step 05 在菜单栏上执行【滤镜】>【画笔描边】>【强化的边缘】命令，打开【强化的边缘】对话框，如图 11.122 所示。

Step 06 在菜单栏上执行【滤镜】>【风格化】>【查找边缘】命令。在菜单栏上执行【图像】>【调整】>【反相】命令，此时图形效果如图 11.123 所示。

图 11.122　【强化的边缘】对话框

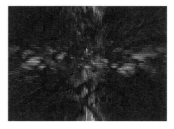

图 11.123　执行【反相】命令后的图形效果

Step 07 在菜单栏上执行【滤镜】>【模糊】>【径向模糊】命令，设置模糊【数量】为 20，单击【确定】按钮。在菜单栏上执行【图像】>【调整】>【色阶】命令，打开【色阶】对话框，如图 11.124 所示。在菜单栏上执行【滤镜】>【模糊】>【径向模糊】命令，设置模糊【数量】为 58，单击【确定】按钮，效果如图 11.125 所示。

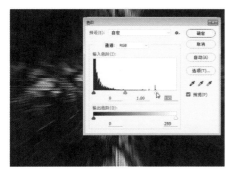

图 11.124　使用【色阶】调整图像

图 11.125　执行【径向模糊】命令后的效果

Step 08 在菜单栏上执行【图像】>【调整】>【色阶】命令。在菜单栏上执行【图像】>【调整】>【反相】命令 3 次。设置相同的模糊半径，在菜单栏上执行【滤镜】>【模糊】>【径向模糊】命令 3 次，此时图形效果如图 11.126 所示。

Step 09 在【图层】面板上单击 ▣（创建新图层）按钮，新建一个图层。在工具栏中选择 ▣（渐变工具），单击颜色示意窗，打开【渐变编辑器】对话框，选择彩虹渐变色，如图 11.127 所示。

Step 10 按下选项栏中的 ▣（对称渐变）按钮，在视图中从右下角向左上角拖动鼠标。设置该图层的混合模式为【颜色】。最终效果如图 11.128 所示。

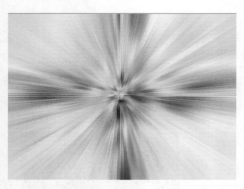

图 11.126　多次径向模糊后的图形效果

图 11.127　【渐变编辑器】对话框

图 11.128　彩色光线的最终效果

第12章　电脑手绘必练10例

　　电脑的手绘功能非常强大，它不仅具有传统绘画工具的所有功能，在很多方面甚至优于传统绘画工具。只是要习惯用电脑来作画需要适应一段时间。很多常年从事美术创作的人员，往往在刚接触电脑绘画时感到力不从心，这实际上是由于不习惯而造成的，并不能因此就认为电脑绘画不如传统绘画。另外，电脑绘画作品可以方便地进行各种修改，比传统绘画更容易满足客户的要求。本章通过实例详细介绍Photoshop的手绘技巧。

12.1　绘制圆柱体和椎柱组合体

实例简介

　　绘画总是先从绘制一些几何体入门的。几何体是构成物体的基本形状。无论结构多么复杂的物体，都可以概括为多种几何体拼成的形状。本例介绍使用■（渐变工具）绘制圆柱体的方法，以及使用【透视】命令将圆柱体进行变形，使之成为圆锥体和椎柱组合体的方法。

实例效果

　　本例的最终效果如图 12.1 所示。

图 12.1　圆柱体和柱体变形的效果

操作步骤

Step 01 启动 Photoshop，新建一幅图像，将背景色设置为深蓝色到蓝色的渐变色，如图 12.2 所示。单击 ▣（创建新图层）按钮，新建一个图层，在工具栏上选择 ▭（矩形选框工具）在图像中建立一个竖长的矩形选区，如图 12.3 所示。

Step 02 在工具栏上选择 ■（渐变工具），在该工具选项栏上单击渐变色示意窗，打开渐变编辑器，拖动色标控制手柄调节渐变色，如图 12.4 所示。满意后单击【确定】按钮。

Step 03 在渐变工具选项栏上单击 ▣（线形渐变）按钮，然后在矩形选区内从左到右拖动鼠标，观察到矩形选区内被渐变色填充，如图 12.5 所示。

图12.2 填充渐变色

图12.3 建立矩形选区

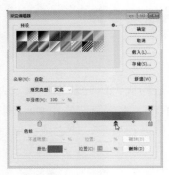

图12.4 设置灰色渐变色

图12.5 填充矩形选区

Step 04 在工具栏上选择 ◯（椭圆选框工具），在视图中建立一个椭圆选区，在菜单栏上执行【选择】>【变换选区】命令，将椭圆选区调整到矩形图像底部，如图 12.6 所示。

Step 05 按住 Shift 键不放，使用 ▢（矩形选框工具）将矩形图像的上部也选择，在菜单栏上执行【选择】>【反向】命令后按 Delete 键，将多余的部分删除，如图 12.7 所示。

图12.6 变换椭圆选区

图12.7 删除多余部分

Step 06 在工具栏上选择 ◯（椭圆选框工具），在视图中建立椭圆选区。在菜单栏上执行【选择】>【变换选区】命令，将椭圆选区调整到矩形图像的顶部，使用灰色进行填充，如图 12.8 所示。

Step 07 在工具栏上分别选择 ◉（加深工具）和 ◉（减淡工具），设置较小的笔刷流量对圆柱体进行调整，使圆柱体的明暗交界线颜色更深一些。这样圆柱体就绘制好了，效果如图 12.9 所示。

图 12.8 填充椭圆选区

图 12.9 绘制完成的圆柱体

Step 08 下面在圆柱体的基础上绘制圆锥体。将圆柱体图层拖动到 ▣（创建新图层）按钮上，复制该图层。激活复制的圆柱体图层，将圆柱体上面的椭圆平面删除。在工具栏上选择 ▣（矩形选框工具），选择圆柱体的柱身，如图 12.10 所示。

Step 09 在菜单栏上执行【编辑】>【变换】>【透视】命令，出现调节框后，拖动调节框左上角的调节控制点，圆柱体的形状发生变化，如图 12.11 所示。

图12.10 选择圆柱体柱身

图12.11 调节控制点

Step 10 将调节框左上角的控制点水平移动到中间，使其与右上角的控制点重合，这样就形成了圆锥体，如图 12.12 所示。按 Enter 键进行确认，这样就利用圆柱体制作出圆锥体。

Step 11 在工具栏上分别选择 ☜（加深工具）和 ☌（减淡工具）进行调整，使圆锥体的立体效果更强，这样圆锥体就绘制完成了，如图 12.13 所示。

图 12.12 圆锥体效果

图 12.13 增强圆锥体立体效果

Step 12 下面利用圆柱体和圆锥体绘制椎柱组合体。在【图层】面板上分别将圆柱体图层、圆锥体图层拖动到 ▣（创建新图层）按钮上，复制圆柱体图层和圆锥体图层。

Step 13 激活复制的圆柱体图层，在菜单栏中执行【编辑】>【变换】>【旋转90度（顺时针）】命令，再执行【编辑】>【变换】>【水平翻转】命令，将圆柱体水平摆放，如图 12.14 所示。

Step 14 在菜单栏中执行【编辑】>【变换】>【自由变换】命令，调节圆柱体的形状，将其变得细长，如图 12.15 所示。满意后按 Enter 键确认操作。

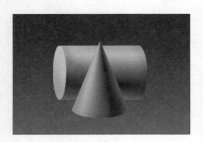
图 12.14　将圆柱体水平放置

图 12.15　调整圆柱体形状

Step 15 将圆柱体图层的不透明度降低，并移动到合适的位置。在工具栏上选择 ✐（钢笔工具）绘制两者交界区域的形状，如图 12.16 所示。

Step 16 在视图中单击右键，在弹出的快捷菜单中执行【建立选区】命令，将路径转化为选区，恢复图层的不透明度，如图 12.17 所示。再按 Delete 键将选区中的图像删除。

图 12.16　绘制交界区域

图 12.17　将路径转换为选区

Step 17 将圆柱体和圆锥体图层拼合，这样椎柱组合体就合成了，如图 12.18 所示。在工具栏上分别选择 ✋（加深工具）和 🔎（减淡工具）进行调整，使其立体效果进一步增强，最终效果如图 12.19 所示。

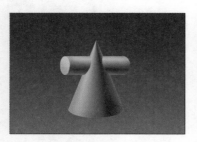
图 12.18　组合成椎柱组合体

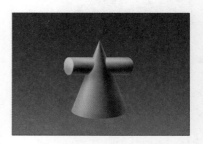
图 12.19　增强椎柱组合体的立体效果

Photoshop CC

Step 18 下面绘制几何体的阴影。在工具栏中选择 ✛ （移动工具）调整各个几何体的位置，如图 12.20 所示。

Step 19 在【图层】面板上将圆锥体图层拖动到 ⬚ （创建新图层）按钮上复制该图层，按住 Ctrl 键，单击复制图层的缩览图获取选区，用黑色进行填充，效果如图 12.21 所示。

图 12.20　调整几何体位置

图 12.21　复制图层并填充黑色

Step 20 在菜单栏中执行【编辑】>【变换】>【扭曲】命令，拖动角控制点将填充为黑色的圆锥体变换为阴影的形状，如图 12.22 所示。

Step 21 在菜单栏上执行【滤镜】>【模糊】>【高斯模糊】命令，调整阴影的模糊效果；在【图层】面板上降低阴影的不透明度，效果如图 12.23 所示。

图 12.22　变换为阴影形状

图 12.23　调整圆锥体的阴影

> 说明：有时物体的阴影会同时投射到地面和其他物体上，使阴影产生强烈的变形，这时就需要使用 ✎ （画笔工具）同时配合 ⬛ （橡皮擦工具）来对阴影的一部分进行修改绘制。此外还可以使用【动感模糊】滤镜制作阴影和倒影投射到不同材质上的效果。

Step 22 将圆柱体和椎柱组合体图层进行复制。并将复制图层中的选区填充为黑色作为阴影，如图 12.24 所示。

Step 23 在菜单栏中执行【编辑】>【变换】>【扭曲】命令，拖动角控制点调整阴影图形的形状；在菜单栏上执行【滤镜】>【模糊】>【高斯模糊】命令，调整阴影的模糊效果；在【图层】面板上调整阴影图层的不透明度，效果如图 12.25 所示。

Step 24 下面制作倒影。再次将 3 个几何体图层进行复制，在菜单栏中执行【编辑】>【变换】>【垂直翻转】命令，将 3 个复制的图层进行垂直翻转。将复制图层垂直放置在原图层的下方，降低复制图层的不透明度，效果如图 12.26 所示。

Step 25 在工具栏上选择 ⬛ （橡皮擦工具），设置柔角笔刷和较小的笔刷流量，在倒影的下部反复擦拭，让倒影产生渐隐的效果，如图 12.27 所示。

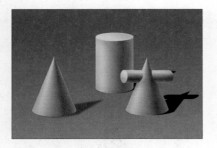

图 12.24　将复制图层填充为黑色

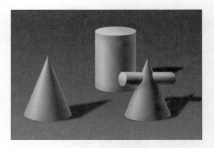

图 12.25　圆锥体阴影的最终效果

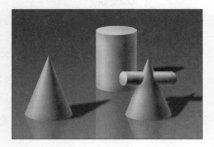

图 12.26　复制图层并垂直翻转

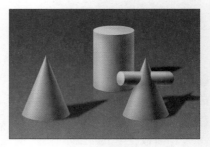

图 12.27　几何体的倒影效果

12.2　绘制纸杯

实例简介

前面已经学习了圆柱体、圆锥体等基本几何体的绘制方法，本节将用前面所学的内容绘制一个生活中常见的纸杯，▣（渐变工具）、【透视】命令、【切变】滤镜等是将要用到的工具和命令。

实例效果

本例的最终效果如图 12.28 所示。

图 12.28　纸杯的最终效果

操作步骤

Step 01 启动 Photoshop，新建一幅图像，将背景填充为灰褐色。在工具栏上选择 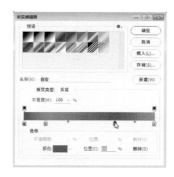 （渐变工具），在该工具的选项栏上单击渐变色示意窗，打开渐变编辑器，拖动色标控制手柄设置一个深蓝色的渐变效果，如图 12.29 所示。满意后单击【确定】按钮。

Step 02 在【图层】面板上单击  （创建新图层）按钮，新建一个图层。在工具栏上选择 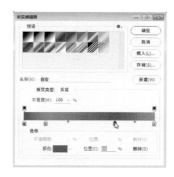 （矩形选框工具），创建一个竖长的矩形选区，使用 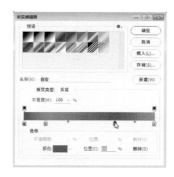 （渐变工具）将选区填充为深蓝色渐变色，效果如图 12.30 所示。

图 12.29　设置渐变色　　　　　　　　　图 12.30　填充渐变色

Step 03 取消选区。在菜单栏上执行【编辑】>【变换】>【透视】命令，拖动右下角的调节控制点使矩形下方收拢，如图 12.31 所示。按 Enter 键确认操作。

Step 04 在工具栏上选择  （椭圆选框工具），在纸杯图形上方拖出一个椭圆作为杯口。在菜单栏上执行【编辑】>【描边】命令，弹出【描边】对话框，设置描边【宽度】为 8 像素，【颜色】为浅灰绿色，在【位置】选项栏中勾选【居中】复选框，单击【确定】按钮，效果如图 12.32 所示。

图 12.31　使矩形下面收拢　　　　　　　图 12.32　对选框进行描边

Step 05 在工具栏中选择 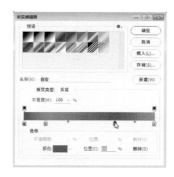 （渐变工具），在选项栏上单击渐变色示意窗，打开渐变编辑器，拖动色标控制手柄设置一个纸灰色的渐变，如图 12.33 所示。

Step 06 满意后单击【确定】按钮。在工具栏中选择 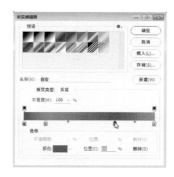 （渐变工具），在椭圆选区内从左至右拖动鼠标，此时图形效果如图 12.34 所示。

Step 07 在菜单栏上执行【选择】>【变化选区】命令，将椭圆选区缩小后移动到杯底的位置，按住 Shift 键，将杯身部分加入选区，如图 12.35 所示。

Step 08 在菜单栏上执行【选择】>【反向】命令，按 Delete 键删除杯底多余的部分。在工具栏上选择 ✏️ （魔棒工具），将纸杯上部的多余部分选择，按 Delete 键删除，如图 12.36 所示。这样简单的纸杯形体就制作完成了。

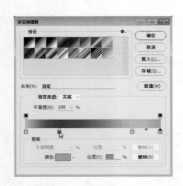

图 12.33　设置纸灰色渐变

图 12.34　填充椭圆选区

图 12.35　添加杯身选区

图 12.36　删除多余部分

Step 09 在工具栏上选择 ☐ （圆角矩形工具），按住 Shift 键，在图像中拖出一个正方的圆角矩形。在工具栏上选择 ▸ （路径选择工具），按住 Alt 键，将圆角矩形复制多个，如图 12.37 所示。

Step 10 在图像中单击鼠标左键，取消单个路径的选择。单击鼠标右键，在弹出的快捷菜单中选择【转换为选区】命令，观察到所有路径同时被转换为选区。在【图层】面板上单击 🔲 （创建新图层）按钮新建一个图层，将选区填充为白色，如图 12.38 所示。

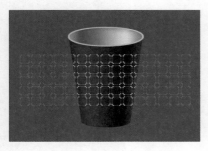

图 12.37　复制多个圆角矩形

图 12.38　填充选区为白色

Step 11 在工具栏上选择 ✏️ （魔棒工具），选择部分白色方块，将其填充为灰色，如图 12.39 所示。

Step 12 在菜单栏上执行【编辑】>【自由变换】命令，将装饰方块缩小并进行 90 度旋转，如图 12.40 所示。调整满意后按 Enter 键确认操作。

图 12.39　填充有灰度的颜色

图 12.40　缩小并进行 90 度旋转

Step 13 在菜单栏上执行【滤镜】>【扭曲】>【切变】命令，在弹出的【切变】对话框中增加控制点，控制好切变线的弧度，如图 12.41 所示。满意后单击【确定】按钮，观察方块图像被按照切变线的方向进行弯曲，如图 12.42 所示。

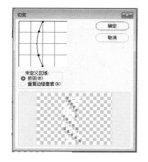

图 12.41　【切变】对话框

图 12.42　应用切变后的图形效果

Step 14 在菜单栏上执行【编辑】>【自由变换】命令，将方格旋转回原来的角度，并适当调整大小，如图 12.43 所示。

Step 15 在菜单栏中执行【编辑】>【变换】>【透视】命令，根据杯身的形状拖动下面的控制点使下面缩小，如图 12.44 所示。调整完成后按 Enter 键确认操作。

图 12.43　旋转回原来的角度

图 12.44　使用【透视】命令调整

Step 16 在工具栏上选择 （多边形套索工具）将杯身外的方格选择并删除，效果如图 12.45 所示。在【图层】面板上将方格图层的混合模式设置为【叠加】，此时方格图案和杯身一样有了柱体的明暗变化，如图 12.46 所示。

图 12.45　删除多余的方格

图 12.46　设置图层混合模式

Step 17 在【图层】面板上单击 按钮，创建新图层。在工具栏上选择 ，在图像中绘制正圆选区，并使用浅褐色到深褐色的径向渐变色进行填充，如图 12.47 所示。

Step 18 在菜单栏上执行【编辑】>【自由变换】命令，调整渐变色图形的形状和大小，使其与杯口大小相符，如图 12.48 所示。

图 12.47　填充正圆渐变

图 12.48　压扁图形并调整大小

Step 19 在工具栏上选择 ，将杯口外的渐变色图形选择并删除，如图 12.49 所示。

Step 20 在菜单栏上执行【滤镜】>【扭曲】>【玻璃】命令，打开【玻璃】对话框，设置滤镜参数，如图 12.50 所示。

图 12.49　删除纸杯外多余部分

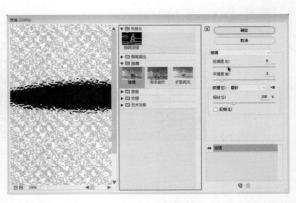

图 12.50　设置【玻璃】滤镜参数

Step 21 单击【确定】按钮，观察到杯中饮料图案的边缘出现颗粒状的效果，如图 12.51 所示。在工具栏上选择 ⊘（加深工具）和 🔍（减淡工具）对图像进行细致的修改，并为纸杯制作阴影和倒影。设置渐变色背景后的效果如图 12.52 所示。

图 12.51　【玻璃】滤镜效果

图 12.52　纸杯最终效果

12.3　球体的绘制

实例简介

　　球体是基本几何形体中的一种，它是最能表现光影的一种几何体。本例介绍通过设置渐变色并使用 ▣（渐变工具）绘制石膏球体的方法。

实例效果

　　本例的最终效果如图 12.53 所示。

图 12.53　绘制的石膏球体

操作步骤

Step 01 启动 Photoshop，新建一幅图像，将背景色设置为深蓝色到蓝色的渐变色。在工具栏上选择 ▣（渐变工具），在选项栏上单击渐变色示意窗，打开【渐变编辑器】对话框，拖动色标设置一个灰度渐变色，如图 12.54 所示。

Step 02 在【图层】面板中单击 ▢（创建新图层）按钮，创建新图层。在工具栏上选择 ⬭（椭圆选框工具），按住 Shift 键，在视图中拖动鼠标绘制正圆选区。在工具栏上选择▣（渐变工具），设置填充方式为▣（径向渐变），从圆形选区内向外拖动鼠标，观察到正圆选区填充后出现球体效果，如图 12.55 所示。

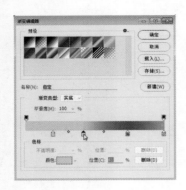

图 12.54 设置渐变色

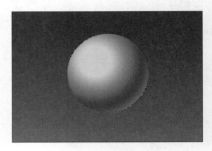

图 12.55 出现球体效果

Step 03 在工具栏上选择❤（加深工具）和🔍（减淡工具），设置较小的笔刷流量对球体进行调整，使球体明暗交界线的效果更明显，如图 12.56 所示。参照以前学习的绘制阴影和倒影的方法为球体添加阴影和倒影，如图 12.57 所示。这样，石膏球体就绘制完成了。

图 12.56 修改石膏球体

图 12.57 绘制阴影和倒影

12.4 变形球绘制蚂蚁

实例简介

在前面的学习内容中我们已经介绍了球体的绘制方法，本例将用多个球体拼接成卡通蚂蚁的形状，并使用◭（橡皮擦工具）进行处理，使衔接处相互融合，从而制作出可爱的卡通蚂蚁效果。

实例效果

本例的最终效果如图 12.58 所示。

图 12.58　球体变形制作的卡通蚂蚁

操作步骤

Step 01 启动 Photoshop，新建一幅【高度】为1400像素、【宽度】为750像素的图像。打开本书配套资源中【素材】>【第12章】文件夹中的配套素材"蚂蚁底稿.jpg"图像文件，将该图像拖动到新建的图像中，如图 12.59 所示。

Step 02 在工具栏上选择▣（渐变工具），在选项栏上单击渐变色示意窗，打开渐变编辑器，拖动色标设置一个橙红色的渐变色，如图 12.60 所示。满意后单击【确定】按钮。

图 12.59　拖入底稿图像

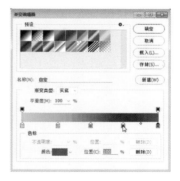

图 12.60　设置渐变色

> **说明：** 拖入底稿图层后，为了防止它被移动，可以在图层面板上的锁定栏单击✛（锁定位置）按钮，这样可以将图层位置锁定，避免移动误操作。

Step 03 在【图层】面板上单击◻（创建新图层）按钮，新建一个图层。在工具栏上选择◯（椭圆选框工具），按住 Shift 键，在视图中绘制正圆选区，并使用设置的渐变色进行填充，效果如图 12.61 所示。

Step 04 在【图层】面板上，复制球体图层，将原图层隐藏备用。激活复制的球体图层，将该图层命名为"身体"，降低【身体】图层的不透明度，观察到通过球体可以看到下方的底稿图层，如图 12.62 所示。

Step 05 在菜单栏上执行【编辑】>【自由变换】命令，根据底稿中蚂蚁头部的大小，调整球体大小和形状，如图 12.63 所示。

Step 06 在选项栏上按下▦（变形模式）按钮，出现网格后拖动鼠标，调节球体形状，使其与下方底稿上蚂蚁的头部形状基本相符，如图 12.64 所示。调整满意后按 Enter 键确认操作。

图 12.61　填充圆形选区

图 12.62　降低图层的不透明度

图 12.63　调整球体的大小和形状

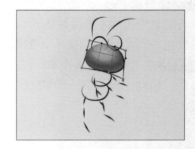

图 12.64　调整头部形状

Step 07 多次复制先前留下备用的球体，重复步骤 5、步骤 6 的操作，制作并修改出其他的身体图形，如图 12.65 所示。在【图层】面板上恢复各图层的不透明度，效果如图 12.66 所示。

图 12.65　制作出身体部分

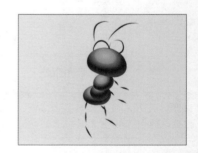

图 12.66　恢复图层的不透明度

Step 08 在工具栏上选择 ✐（橡皮擦工具），设置一个柔性笔刷和较小的笔刷流量，然后在交接的地方反复擦拭，使两端融合，如图 12.67 所示。对于大面积的柔化范围，可以使用蒙版工具进行淡化处理。

Step 09 再次复制两个球体，在工具栏上选择 ✛（移动工具）将它们移动到眼睛的位置，使用【自由变换】命令和 ☝（变形模式）调整它们的大小和形状，如图 12.68 所示。

Step 10 在【图层】面板上单击 ▢（创建新图层）按钮，创建新图层。在工具栏上选择 ○（椭圆选框工具）绘制圆形选区，并使用浅灰色的渐变色进行填充。在菜单栏上执行【编辑】>【自由变换】命令，调整眼睛的大小和位置。使用同样的方法制作出

Photoshop CC

另一侧的眼球，完成后的效果如图 12.69 所示。

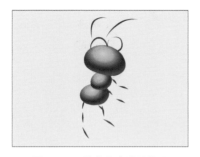

图 12.67　融合各个细节部分

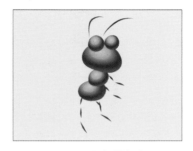

图 12.68　复制两个球体

Step 11 在工具栏上选择 ✐（画笔工具），设置适当的笔刷大小，在白色的眼球上绘制黑色的眼珠和白色的高光点，效果如图 12.70 所示。

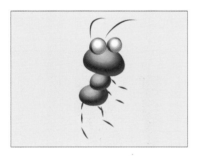

图 12.69　制作两个眼球

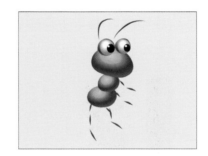

图 12.70　绘制眼珠和高光

Step 12 将身体部分的不透明度再次降低，复制备用的球体。在菜单栏上执行【编辑】>【自由变换】命令，将球体调整为长条状，作为蚂蚁的足肢，效果如图 12.71 所示。将长条状的球体缩小并移动到身体上，调整好位置和角度，效果如图 12.72 所示。

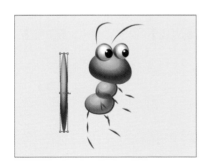

图 12.71　调整球体为长条状

图 12.72　缩小长条部分

Step 13 多次复制备用球体，重复步骤 12 的操作，制作出蚂蚁足肢的其他部分，效果如图 12.73 所示。

Step 14 在工具栏上选择 ✐（橡皮擦工具），设置一个柔性笔刷和较小的笔刷流量，在关节交接的细节地方反复擦拭，使两端融合，如图 12.74 所示。

图 12.73　制作蚂蚁的足肢

图 12.74　使交界地方融合

Step 15 下面制作触角。新建一个图层，在工具栏上选择 ▣（矩形选框工具），在视图中绘制矩形选区。在工具栏上选择 ▣（渐变工具），在选项栏中设置渐变方式为 ▣（线性渐变），使用橙红色渐变色进行填充，如图 12.75 所示。

Step 16 在菜单栏上执行【编辑】>【变换】>【透视】命令，拖动调节控制框下面的调节控制点，将矩形调节为一个倒梯形，效果如图 12.76 所示。

图 12.75　填充矩形选区

图 12.76　调整为倒梯形

Step 17 在菜单栏上执行【编辑】>【自由变换】命令，将倒梯形图形调节为细长形状，如图 12.77 所示。满意后按 Enter 键确认操作。

Step 18 在菜单栏上执行【滤镜】>【扭曲】>【切变】命令，弹出【切变】对话框后调整切变曲线，如图 12.78 所示。

图 12.77　使用【自由变换】命令调整

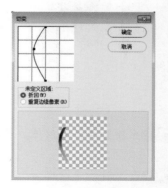

图 12.78　调整切变曲线

Photoshop CC

Step 19 调整完成后单击【确定】按钮，如图 12.79 所示。将制作好的触角进行复制，根据底稿使用 ⊕ （移动工具）将其移动到头顶，置于眼睛图层的下方，效果如图 12.80 所示。

图 12.79　应用【切变】滤镜效果

图 12.80　复制触角并调整好位置

Step 20 至此卡通蚂蚁就绘制完成了，将所有蚂蚁的图层拼合。复制拼合后的蚂蚁图形，在菜单栏上执行【图像】>【调整】>【色相 / 饱和度】命令，拖动调节色标调整蚂蚁的颜色，如图 12.81 所示。

Step 21 打开本书配套资源【素材】>【第 12 章】文件夹中的配套素材 "草丛 .jpg" 图像文件，将其拖动到当前文档中作为背景，并调整两只蚂蚁的大小，最终效果如图 12.82 所示。

图 12.81　复制蚂蚁并改变颜色

图 12.83　卡通蚂蚁的最终效果

12.5　手绘光盘

实例简介

　　光盘具有一种特殊的反光性能，原因是镀铝光轨的反射和光学塑料的折射使光谱产生了色散。生活中类似这样的物体还有不少。本例介绍光盘的绘制方法。

实例效果

　　本例的最终效果如图 12.83 所示。

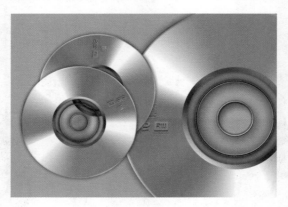

图 12.83　光盘的最终效果

操作步骤

Step 01 启动 Photoshop，新建一幅【宽度】为 1772 像素、【高度】为 1772 像素的图像，将背景色设置为蓝灰色。

Step 02 在【图层】面板上单击 ▣（创建新图层）按钮创建新图层，将其命名为"轮廓线"。在工具栏中选择 ⬭（椭圆选框工具），在视图中绘制正圆选区，使用白色进行填充，如图 12.84 所示。

Step 03 在【图层】面板上调整【填充】为 0。在图层栏上双击鼠标，打开【图层样式】对话框。在【样式】选项栏中，勾选【投影】复选框，设置【不透明度】为 90、【距离】为 5、【大小】为 40，如图 12.85 所示。

图 12.84　绘制正圆并填充白色

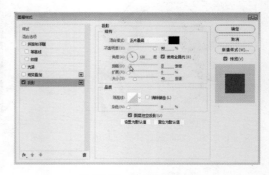

图 12.85　设置投影参数

Step 04 在【样式】选项栏中，勾选【渐变叠加】复选框，打开【渐变叠加】面板，单击【渐变】选项栏右侧的渐变色示意窗，打开【渐变编辑器】对话框，添加调节色标并设置透明度，使其产生光盘的轮廓线效果，如图 12.86 所示。单击【确定】按钮，图形效果如图 12.87 所示。

Step 05 在【图层】面板上单击 ▣（创建新图层）按钮创建新图层，将其命名为"盘面"。按住 Ctrl 键不放，单击【轮廓线】图层示意窗，提取光盘图形选区。

Step 06 激活【盘面】图层，用白色填充选区。将【盘面】图层拖动到【轮廓线】图层的下方，此时图形效果如图 12.88 所示。

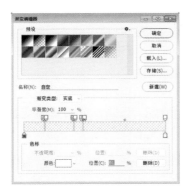

图 12.86 【渐变编辑器】对话框

图 12.87 产生光盘轮廓线效果

Step 07 在菜单栏上执行【选择】>【变换选区】命令，出现调节变换控制框后，同时按住 Shift 键和 Alt 键，将选区等比例缩小，按 Enter 键确认操作，删除选区内的图形，效果如图 12.89 所示。

图 12.88 调整图层顺序

图 12.89 调整选区大小

Step 08 在【盘面】图层栏上双击鼠标，打开【图层样式】面板，勾选【渐变叠加】复选框，打开【渐变叠加】面板。将【样式】设置为【角度】，【角度】设置为 0，单击【渐变】选项栏右侧的渐变色示意窗，打开【渐变编辑器】对话框，设置渐变色效果，如图 12.90 所示。单击【确定】按钮，图形效果如图 12.91 所示。

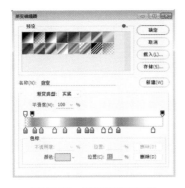

图 12.90 设置渐变色效果

图 12.91 添加图层样式后的效果

Step 09 绘制光盘的边缘。将【盘面】图层拖动到 ▣ （创建新图层）按钮上，复制

【盘面】图层，将其重命名为"边缘"。删除图层样式，恢复填充状态。

Step 10 按住 Alt 键，单击【边缘】图层示意窗，提取图形选区。在菜单栏上执行【选择】>【修改】>【边界】命令，弹出【边界选区】对话框，将【宽度】设置为20，单击【确定】按钮，观察到盘面边缘被选择，如图 12.92 所示。

Step 11 在【图层】面板上单击 ■（添加矢量蒙版）按钮。双击【边缘】图层，打开【图层样式】面板，勾选【渐变叠加】复选框，设置【角度】为56，单击【渐变】选项栏右侧的渐变色示意窗，打开【渐变编辑器】对话框，设置渐变色效果，如图 12.93 所示。

图 12.92 选择边缘选区

图 12.93 设置渐变色效果

Step 12 单击【确定】按钮，此时图形效果如图 12.94 所示。在【图层】面板上单击 （创建新图层）按钮创建新图层，将其命名为"圆孔"。

Step 13 在工具栏上选择 ○（椭圆工具），根据轮廓线绘制中间圆孔的路径，用白色填充路径，效果如图 12.95 所示。

图 12.94 添加图层样式后的图形效果

图 12.95 用白色填充绘制的路径

Step 14 在【圆孔】图层栏上双击鼠标，打开【图层样式】面板。在【样式】选项栏中，勾选【投影】复选框，设置【距离】为20，【大小】为79，如图 12.96 所示。

Step 15 在【样式】选项栏中，勾选【内阴影】复选框，打开【内阴影】面板，设置【距离】为40、【大小】为40，如图 12.97 所示。

Step 16 在【样式】选项栏中，勾选【外发光】复选框，打开【外发光】面板，设置混合模式为【滤色】、【扩展】为20%、【大小】为29 像素，如图 12.98 所示。

Step 17 在【样式】选项栏中，勾选【描边】复选框，打开【描边】面板，设置【大小】为 4 像素、描边【颜色】为灰色，如图 12.99 所示。

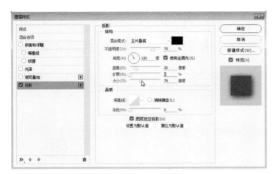

图 12.96　【投影】面板　　　　　　　　　图 12.97　【内阴影】面板

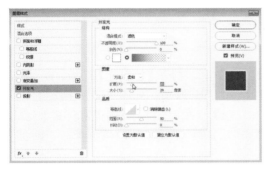
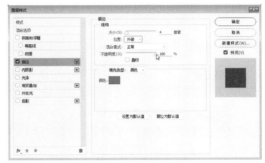

图 12.98　【外发光】面板　　　　　　　　图 12.99　【描边】面板

Step 18 在【样式】选项栏中，勾选【斜面和浮雕】复选框，打开【斜面和浮雕】面板，设置【样式】为【描边浮雕】、【方法】为【雕刻清晰】、【深度】为 260%、【大小】为 4 像素，如图 12.100 所示。

Step 19 单击【确定】按钮，观察到圆孔出现了立体效果。在【图层】面板上设置【填充】为 0，此时图形效果如图 12.101 所示。

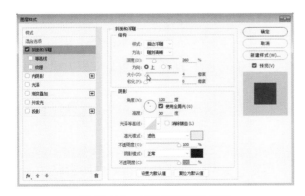

图 12.100　【斜面和浮雕】面板　　　　图 12.101　设置【填充】后的图形效果

Step 20 绘制光盘中间的塑料部分。在【图层】面板上单击 🖿（创建新图层）按

309

钮创建新图层，将其命名为"中间"。在工具栏上选择○（椭圆工具），根据轮廓线绘制中间塑料区域的路径，并用白色填充路径，图形效果如图 12.102 所示。

Step 21 在【中间】图层栏上双击鼠标，打开【图层样式】对话框。在【样式】选项栏中，勾选【内阴影】复选框，设置【距离】为 13、【大小】为 90，如图 12.103 所示。

图 12.102　绘制塑料区域路径

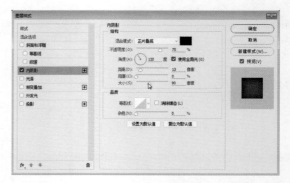

图 12.103　【内阴影】面板

Step 22 在【样式】选项栏中，勾选【外发光】复选框，打开【外发光】面板，设置【混合模式】为【正常】、【扩展】为 60%、【大小】为 10 像素，如图 12.104 所示。

Step 23 在【样式】选项栏中，勾选【斜面和浮雕】复选框，打开【斜面和浮雕】面板，设置【样式】为【描边浮雕】、【方法】为【雕刻清晰】、【深度】为 500%，【大小】为 5 像素，如图 12.105 所示。

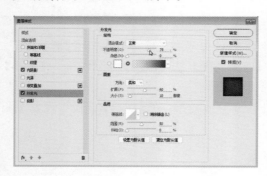

图 12.104　【外发光】面板

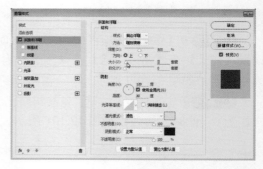

图 12.105　设置【斜面和浮雕】参数

Step 24 在【样式】选项栏中，勾选【描边】复选框，打开【描边】面板，设置【大小】为 4 像素，如图 12.106 所示。

Step 25 单击【确定】按钮。在【图层】面板上设置【填充】为 0，观察到光盘中间出现了塑料效果，如图 12.107 所示。

Step 26 在【图层】面板上单击 □（创建新图层）按钮创建新图层，将其命名为"盘面内阴影"。在工具栏上选择○（椭圆工具），根据轮廓线绘制盘面内阴影路径，并用白色填充路径，图形效果如图 12.108 所示。

Step 27 在【盘面内阴影】图层栏上双击鼠标，打开【图层样式】对话框。在【样式】选项栏中，勾选【内阴影】复选框，设置【阻塞】为 30、【大小】为 65，如图 12.109 所示。

Photoshop CC

图 12.106　【描边】面板

图 12.107　图形效果

图 12.108　绘制图形路径

图 12.109　【内阴影】面板

Step 28 单击【确定】按钮。在【图层】面板上设置【填充】为 0，此时图形效果如图 12.110 所示。

Step 29 在工具栏中选择 **T**（横排文字工具），在视图中输入合适的文本，添加图层样式后的效果如图 12.111 所示。这样，光盘图形就绘制完成了。

图 12.110　设置【填充】为 0

图 12.111　添加文本后的效果

12.6　绘制掌上游戏机

实例简介

绘画时要把握材质特性才能表现出它们的质感。例如，光滑的金属通常有很强的反光特性，表现在图像上就会呈现出强烈的反差；而塑料的表面也可以制造得很光滑，但由于它是漫反射材料，所以在图像上呈现的反差较小。本例通过绘制掌上游戏机介绍数码产品的绘制方法。

实例效果

本例的最终效果如图 12.112 所示。

图 12.112　PSP 游戏机的最终效果

12.6.1　绘制游戏机主机

操作步骤

Step 01 新建一幅【宽度】为 3000 像素、【高度】为 2000 像素、【分辨率】为 300 像素的图像。

Step 02 在【图层】面板上单击 □（创建新图层）按钮创建新图层，将其命名为"轮廓"。在工具栏中选择 ◊（钢笔工具），在视图中绘制游戏机的外形轮廓，并用黑色填充路径，效果如图 12.113 所示。

Step 03 在【轮廓】图层栏上双击鼠标，打开【图层样式】对话框。在【样式】选项栏下，勾选【渐变叠加】复选框，打开【渐变叠加】面板，设置渐变色为黑色至 30% 黑色，如图 12.114 所示。

图 12.113　绘制并填充路径

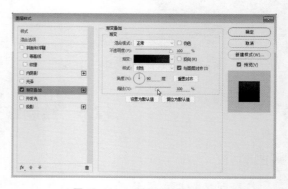

图 12.114　【渐变叠加】面板

Photoshop CC

Step 04 在【样式】选项栏下，勾选【斜面和浮雕】复选框，打开【斜面和浮雕】面板，设置【样式】为【内斜面】、【方法】为【平滑】、【深度】为 170%，如图 12.115 所示。

Step 05 在【样式】选项栏中，勾选【投影】复选框，打开【投影】面板，设置【距离】为 3、【扩展】为 10、【大小】为 15，如图 12.116 所示。

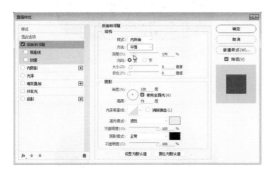

图 12.115　【斜面和浮雕】面板

图 12.116　【投影】面板

Step 06 在【样式】选项栏中，勾选【描边】复选框，打开【描边】面板，设置【大小】为 5 像素，如图 12.117 所示。单击【确定】按钮，观察到图形出现初步的立体效果，如图 12.118 所示。

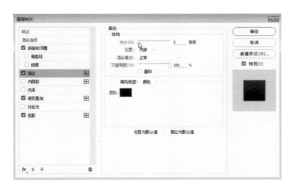

图 12.117　【描边】面板

图 12.118　图形出现立体效果

Step 07 在【图层】面板上单击 （创建新图层）按钮创建新图层，将其命名为"高光面"。在工具栏中选择 （钢笔工具），在视图中绘制高光区域的面路径，如图 12.119 所示。

Step 08 在工具栏中选择 （路径选择工具），分别选择绘制的路径，单击鼠标右键，弹出快捷菜单后选择【建立选区】命令，设置羽化半径为 0 像素，单击【确定】按钮。在工具栏中选择 （渐变工具）为选区填充合适的渐变色，效果如图 12.120 所示。

Step 09 在【图层】面板上单击 （创建新图层）按钮创建新图层，将其命名为"屏幕"。在工具栏上选择 （矩形工具）绘制长方形路径作为游戏机的真彩屏幕，并用白色填充路径，效果如图 12.121 所示。

Step 10 在【屏幕】图层栏上双击鼠标，打开【图层样式】对话框。在【样式】选项栏中，勾选【渐变叠加】复选框，打开【渐变叠加】面板，设置【渐变】为深蓝色至浅蓝色的渐变效果，如图 12.122 所示。

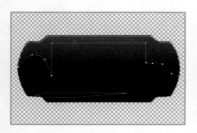

图 12.119　绘制高光区域路径

图 12.120　填充渐变色后的效果

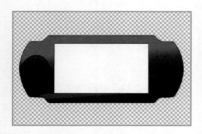

图 12.121　绘制并填充路径

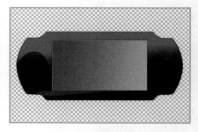

图 12.122　【渐变叠加】面板

Step 11 在【样式】选项栏中，勾选【内阴影】复选框，打开【内阴影】面板，设置【角度】为 120、【大小】为 65，如图 12.123 所示。

Step 12 在【图层】面板上单击 🔲（创建新图层）按钮创建新图层，将其命名为"屏幕反光"。在工具栏中选择 ✐（钢笔工具），在视图中绘制屏幕反光路径，并用白色填充路径。在【图层】面板上设置【不透明度】为 15%，此时图形效果如图 12.124 所示。

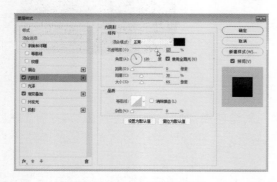

图 12.123　【内阴影】面板

图 12.124　制作屏幕反光面

Step 13 为屏幕制作像素点。在【图层】面板上单击 🔲（创建新图层）按钮创建新图层，将其命名为"像素点"。按住 Ctrl 键，单击【屏幕】图层示意窗口，提取屏幕图形选区。单击【像素点】图层，用灰色填充选区，效果如图 12.125 所示。

Step 14 在菜单栏上执行【滤镜】>【像素化】>【彩色半调】命令，设置所有【通道】数值为 0。在菜单栏上执行【滤镜】>【其他】>【最大值】命令，在【图层】面板上设置【不透明度】为 10%，此时图形效果如图 12.126 所示。

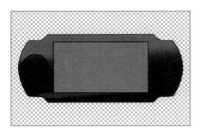

图 12.125　提取屏幕选区并填充颜色

图 12.126　添加像素点后的图形效果

Step 15 在【图层】面板上单击 ▣ （创建新图层）按钮创建两个新图层，将其分别命名为"左按钮底座""右按钮底座"。在工具栏上选择 ◯（椭圆工具），在游戏机两侧绘制正圆作为按钮底座路径，如图 12.127 所示。

Step 16 激活【左按钮底座】图层，在工具栏中选择 ▶（路径选择工具），选择左侧路径，单击鼠标右键并选择【建立选区】命令，用渐变色填充选区；激活【右按钮底座】图层，在工具栏中选择 ▶（路径选择工具），选择右侧路径，单击鼠标右键，用黑色填充子路径，如图 12.128 所示。

图 12.127　绘制按钮底座路径

图 12.128　填充路径后的效果

Step 17 取消路径选择。在【左按钮底座】图层栏上双击，打开【图层样式】对话框。勾选【内阴影】复选框，打开【内阴影】面板，将【混合模式】设置为【正常】，阴影颜色设置为白色，如图 12.129 所示。

Step 18 在【样式】选项栏中，勾选【斜面和浮雕】复选框，打开【斜面和浮雕】面板，将【大小】和【软化】均设置为 0，如图 12.130 所示。

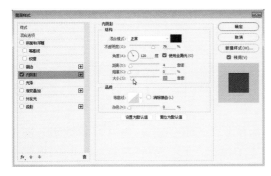

图 12.129　【内阴影】面板

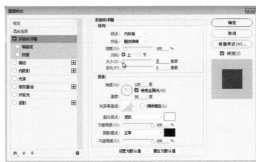

图 12.130　【斜面和浮雕】面板

Step 19 在【右按钮底座】图层上双击，打开【图层样式】对话框。勾选【内阴影】复选框，打开【内阴影】面板，将【混合模式】设置为【正常】，阴影颜色设置为白色，【距离】设置为 2，如图 12.131 所示。

Step 20 单击【确定】按钮，观察到左右按钮底座都出现了立体效果，如图 12.132 所示。

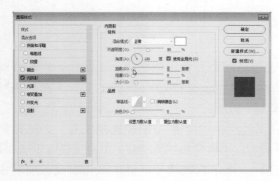

图 12.131 【内阴影】面板

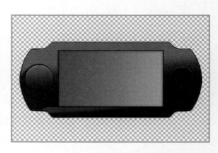

图 12.132 按钮出现立体效果

Step 21 绘制方向键。在【图层】面板上单击 （创建新图层）按钮创建新图层，将其命名为"方向按钮"。在工具栏中选择 （钢笔工具），在视图中绘制方向按钮路径，并用黑色填充路径，如图 12.133 所示。

Step 22 在【方向按钮】图层栏上双击，打开【图层样式】对话框。在【样式】选项栏中，勾选【斜面和浮雕】复选框，打开【斜面和浮雕】面板。将【深度】设置为 80%、【大小】设置为 24、【软化】设置为 0，如图 12.134 所示。

图 12.133 绘制方向按钮路径

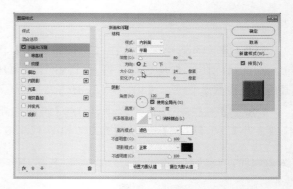

图 12.134 【斜面和浮雕】面板

Step 23 在【样式】选项栏中，勾选【光泽】复选框，打开【光泽】面板。将【混合模式】设置为【正常】，效果颜色设置为【白色】，【距离】设置为 91，【大小】设置为 131，如图 12.135 所示。

Step 24 单击【确定】按钮，观察到按钮出现反光立体效果。将【方向按钮】图层拖动到 （创建新图层）按钮上，复制 3 个方向按钮图形。调整复制图形的位置和光泽效果，使其排列成上下左右的形状，如图 12.136 所示。按住 Shift 键，选择合并所有方向按钮图层。

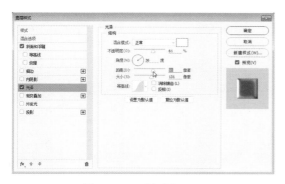

图 12.135　【光泽】面板

图 12.136　复制并调整图形位置

Step 25　绘制功能按键。在【图层】面板上单击 ▣ (创建新图层) 按钮创建新图层，将其命名为"功能按钮"。在工具栏中选择 ◯ (椭圆工具)，绘制一个正圆作为功能按钮的路径，并使用黑色填充路径，如图 12.137 所示。

Step 26　在【功能按钮】图层栏上双击鼠标，打开【图层样式】对话框。在【样式】选项栏中，勾选【斜面和浮雕】复选框，打开【斜面和浮雕】面板。将【大小】设置为 3，【软化】设置为 0，如图 12.138 所示。

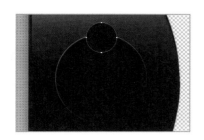

图 12.137　绘制并填充路径

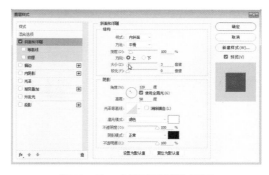

图 12.138　【斜面和浮雕】面板

Step 27　在【样式】选项栏中，勾选【渐变叠加】复选框，打开【渐变叠加】面板。设置【渐变】为黑色到 50% 黑色的渐变效果，如图 12.139 所示。

Step 28　在【样式】选项栏中，勾选【描边】复选框，打开【描边】面板。将【大小】设置为 5，【填充类型】设置为【渐变】，【缩放】设置为 100%，如图 12.140 所示。

Step 29　单击【确定】按钮，此时图形效果如图 12.141 所示。在【图层】面板上单击 ▣ (创建新图层) 按钮创建新图层，将其命名为"半圆按钮"。在工具栏中选择 ✎ (钢笔工具) 绘制一个光滑的半圆形，并用黑色填充路径，如图 12.142 所示。

Step 30　在【半圆按钮】图层栏上双击，打开【图层样式】对话框。在【样式】选项栏中，勾选【斜面和浮雕】复选框，打开【斜面和浮雕】面板。将【大小】设置为 5，【软化】设置为 0，如图 12.143 所示。

Step 31　勾选【渐变叠加】复选框，打开【渐变叠加】面板。将【渐变】设置为 50% 黑色到黑色的渐变效果，【角度】设置为 -86，如图 12.144 所示。

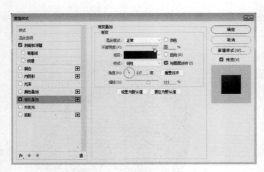

图 12.139 【渐变叠加】面板

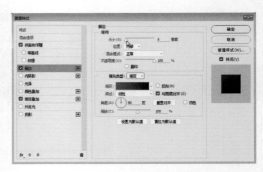

图 12.140 【描边】面板

图 12.141 功能按钮的立体效果

图 12.142 绘制并填充半圆按钮路径

图 12.143 【斜面和浮雕】面板

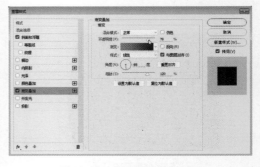

图 12.144 【渐变叠加】面板

Step 32 在【样式】选项栏中，勾选【描边】复选框，打开【描边】面板。将【填充类型】设置为【渐变】、【缩放】设置为 20%，如图 12.145 所示。

Step 33 按住 Shift 键，选择【半圆按钮】图层和【功能按钮】图层，将其合并为一个图层，复制 3 个合并后的按钮图形。在工具栏中选择 ✛（移动工具），将复制的按钮图形放置在合适的位置，如图 12.146 所示。

Step 34 在【图层】面板上单击 ⬛（创建新图层）按钮，创建新图层，将其命名为"大按钮"。在工具栏中选择 ✎（钢笔工具），在游戏机左下方绘制半圆路径，并用黑色填充路径，如图 12.147 所示。

Step 35 在【大按钮】图层栏上双击，打开【图层样式】对话框。在【样式】选项栏中，勾选【斜面和浮雕】复选框，打开【斜面和浮雕】面板。将【深度】设置为 74%、【方向】设置为【上】，如图 12.148 所示。

图12.145 【描边】面板

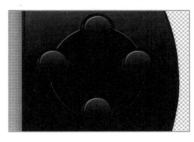

图12.146 功能按钮的最后形状

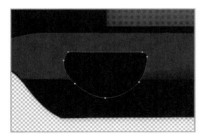

图12.147 绘制并填充大按钮路径

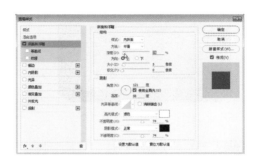

图12.148 【斜面和浮雕】面板

Step 36 在【样式】选项栏中，勾选【渐变叠加】复选框，打开【渐变叠加】面板。将【渐变】设置为黑色到50%黑色的渐变效果，【角度】设置为117，如图12.149所示。

Step 37 在【样式】选项栏中，勾选【描边】复选框，打开【描边】面板。将【大小】设置为1，【填充类型】设置为【渐变】，【缩放】设置为150%，如图12.150所示。

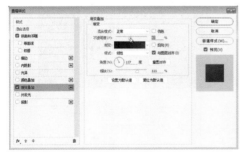

图12.149 【渐变叠加】面板

图12.150 【描边】面板

Step 38 单击【确定】按钮，此时图形效果如图12.151所示。多次复制【大按钮】图形，将其排列在游戏机下方合适的位置，如图12.152所示。

Step 39 制作音洞。在【图层】面板上单击 ▣ （创建新图层）按钮创建新图层，将其命名为"音洞"。在工具栏中选择 ▢ （矩形工具），在游戏机屏幕上方绘制矩形路径，并用50%灰色填充路径，如图12.153所示。

Step 40 在菜单栏上执行【滤镜】>【像素化】>【彩色半调】命令，打开【彩色半调】对话框，设置【最大半径】为12，如图12.154所示。

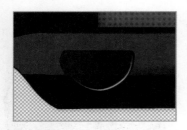

图 12.151　大按钮图形的最后效果

图 12.152　复制按钮并调整位置

图 12.153　绘制音洞路径并填充灰色

图 12.154　【彩色半调】对话框

Step 41 单击【确定】按钮，此时图形效果如图 12.155 所示。在菜单栏上执行【滤镜】>【其他】>【最大值】命令，将【半径】设置为 1，单击【确定】按钮。

Step 42 在菜单栏上执行【选择】>【色彩范围】命令，将取样颜色设置为白色，【颜色容差】设置为 200，单击【确定】按钮。按 Delete 键删除白色区域，此时图形效果如图 12.156 所示。这样，音洞就制作完成了。

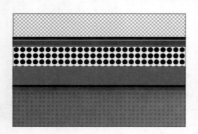

图 12.155　添加滤镜后的图形效果

图 12.156　音洞的最终图形效果

Step 43 在【图层】面板上单击 🖿（创建新图层）按钮，创建新图层，将其命名为"小喇叭"。在工具栏中选择 ⬭（椭圆工具），在游戏机方向按钮下方绘制正圆路径，并用 50% 灰色填充路径，如图 12.157 所示。

Step 44 在菜单栏上执行【滤镜】>【像素化】>【彩色半调】命令，设置【最大半径】为 5，单击【确定】按钮；在菜单栏上执行【滤镜】>【其他】>【最大值】命令，将【半径】设置为 1，单击【确定】按钮。

Step 45 在菜单栏上执行【选择】>【色彩范围】命令，将取样颜色设置为白色，单击【确定】按钮。按 Delete 键删除白色区域，此时图形效果如图 12.158 所示。这样，小喇叭就制作完成了。

Step 46 制作文字效果。在工具栏中选择 **T**（横排文字工具）和 ✐（钢笔工具），为游戏机添加文字和各种指示箭头，最终效果如果 12.159 所示。

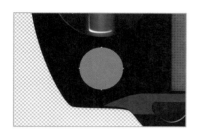

图 12.157　绘制并填充路径

图 12.158　小喇叭的最终效果

图 12.159　输入文字后的游戏机图形效果

12.6.2　绘制游戏机的耳机

操作步骤

Step 01 隐藏所有游戏机图层。在【图层】面板上单击 ▣（创建新图层）按钮创建新图层，将其命名为"耳机底座"。在工具栏中选择 ◯（椭圆工具），在图像中绘制正圆路径，用 50% 灰色填充路径，如图 12.160 所示。

Step 02 在【耳机底座】图层栏上双击，打开【图层样式】对话框。勾选【内阴影】复选框，打开【内阴影】面板，将【角度】设置为 120 度、【距离】设置为 164、【大小】设置为 250，如图 12.161 所示。

图 12.160　绘制并填充路径

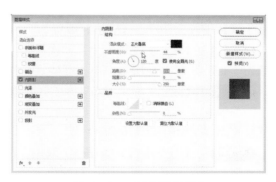

图 12.161　【内阴影】面板

Step 03 在【样式】选项栏中，勾选【斜面和浮雕】复选框，打开【斜面和浮雕】面板。将【大小】设置为 13、【软化】设置为 16、【角度】设置为 30，如图 12.162 所示。

Step 04 在【样式】选项栏中，勾选【渐变叠加】复选框，打开【渐变叠加】面板。将【角度】设置为 117、【缩放】设置为 78%，如图 12.163 所示。

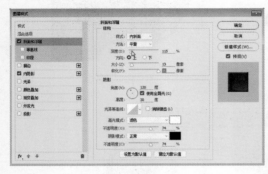

图 12.162 【斜面和浮雕】面板　　　　图 12.163 【渐变叠加】面板

Step 05 单击【确定】按钮，此时图形效果如图 12.164 所示。在【图层】面板上单击 ▣（创建新图层）按钮创建新图层，将其命名为"凹凸"。在工具栏中选择 ◯（椭圆工具），在耳机轮廓图形中心绘制正圆路径，用 50% 灰色填充路径，如图 12.165 所示。

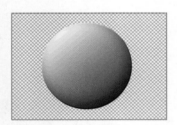

图 12.164 耳机底座图形效果　　　　图 12.165 绘制凹凸图形路径

Step 06 在【凹凸】图层栏上双击，打开【图层样式】对话框。勾选【斜面和浮雕】复选框，打开【斜面和浮雕】面板。将【深度】设置为 355%，【大小】设置为 7，【角度】设置为 153，如图 12.166 所示。

Step 07 在【样式】选项栏中，勾选【渐变叠加】复选框，打开【渐变叠加】面板。将【角度】设置为 147，【缩放】设置为 78%，如图 12.167 所示。

Step 08 在【样式】选项栏中，勾选【描边】复选框，打开【描边】面板。将【大小】设置为 3，如图 12.168 所示。单击【确定】按钮，此时图形效果如图 12.169 所示。

Step 09 在【图层】面板上单击 ▣（创建新图层）按钮创建新图层，将其命名为"凹凸小圆"。在工具栏中选择 ◯（椭圆工具），在凹凸图形中心绘制正圆路径，用 50% 灰色填充路径，如图 12.170 所示。

Step 10 在【凹凸小圆】图层栏上双击，打开【图层样式】对话框。勾选【斜面和浮雕】复选框，打开【斜面和浮雕】面板。将【大小】设置为 5，【角度】设置为 144，如图 12.171 所示。

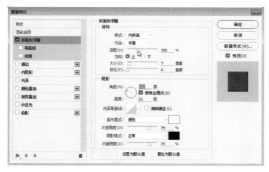

图 12.166　【斜面和浮雕】面板

图 12.167　【渐变叠加】面板

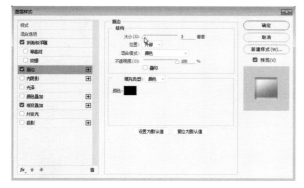

图 12.168　【描边】设置面板

图 12.169　凹凸图形的最终效果

图 12.170　绘制凹凸小圆图形路径

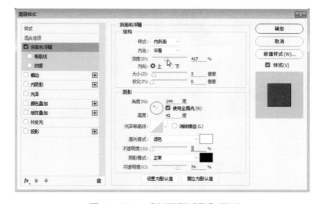

图 12.171　【斜面和浮雕】面板

Step 11 在【样式】选项栏中，勾选【渐变叠加】复选框，打开【渐变叠加】面板。勾选【反向】复选框，将【角度】设置为 -36，【缩放】设置为 78%，如图 12.172 所示。单击【确定】按钮，此时图形效果如图 12.173 所示。

Step 12 在【图层】面板上单击 ⬛（创建新图层）按钮创建新图层，将其命名为"小按钮"。在工具栏上选择 ✍（钢笔工具），在耳机图形右侧绘制小按钮路径，用 50% 灰色填充路径，如图 12.174 所示。

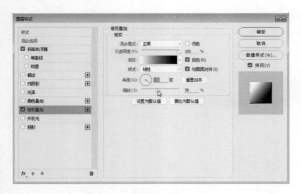

图 12.172 【渐变叠加】面板

图 12.173 凹凸小圆的图形效果

Step 13 在【小按钮】图层栏上双击，打开【图层样式】对话框。勾选【斜面和浮雕】
复选框，打开【斜面和浮雕】面板。将【大小】设置为8，勾选【等高线】复选框，如
图 12.175 所示。

图 12.174 绘制小按钮图形路径

图 12.175 【斜面和浮雕】面板

Step 14 单击【确定】按钮，观察到小按钮图形出现了立体效果，如图 12.176 所示。
复制小按钮图形，在菜单栏上执行【编辑】>【变换】>【垂直翻转】命令，在工具栏
中选择 ✛（移动工具），将复制的小按钮图形放置在原图形的上侧，如图 12.177 所示。

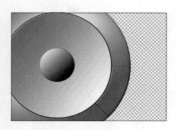

图 12.176 小按钮图形的立体效果

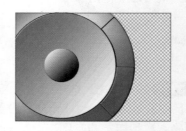

图 12.177 复制并调整小按钮图形的位置

Step 15 在【图层】面板上单击 ◔（创建新图层）按钮创建新图层，在工具栏中选择
◮（钢笔工具），在耳机图形上绘制按钮功能标识，并用白色填充路径，如图 12.178 所示。
Step 16 在【图层】面板上单击 *fx.*（添加图层样式）按钮，在弹出的下拉选项中选

Photoshop CC

择【斜面和浮雕】选项，最终图形效果如图 12.179 所示。

图 12.178　绘制按钮功能标识

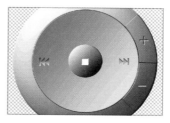

图 12.179　添加图层样式效果

Step 17 绘制线的连接管。在【图层】面板上单击 🔲（创建新图层）按钮创建新图层，将其命名为"连线管 1"。在工具栏中选择 🖊（钢笔工具），在耳机图形中间绘制连接管路径。单击鼠标右键并选择【建立选区】命令，用黑色到 70% 灰色填充选区，效果如图 12.180 所示。

Step 18 在【图层】面板上单击 🔲（创建新图层）按钮创建新图层，将其命名为"连线管 2"。在工具栏中选择 🔲（圆角矩形工具），在视图中绘制一个长的圆角矩形路径。单击鼠标右键并选择【建立选区】命令，用黑色到 80% 灰色填充选区。调整图层顺序后的效果如图 12.181 所示。

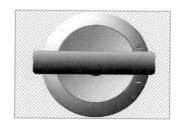

图 12.180　绘制连线管图形

图 12.181　调整图层顺序

Step 19 在【图层】面板上单击 🔲（创建新图层）按钮创建新图层，将其命名为"连线"。在工具栏中选择 🔲（矩形选框工具），在视图中绘制一个长的矩形选区，用黑色到 80% 灰色填充选区，如图 12.182 所示。

Step 20 在菜单栏上选择【编辑】>【变换】>【变形】命令，在选项栏中将变形效果设置为【旗帜】，设置【弯曲】为 100%。再次执行该命令，观察到耳机连线图形出现了自然的弯曲效果，如图 12.183 所示。

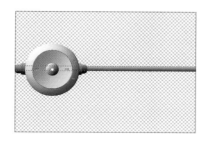

图 12.182　绘制耳机连线图形

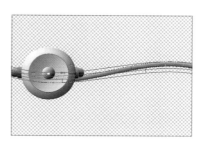

图 12.183　设置连线的弯曲效果

Step 21 在【图层】面板上单击【连线】图层，将其拖动到 ⬛ （创建新图层）按钮上复制连线图形，在菜单栏上执行【编辑】>【变换】>【垂直翻转】命令，调整复制的连线图形的位置，效果如图 12.184 所示。这样，耳机图形就绘制完成了。

Step 22 显示游戏机所有图层。合并所有耳机图层，在菜单栏上选择【编辑】>【自由变换】命令，调整耳机图形的大小和位置，将耳机图形水平翻转后放置在游戏机图形的左侧。添加合适的背景色，最终效果如图 12.185 所示。

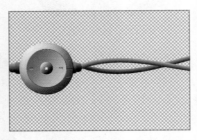

图 12.184 复制连线图形并调整其位置

图 12.185 调整耳机图形位置后的效果

12.7 绘 制 建 筑

实例介绍

本例介绍使用 Photoshop 在绘制建筑方面的应用。同时介绍透视基础及透视参考线的绘制方法。

实例效果

本例的最终效果如图 12.186 所示。

图 12.186 使用 Photoshop 绘制的童话宫殿

12.7.1 透视基础

"透视"是绘画活动中的观察方法和视觉画面空间的术语，通过这种方法可以归纳出视觉空间的变化规律。物体占据的自然空间有一定的大小比例关系，而反映在人的眼睛里，它们所占据的视觉空间就并非符合实际物体的大小比例关系了。用一只眼睛作为固定观察点，准确地将三维空间的静物描绘到二维空间的纸上，得到稳定的具有立体特征的画面空间，就是我们通常所说的"透视图"。从透视图中推导出的物体近大远小的变化规律就是我们通常所说的透视规律。

透视学的研究，始终是围绕着观察点、观察面和观察对象三者的关系进行的，它们是透视过程中必备的、运动的、互为联系的因素。在非学术研究的正式场合我们通常称它们为眼睛、画面和物体。如图 12.187 所示，是眼睛通过透明画面观察立方体的透视示意图。

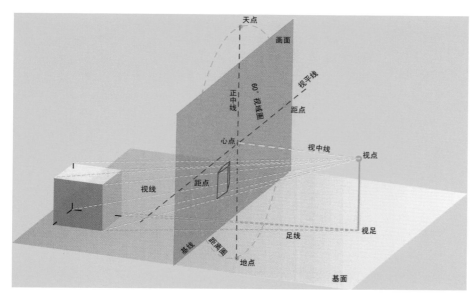

图 12.187　透视形成示意图

视点：眼睛被设定为一个观察点，称为视点。

画面：透明画面被设置为理论画面，就是观察面，我们称之为画面，它是从视点透视物体时所形成的投影形象的载体。

视足：视点对基面的垂直落点（即垂足），也称为足点。

基线：画面与基面的交线。

心点：视点对画面的垂直落点称为心点，是画面视域的中心。

视平线：以心点为枢纽，在画面上绘制一条水平线，在平视时是天空与地平线相接的影线，它代表视点的位置高度，是上下分割画面的基准线。

正中线：以心点为枢纽，在画面上绘制一条垂直线，称为正中线，是左右分割画面的基准线。

视线：视点与物体之间的连线均称作视线。

视中线：视点与心点的连线，是视线中离画面最短、最正的一条，代表视点注视方向和与画面的距离，又称为"视距"。

距离圈：在画面上以心点为圆心、心点到距点的长度为半径所绘制的圆圈称为距离圈。

　　人的视觉感应可以分为能觉范围、能辨范围和最清晰范围。在绘画中的要求是将所有描绘的对象、空间纳入正常的能辨观察范围，其限度是140°视角所构成的视锥被画面相截后获得的视圈。在140°视域圈内物体处于常态透视变化，出了这个范围，物体透视形状就会超常失态而变得不准确，所以通常取景范围应在140°视域圈内。如图12.188所示是视域、画面、物体的透视关系示意图。

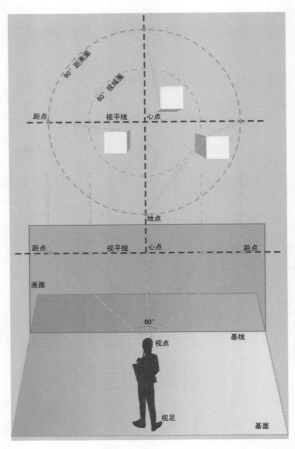

图 12.188　视域、画面、物体的透视关系示意图

　　焦点透视主要有平行透视和成角透视两种，也是我们在绘图时最常用到的两种透视。下面介绍一下这两种透视。

　　平行透视：在140°视域圈中，无论物体在什么位置，只要有一个可视平面与画面平行，物体就和视点、画面构成平行透视关系，物体侧面的水平边棱均与画面垂直，并向画面中心部位纵深延伸、消失。这样，物体在视线的投射下，画面上就会在一个点上形成消失状态的透视图，因此平行透视也称为"平视一点单视域空间透视"，如图12.189所示。

　　成角透视：在140°视域圈中，物体没有一个平面与画面平行，有一条与基面垂直的边棱距画面最近，物体就和视点、画面构成成角透视关系。物体左右两组水平边棱均向心点两侧延伸、消失，在画面中形成两点消失的透视图，如图 12.190 所示。成角透视又称为"平视两点消失单视域空间透视"。

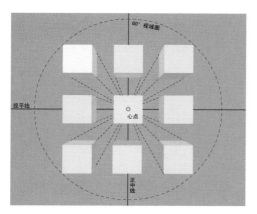

图 12.189　平行透视示意图

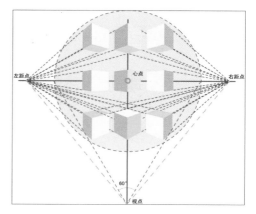

图 12.190　成角透视示意图

我们绘制的房屋的顶部有时是呈斜面或者锥面，如中国传承千年的尖顶房屋和欧式教堂塔楼上的尖顶。

当物体有倾斜的边线时，例如尖顶房屋的斜面，在透视图的观察画面中就会产生倾斜消失。对倾斜平面进行观察的时候，除了坡状边线不变化外，其余边线都和画面产生远近倾斜关系，形成上下消失的透视变化，如图 12.191 所示。

12.7.2　绘制建筑草图

本例将通过绘制一幅哥特式建筑的童话宫殿介绍建筑物的绘制方法。哥特式建筑在外观上的主要特色就是尖顶，加以明亮、高大的彩色玻璃窗，著名的巴黎圣母院、米兰大教堂都是经典的哥特式建筑。下面是本例童话宫殿的详细绘制步骤，首先绘制建筑的草图。

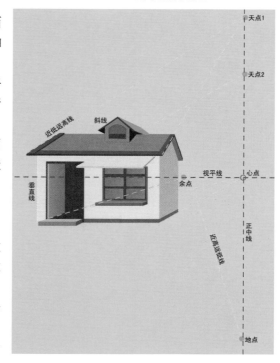

图 12.191　倾斜透视示意图

操作步骤

Step 01 启动 Photoshop。新建一个宽为 3000 像素、高为 2500 像素的图像。

Step 02 前面我们已经学习了透视的基本知识，在工具栏中选择 🖋（钢笔工具），根据成角透视图绘制出宫殿的路径。新建一个名为"线稿"的图层，对绘制好的宫殿路径进行描边将其作为底稿，如图 12.192 所示。

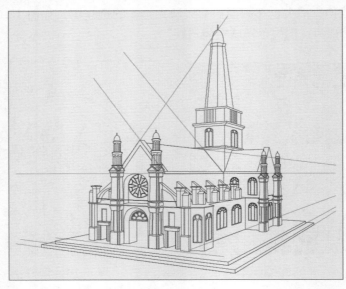

图 12.192　制作宫殿线稿

12.7.3　制作砂岩纹理贴图

在绘制宫殿的墙壁时会用到砂岩纹理贴图。下面使用 Photoshop 的滤镜功能制作砂岩纹理贴图。

操作步骤

Step 01 在【图层】面板上单击 （创建新图层）按钮，创建新图层，在工具栏中选择 （矩形选框），在视图中绘制矩形选区并填充为浅褐色，如图 12.193 所示。

Step 02 在工具栏中将前景色设置为米白色，背景色设置为浅褐色。在菜单栏中执行【滤镜】>【渲染】>【云彩】命令，观察到选区中的图形出现了渲染云彩的效果，如图 12.194 所示。

图 12.193　绘制并填充选区

图 12.194　出现云彩效果

Step 03 在菜单栏上执行【滤镜】>【纹理】>【纹理化】命令，弹出【纹理化】对话框，将图像【纹理】设置为【砂岩】，调整参数，如图 12.195 所示。设置完成后单击【确定】按钮。观察到图像出现了砂岩质感，如图 12.196 所示。

Photoshop CC

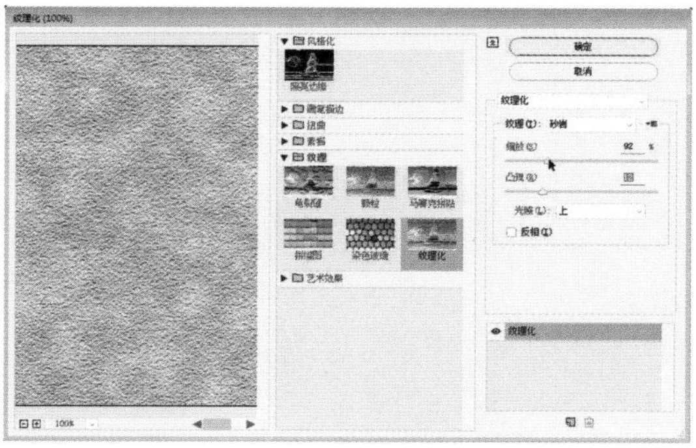

图 12.195　【纹理化】对话框

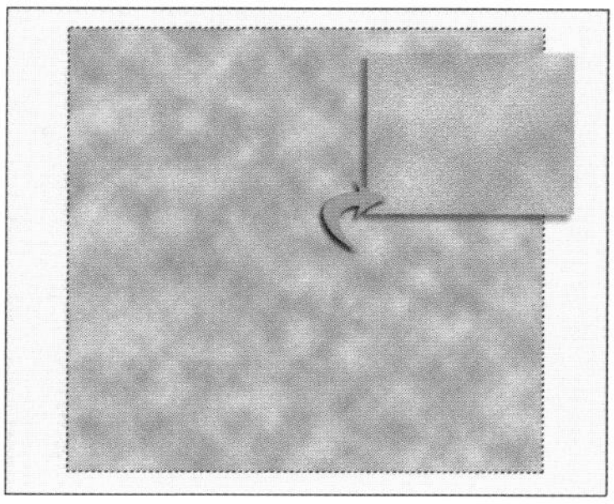

图 12.196　出现砂岩质感

12.7.4　制作门柱

操作步骤

Step 01 在工具栏中选择 （矩形选框工具），在视图中绘制适当大小的选区，按 Ctrl + C 组合键，再按 Ctrl + V 组合键，将选区中的图像复制粘贴到新的图层。

Step 02 将原材质图层隐藏备用。根据线稿在菜单栏上执行【编辑】>【自由变换】命令，调整复制纹理图形的大小；在菜单栏上执行【编辑】>【变换】>【扭曲】命令，拖动调节框的四角，使其与门柱下部石块四角对齐，如图 12.197 所示。

Step 03 重复上一步的操作，复制纹理图层并调整其大小，根据线稿制作出门柱左侧的部分，效果如图 12.198 所示。

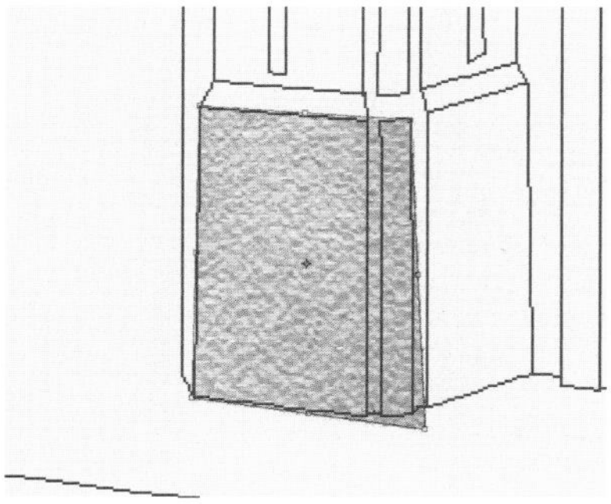

图 12.197　调整图像形状

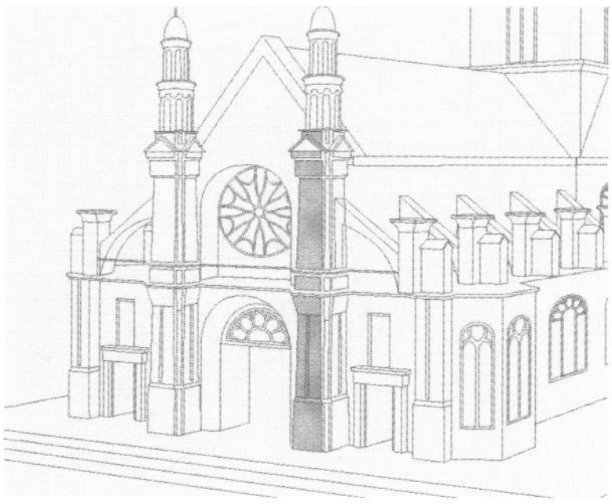

图 12.198　制作出门柱左侧

提示： 由于门柱不是简单的长方体，每一侧都是由多个斜面组成的，即使在受光的同一侧，各个部分由于受光角度的不同色调也不同，因此在制作门柱的时候，也要将不同的面分层制作，从而更便于调整色彩的操作。

Step 04 复制纹理图层，在菜单栏上执行【编辑】>【自由变换】命令，调整复制图像的大小和形状，根据线稿制作门柱右侧的部分，如图 12.199 所示。使用同样的方法制作出门柱右侧和转角的部分，如图 12.200 所示。

图 12.199 调整图形形状

图 12.200 制作门柱右侧和转角部分

Step 05 剩下中间的缝隙部分，由于阴影色彩比较浓重，因此可以制作在同一个图层之中。复制大小适当的材质，调整复制纹理图形的大小；在菜单栏上执行【编辑】>【变换】>【扭曲】命令，拖动调节框的四角，使其与中间的缝隙部分对齐，如图 12.201 所示。

> **提示：** 在制作不同形状的材质选区时，可以利用制作线稿时绘制的房屋线稿路径，将路径转化为选区；或者使用 ✐ （多边形套索工具）根据线稿建立精确的选区。

Step 06 在工具栏中分别选择 ⊙ （加深工具）和 🔍 （减淡工具），调整门柱左侧各个斜面的亮度，使不同的斜面的亮度区分开，然后将门柱左侧的所有图层拼合。使用相同的方法调整门柱右侧斜面的亮度以及转角各部分的亮度，并将右侧和转角的图层分别进行拼合，如图 12.202 所示。

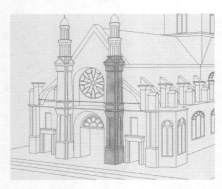

图 12.201 填充缝隙部分

图 12.202 调整斜面的亮度

Step 07 选择门柱右侧的图层，在菜单栏上执行【图像】>【调整】>【亮度/对比度】命令，拖动调节滑块，调整图层的亮度，使其颜色变暗。这样就制作出了门柱的侧光面，效果如图 12.203 所示。

Step 08 在菜单栏上执行【图像】>【调整】>【亮度/对比度】命令，降低缝隙图层的亮度，使其变暗，此时图形效果如图 12.204 所示。

Step 09 下面制作门柱的上半部分。显示出隐藏备用的材质图层，根据线稿在工具栏中选择 ▭ （矩形选框工具），选择适当大小的材质并将其复制到新的图层，调整复制图层的位置，效果如图 12.205 所示。

图 12.203　门柱侧光面效果

图 12.204　门柱下半部分效果

Step 10 在工具栏中选择 ⊻（多边形套索工具），选择各个立柱中间的空隙部分，按 Delete 键将其删除。

Step 11 多次复制材质图层，并调整复制图层的位置。在工具栏中选择 ⊻（多边形套索工具），修整出门柱上半部分的形状。在菜单栏上执行【图像】>【调整】>【亮度/对比对】命令，调整各部分的亮度，使其具有初步的层次感，如图 12.206 所示。

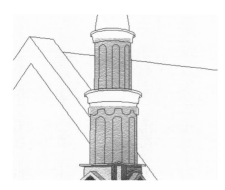

图 12.205　复制适当大小的材质

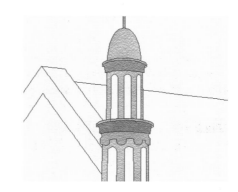

图 12.206　各部分具有层次感

Step 12 在工具栏中选择 ◔（加深工具），在上半部分整体 2/3 的地方进行加深处理；在工具栏中选择 ◔（减淡工具），在上半部分整体 1/3 处进行调整，使上半部分出现圆柱体的立体感，并再次调整各个部分的层次感，如图 12.207 所示。

Step 13 复制大小合适的材质作为立柱之间的空隙部分，在菜单栏上执行【图像】>【调整】>【亮度/对比度】命令，降低其亮度使其变暗，效果如图 12.208 所示。这样，立柱的基本形状就完成了。

Step 14 绘制装饰用的凹槽。根据线稿，在工具栏中选择 ⊻（多边形套索工具），在立柱上建立两个细长的凹槽选区，如图 12.209 所示。

Step 15 在工具栏中选择 ◔（加深工具），将凹槽的内部进行加深处理，这样就制作出了立柱上的装饰凹槽效果，如图 12.210 所示。

图 12.207　出现圆柱体的立体感

图 12.208　制作立柱间的空隙部分

图 12.209　建立凹槽选区

图 12.210　加深凹槽颜色

> **提示**：在制作装饰凹槽时，也可以复制纹理图层，使用【亮度／对比度】命令调整复制图层的亮度，调整到满意的效果后再将它与立柱图层拼合。

Step 16 按住 Ctrl 键，选择所有门柱图层将其合并为一个图层。复制门柱图层，在菜单栏上选择【编辑】>【自由变换】命令，调整复制门柱图形的大小，将其排列到门的另一侧，如图 12.211 所示。

Step 17 根据绘制的线稿，观察到复制并缩小后的门柱图形，在透视关系上有些扭曲，下面对其进行调整。选择复制立柱的下半部分，在菜单栏上执行【编辑】>【变换】>【变形】命令，拖动调节手柄和调节框内部，根据线稿调整立柱的形状，如图 12.212 所示。

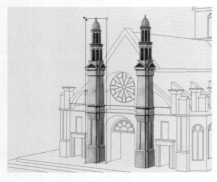

图 12.211　复制门柱并调整大小

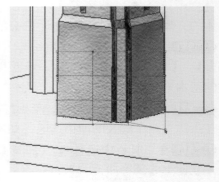

图 12.212　调整立柱底部的形状

Step 18 选择复制立柱的中部，在菜单栏上执行【编辑】>【变换】>【变形】命令，调整立柱中部的形状，使其透视关系与线稿一致，如图 12.213 所示。现在门口的两个立柱的效果就制作好了，最后效果如图 12.214 所示。

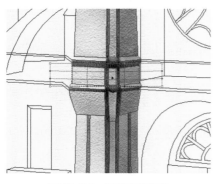

图 12.213　调整立柱中部

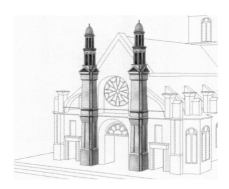

图 12.214　制作好的立柱效果

12.7.5　制作侧门

操作步骤

Step 01 下面制作底层正面的墙面。显示纹理图层，根据线稿复制适当大小的砂岩纹理，如图 12.215 所示。

Step 02 根据线稿，在工具栏中选择 (多边形套索工具)，选择正门和两个侧门上多余的门洞部分，将其删除。剩下的部分就是底层正面的墙面，效果如图 12.216 所示。

图 12.215　复制适当大小的纹理

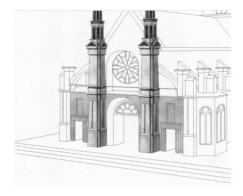

图 12.216　底层正面的墙面效果

Step 03 使用拼贴立柱的方法，根据绘制的线稿，拼贴出侧门的图形。在菜单栏上执行【图像】>【调整】>【亮度/对比度】命令，调整不同受光面的亮度。在工具栏中选择 (加深工具)和 (减淡工具)加强侧门的立体感，效果如图 12.217 所示。满意后将所有侧门图层拼合。

Step 04 复制制作好的侧门，在菜单栏上执行【编辑】>【自由变换】命令，调整复制侧门的大小，将它移动到合适的位置，效果如图 12.218 所示。这样，两个侧门就制作完成了。

 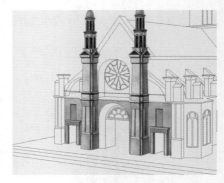

图 12.217 制作出侧门的效果　　　　图 12.218 制作好的两个侧门

> 提示：进行缩小变换后的侧门，在透视上会与线稿有些偏差，使用【变形】命令对其进行调整即可。方法与调整立柱透视的方法相同。

Step 05 下面制作门洞。显示出纹理图层，根据线稿，在工具栏中选择 ☑（多边形套索工具），在门洞内侧斜切的墙壁上建立选区。将选区中的纹理复制到新的图层，如图 12.219 所示。

Step 06 在菜单栏上执行【图像】>【调整】>【亮度/对比度】命令，拖动调节滑块，使纹理图像变暗，效果如图 12.220 所示。

图 12.219 复制新的纹理图层　　　　图 12.220 降低复制图层亮度

Step 07 显示纹理图层。根据线稿，在工具栏中选择 ☑（多边形套索工具），在门洞上方的半圆区域建立选区，将选区中的纹理复制到新的图层，如图 12.221 所示。

Step 08 在菜单栏上执行【图像】>【调整】>【亮度/对比度】命令，拖动调节滑块，使纹理图像变暗，效果如图 12.222 所示。

Step 09 使用制作圆形门洞内部的方法制作出侧门门洞内的墙面。在菜单栏上执行【图像】>【调整】>【亮度/对比度】命令，拖动调节滑块，使纹理图像变暗，如图 12.223 所示。

Step 10 制作侧门两侧的小立柱。根据绘制的线稿，复制适当大小的材质，拼贴小门柱左侧的部分，如图 12.224 所示。

图 12.221　复制半圆区域纹理

图 12.222　降低半圆区域亮度

图 12.223　侧门门洞内的墙面效果

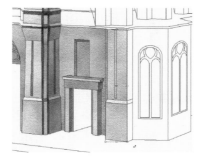

图 12.224　制作侧门两侧的小立柱

> **提示：**小立柱与门柱相同，每一侧都是由多个斜面组成的，因此由于受光角度的不同，要用不同的色调来调整各个斜面的色调。

Step 11 使用复制材质的方法制作小立柱的右侧，在菜单栏上执行【图像】>【调整】>【亮度/对比度】命令，拖动调节滑块，使纹理图像变暗，观察到小立柱具有了立体效果，如图 12.225 所示。合并所有小立柱图层。

Step 12 制作装饰凹槽。根据线稿，在工具栏中选择 ✈（多边形套索工具），在立柱上建立两个细长的凹槽选区，如图 12.226 所示。

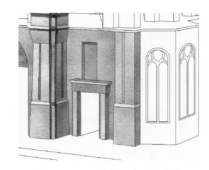

图 12.225　小立柱具有立体效果

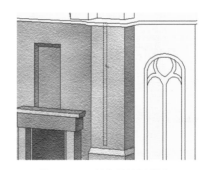

图 12.226　绘制装饰凹槽选区

Step 13 在工具栏中选择 ◔（加深工具），在凹槽的内部进行加深处理，如图 12.227 所示。

Step 14 复制小立柱图形，在菜单栏上执行【编辑】>【自由变换】命令，调整复制立柱图形的大小。

Step 15 在菜单栏上执行【编辑】>【变换】>【变形】命令，拖动调节手柄和调节框内部，根据线稿校正透视偏移。这样就制作出了侧门两侧的小立柱，如图 12.228 所示。

图 12.227 调整凹槽图形效果

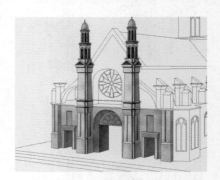

图 12.228 制作完成的小立柱效果

Step 16 制作侧面门柱。复制门柱图形，在菜单栏上执行【编辑】>【自由变换】命令，调整复制门柱的大小。在菜单栏上执行【编辑】>【变换】>【变形】命令，修整复制图形的透视扭曲，如图 12.229 所示。使用同样的方法制作侧面的另一个门柱，最后效果如图 12.230 所示。

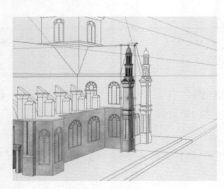

图 12.229 复制并调整门柱大小

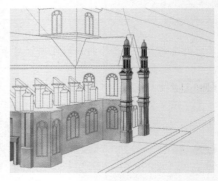

图 12.230 制作侧面的另一个门柱

12.7.6 制作房屋整体

操作步骤

Step 01 复制纹理材质，在工具栏中选择 ✛（移动工具）调整复制图形的位置，将其排列成房屋的侧面，效果如图 12.231 所示。

Step 02 根据光线照射的方向，在菜单栏上执行【图像】>【调整】>【亮度/对比度】命令，拖动调节滑块，调整各个墙面的亮度，使其形成初步的立体效果，如图 12.232 所示。

Step 03 下面制作第二层的房屋。在工具栏中选择 ⚐（多边形套索工具），在第二层楼房正面绘制选区，显示砂岩纹理，将选区内的材质复制到新的图层，如图 12.233 所示。在菜单栏上执行【图像】>【调整】>【亮度/对比度】命令，拖动调节滑块，调整复制图形的亮度。

图 12.231　复制多个图层制作墙壁

图 12.232　调整墙面亮度后的立体效果

Step 04 复制纹理材质，排列出第二层的房屋的侧面。根据光线照射的方向，在菜单栏上执行【图像】>【调整】>【亮度 / 对比度】命令，拖动调节滑块，调整各个墙面的亮度，最后效果如图 12.234 所示。

图 12.233　制作第二层房屋正面

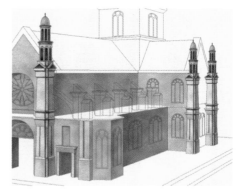

图 12.234　制作第二层房屋侧面

Step 05 制作侧面两个门柱之间的墙面。在工具栏中选择 （多边形套索工具），在侧面两个门柱之间建立墙壁选区，并将选区中的纹理复制到新的图层，如图 12.235 所示。

Step 06 在菜单栏上执行【图像】>【调整】>【亮度 / 对比度】命令，拖动调节滑块，调整复制图形的亮度；在工具栏中选择 （加深工具），进一步加强其立体感，效果如图 12.236 所示。

Step 07 复制适当大小的纹理材质，将其移动到两个楼层之间的位置。在工具栏中选择 （多边形套索工具），选择多余的部分并将其删除，这样就制作了两个楼层之间的层面，如图 12.237 所示。

Step 08 层面是有一定厚度的，再次复制纹理图形，使其形成层面的厚度，在菜单栏上执行【图像】>【调整】>【亮度 / 对比度】命令，调整其亮度，如图 12.238 所示。效果满意后将这两个图层拼合。

提示：由于两个楼层之间的夹层是平行于地面的层面，属于受光的亮面，因此要将夹层的亮度调亮，这也可使其与上下两层的墙面以及稍后要制作的飞券的色调区分开。

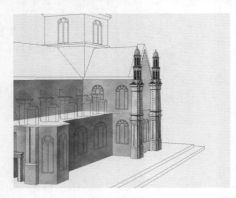
图 12.235　侧面门柱之间的墙壁

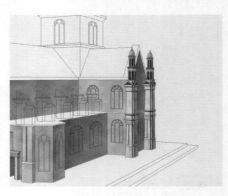
图 12.236　降低亮度并加强立体感

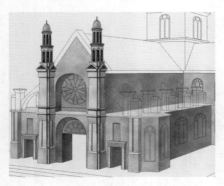
图 12.237　制作两层之间的夹层

图 12.238　制作出夹层的厚度

Step 09 在第二层楼房的正面，位于两个门柱的中间有一个不封闭的隔断，就像阳台一样。在工具栏中选择 🔲（多边形套索工具），在两个门柱之间建立选区，将选区中的材质复制到新的图层，如图 12.239 所示。使用同样的方法制作出这个隔断上部的厚度。

Step 10 制作外墙上的飞券。显示出纹理图层，使用制作门柱的方法制作出支撑飞券的方形短立柱，在工具栏中选择 🔲（加深工具）和 🔲（减淡工具）进行调整，加强其立体感，效果如图 12.240 所示。效果满意后合并所有短立柱图层。

Step 11 根据线稿，在短立柱的另一侧制作出尖顶的小柱和连接墙壁的拱形券，制作好 3 部分后，调整图层顺序，将这 3 个部分的图层拼合，效果如图 12.241 所示。

提示：在制作好短立柱和小柱后，可以将这两个部分复制并隐藏备用。这样在制作另一侧的飞券时，只要调整它们的大小和图层顺序，再制作一个拱形券即可快速制作好另一侧飞券。

Step 12 将飞券多次复制，在菜单栏上执行【编辑】>【自由变换】命令，调整复制飞券的大小。在【图层】面板上调整图层顺序，使飞券依次向右排列，效果如

图 12.242 所示。使用制作右侧飞券的方法制作出左侧飞券。

图 12.239　制作上层隔断

图 12.240　制作短立柱图形

图 12.241　制作小立柱和拱形券

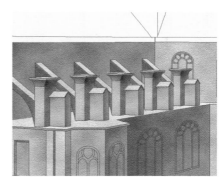

图 12.242　复制多个飞券行排列

Step 13 下面制作红色屋顶。显示纹理图层，在工具栏中选择 ✈（多边形套索工具），建立屋顶各个部分的选区，并将选区中的图像复制到新的图层。在菜单栏上执行【图像】>【调整】>【亮度 / 对比度】命令，调整各个图层的亮度，效果如图 12.243 所示。

Step 14 在菜单栏上执行【图像】>【调整】>【色彩平衡】命令，拖动调节滑块，将屋顶各个图层的颜色调整为橙红色。在工具栏中选择 ⊛（加深工具）和 ✎（减淡工具），进一步调整加强立体感，如图 12.244 所示。效果满意后将所有红屋顶图层拼合。

图 12.243　制作屋顶并区分层次

图 12.244　红色屋顶的效果

> 提示：在制作屋顶时，也可以先将屋顶颜色调为红色，然后再使用【亮度／对比度】命令区分层次。

Step 15 使用同样的方法制作出另一侧的红色屋顶，如图 12.245 所示。复制纹理图层，制作出两个屋顶的塔楼的底座，如图 12.246 所示。

图 12.245　另一侧的红色屋顶效果

图 12.246　制作出屋顶之间的塔座

12.7.7　制作塔楼

Step 01 多次复制纹理图层，将它们拼贴成塔楼的正面，效果如图 12.247 所示。使用同样的方法拼贴出塔楼的右侧，在菜单栏上执行【图像】>【调整】>【亮度／对比度】命令降低其亮度，效果如图 12.248 所示。拼合塔楼的正面与侧面图层。

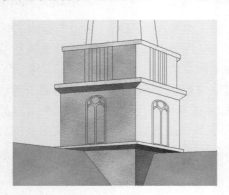
图 12.247　制作塔楼的正面

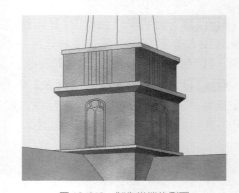
图 12.248　制作塔楼的侧面

Step 02 多次复制纹理图层，制作出塔楼的上部，如图 12.249 所示。在菜单栏上执行【图像】>【调整】>【亮度／对比度】命令，调整尖塔的各面，使其具有立体效果，如图 12.250 所示。

Step 03 在工具栏中选择 （多边形套索工具），绘制尖塔顶端的拱形顶区域，将选区中的材质复制到新的图层，如图 12.251 所示。

Step 04 在工具栏中选择 （加深工具），在拱形顶整体的 2/3 处进行加深处理；在工具栏中选择 （减淡工具）在上半部分整体 1/3 处进行调整，使上半部分出现圆柱体的立体感，如图 12.252 所示。

图 12.249 制作塔楼的上部

图 12.250 尖塔具有立体效果

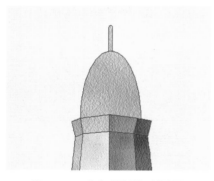

图 12.251 复制拱形顶区域纹理

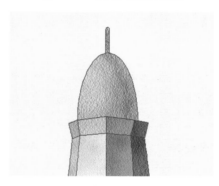

图 12.252 制作拱形顶的立体感

12.7.8 制作彩色玻璃窗

Step 01 制作彩色玻璃窗。激活线稿图层，在工具栏中选择 （矩形选框工具），选择一个窗户图形，按 Ctrl + C 组合键，再按 Ctrl + V 组合键将选区中的图像复制到新的图层，如图 12.253 所示。然后将线稿图层隐藏。

Step 02 按住 Ctrl 键不放，在【图层】面板上单击复制图层的缩览图，将图层中的图像选择，在菜单栏上执行【选择】>【反向】命令，则线条以外的部分被选择，如图 12.254 所示。

图 12.253 复制窗户线稿

图 12.254 选择线条以外的部分

Step 03 在工具栏上选择 ✐（魔棒工具），按住 Alt 键，在窗框以外的部分单击，这样就可以精确选择窗框的部分。在菜单栏上执行【选择】>【修改】>【扩展】命令，设置扩展值为 1，单击【确定】按钮。观察到窗框的线条部分也被选择了，如图 12.255 所示。然后将选区填充为蓝紫色，如图 12.256 所示。

图 12.255　建立窗框选区

图 12.256　填充窗框颜色

> 提示：这里将扩展值设置为 1 像素，是因为在制作线稿时，设置描边路径的铅笔笔刷为 1 像素，这样进行扩展操作后，正好将线条部分也选择了。如果在制作线稿时路径的铅笔笔刷为 2 像素，则在此步中应该将扩展值设置为 2 像素。

Step 04 打开【样式】面板，为图层添加【深色浮雕黑色翻转】样式，在【图层】面板上双击窗框图层，打开【图层样式】对话框，对样式参数进行调整，如图 12.257 所示。添加样式后效果如图 12.258 所示。

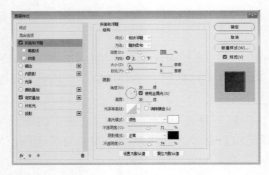

图 12.257　【图层样式】对话框

图 12.258　添加图层样式后的效果

> 提示：在添加样式时，如果【样式】面板中没有【深色浮雕黑色翻转】样式，可以在面板右上角单击 ≡ 图标，添加新的样式类别，也可以直接为图层设置样式。

Step 05 在工具栏上选择 ✐（魔棒工具），按住 Shift 键，在添加玻璃的区域单击，这样就可以建立窗户的选区。

Step 06 在【图层】面板上单击 ▣（新建图层）按钮，新建一个图层，将选区填充为"纯绿青"颜色，如图 12.259 所示。

Step 07 在工具栏上选择 ✐（画笔工具），将前景色设置为不同的颜色，在窗户上随意绘制线条，如图 12.260 所示。

图 12.259 填充窗户的颜色

图 12.260 绘制各色线条

Step 08 在菜单栏上执行【滤镜】>【纹理】>【染色玻璃】命令，在弹出的对话框中设置适当的参数，如图 12.261 所示。单击【确定】按钮。观察到玻璃出现彩色玻璃效果，如图 12.262 所示。

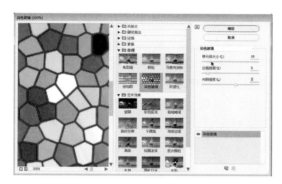

图 12.261 设置滤镜效果

图 12.262 染色玻璃效果

Step 09 使用同样的方法制作其他的彩色玻璃窗，如图 12.263 所示。房屋的墙壁由于朝向的不同，明暗也不相同，彩色玻璃窗的明暗也应随之变化，使用【亮度 / 对比度】命令调整玻璃窗的亮度，调整后的效果如图 12.264 所示。

图 12.263 制作出彩色玻璃

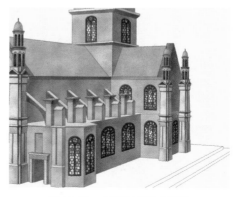

图 12.264 调整玻璃窗的明暗

Step 10 使用同样的方法制作出门洞上方的彩色玻璃和第二层楼房正面的圆形彩色玻璃窗，如图 12.265 所示。根据房屋的明暗效果，将它们的亮度降低，效果如图 12.266 所示。满意后将所有房屋的图层进行拼合，这样房屋的整体就制作完成了。

图 12.265 制作出门洞上方的窗户

图 12.266 降低玻璃窗亮度

> **说明：** 门洞上的玻璃窗和第二层楼房正面的玻璃窗虽然处于受光面，但由于它们所处位置有一定深度，因此要将其亮度降低，这样才能使玻璃窗与房屋形成一体。

Step 11 制作台阶。将纹理图层复制，根据线稿制作出上层台阶后将其复制，在菜单栏上选择【编辑】>【自由变换】命令，调整复制图层的大小。在菜单栏上选择【编辑】>【变换】>【变形】命令，调整透视效果。调整图层顺序后的效果如图 12.267 所示。

Step 12 绘制房屋倒影。在工具栏上选择 (矩形选框工具)，选择房屋的下部，将其复制到新的图层。在【图层】面板上将复制图层的不透明度降低，将复制图层放置在原房屋图层的下方。

Step 13 在工具栏上选择 (橡皮擦工具)，在选项栏上设置较小笔刷、流量，在复制图层的下部反复擦拭，这样就可以制作出淡淡的倒影效果，如图 12.268 所示。效果满意后将房屋倒影、台阶图层拼合，这样房屋就全部绘制完成了。

图 12.267 制作出台阶效果

图 12.268 淡淡的倒影效果

12.7.9 房屋的修饰

Step 01 修饰房屋效果。在菜单栏上执行【滤镜】>【渲染】>【光照效果】命令，在弹出的【光照效果】对话框中，调整光照效果，如图12.269所示。

Step 02 单击【确定】按钮，观察到房屋图层出现强光照射的效果，如图12.270所示。

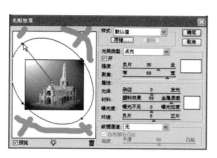

图12.269　【光照效果】对话框

图12.270　出现强光照射的效果

> **提示**：光照效果不能制作出照射物体形成的阴影效果，只能制作出光源照射图层的效果。建筑物在光源下会有阴影，但在本例中没有绘制阴影，是要配合背景的添加和整体风格和意境效果。在绘制普通光源下的建筑物时，不要忘记绘制阴影。

Step 03 在菜单栏上执行【图像】>【调整】>【色彩平衡】命令，打开【色彩平衡】对话框，拖动调节滑块调整房屋的颜色，使其色调变为偏向于金黄色，如图12.271所示。

Step 04 单击【确定】按钮，观察到房屋的色调亮丽了很多，如图12.272所示。

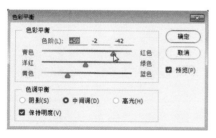

图12.271　【色彩平衡】对话框

图12.272　调整色调后的效果

Step 05 复制房屋图层，在菜单栏上执行【滤镜】>【风格化】>【照亮边缘】命令，打开【照亮边缘】对话框，调整滤镜参数，如图12.273所示。调整满意后单击【确定】按钮。观察到房屋出现了边缘发光的效果，如图12.274所示。

Step 06 在菜单栏上执行【图像】>【调整】>【反相】命令，在菜单栏上执行【滤镜】>【模糊】>【高斯模糊】命令，设置适当的模糊参数，单击【确定】按钮。观察到房屋出现了模糊效果，如图12.275所示。

Step 07 打开【图层】面板，将其图层混合模式设置为【柔光】，此时图形效果如图12.276所示。

图 12.273　【照亮边缘】对话框

图 12.274　房屋边缘发光效果

图 12.275　设置模糊后的图形效果

图 12.276　设置图层混合模式

Step 08 复制房屋图层，在菜单栏上执行【滤镜】>【模糊】>【高斯模糊】命令，进行模糊处理。在【图层】面板上将复制图层的混合模式设置为【正片叠底】，将复制图层的不透明度设置为 75%。调整图层顺序，将复制图层拖动到【柔光】图层上方，此时房屋的效果如图 12.277 所示。

> 提示：在叠加了【正片叠底】的图层后，房屋的整体色调以及明暗反差都会加强，彩色玻璃窗的效果就不太明显了。因此，使用 ◢（橡皮擦工具）将该图层中有玻璃窗的地方擦拭出来。这样玻璃窗色调就不会太深。

Step 09 选择一幅适当图像添加为背景。本例中添加了一幅星空的图像，效果如图 12.278 所示。

图 12.277　添加图层效果后的房屋

图 12.278　添加背景后的图像效果

Step 10 为了使房屋有梦幻效果，可以新建图层，绘制一些光斑、星芒、光柱等效果。满意后将所有图层拼合即可，如图 12.279 所示。

图 12.279　绘制完成的房屋效果

12.8　变形球法绘制人物

实例简介

在 Photoshop 的绘图技巧中，有一种快速简捷的手绘方法，它是用手绘的球体并根据需要将其变形，然后将变形的球体进行拼装、融合得到所需要的图像，常用于绘制卡通人物或动物。这种绘图方法被称为"变形球法"或"拼蛋法"。本例使用这种方法绘制卡通。

实例效果

本例的最终效果如图 12.280 所示。

图 12.280　手绘卡通人物

12.8.1 绘制脸部

脸部绘制主要使用的方法是先绘制一个球体，将球体复制、变形并拼合成脸的形状，使用【蒙版】、 （橡皮擦工具）或是【高斯模糊】滤镜对球体边缘部分进行柔化处理，使它们完美地融合在一起。

Step 01 启动 Photoshop。新建一幅宽 3000 像素、高 2500 像素的图像。在【图层】面板上新建一个名为【脸】的图层。在工具栏上选择 （椭圆选框工具），在视图中建立一个正圆选区。

Step 02 在工具栏上选择 （渐变工具），在该工具选项栏上单击渐变显示窗，弹出【渐变编辑器】对话框，单击编辑色标设置渐变颜色，满意后单击【新建】按钮，将名称设置为"肤色"，单击【存储】按钮，如图 1.281 所示。

Step 03 在选项栏中单击 （径向渐变），在视图中拖动鼠标填充正圆选区，效果如图 12.282 所示。

图 12.281　设置肤色渐变

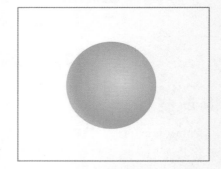

图 12.282　填充正圆选区

Step 04 复制【脸】图层，将复制图层名称设置为"额头"。在菜单栏上选择【编辑】>【自由变换】命令，将图像压缩成扁圆形并移动到合适的位置，如图 12.283 所示。

Step 05 在【图层】面板上单击 （添加图层蒙版）按钮，将前景色设置为黑色，在工具栏中选择 （画笔工具），设置较小的笔刷流量，在额头与脸部的衔接处进行涂抹，使两者完全融合，如图 12.284 所示。涂抹满意后在【图层】蒙版缩览图上单击鼠标右键，在弹出的快捷菜单中选择【应用图层蒙版】命令。

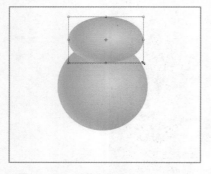

图 12.283　调整复制圆的形状和位置

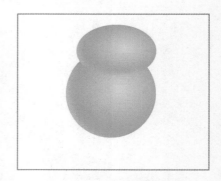

图 12.284　融合后的图形效果

提示：除了使用【蒙版】工具以外，使用 ✎ （橡皮擦工具）设置柔性笔刷和较小的笔刷流量在衔接部位反复擦拭，也可产生理想的淡入淡出效果。此外，在衔接部位建立选区，然后使用【高斯模糊】滤镜进行处理，也可以产生完美的融合效果。在实际工作中，可将 3 种工具配合使用，同时可根据个人使用习惯选择合适的工具进行操作。

Step 06 制作脸颊。将脸的图层复制，更名为【脸颊】图层。在菜单栏上选择【编辑】>【自由变换】命令，将复制图形压扁并缩小。复制【脸颊】图层，将两个脸颊移动到合适的位置，合并【脸颊】图层，效果如图 12.285 所示。

Step 07 在【图层】面板上单击 ▣ （添加图层蒙版）按钮，在工具栏中选择 ✐ （画笔工具），在脸颊与脸部的衔接处进行涂抹，使两者完全融合，如图 12.286 所示。涂抹满意后在【图层】蒙版缩览图上单击鼠标右键，弹出快捷菜单后选择【应用图层蒙版】命令。

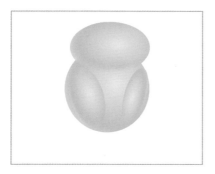

图 12.285　复制图层制作出脸颊

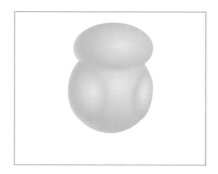

图 12.286　使脸颊与脸部融合

Step 08 复制【脸】图层，将其更名为【下巴】图层。在菜单栏上选择【编辑】>【自由变换】命令，将图像压缩成扁圆形并移动到合适的位置，如图 12.287 所示。

Step 09 在【图层】面板上单击 ▣ （添加图层蒙版）按钮，在工具栏中选择 ✐ （画笔工具），在下巴与脸部的衔接处进行涂抹，使两者完全融合，如图 12.288 所示。涂抹满意后在【图层】蒙版缩览图上单击鼠标右键，弹出快捷菜单后选择【应用图层蒙版】命令。

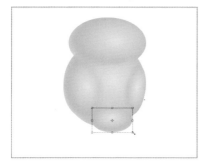

图 12.287　使用【自由变换】命令调整

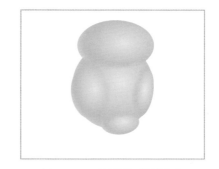

图 12.288　使下巴与脸部融合

Step 10 将脸的图层多次复制，调整大小，将它们组合成半侧面的鼻子形状，如

图 12.289 所示。

Step 11 在【图层】面板上单击 ■（添加图层蒙版）按钮，在工具栏中选择 ✐（画笔工具），在鼻翼与鼻头衔接处涂抹，使两者完全融合，在【图层】蒙版缩览图上单击鼠标右键，弹出快捷菜单后选择【应用图层蒙版】命令。

Step 12 合并所有鼻子图层。在【图层】面板上单击 ■（添加图层蒙版）按钮，在工具栏中选择 ✐（画笔工具），在鼻子与脸部衔接处涂抹，使两者完全融合，在【图层】蒙版缩览图上单击鼠标右键，弹出快捷菜单后选择【应用图层蒙版】命令，如图 12.290 所示。

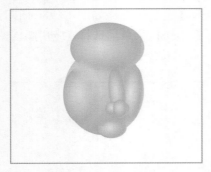

图 12.289　组合成鼻子

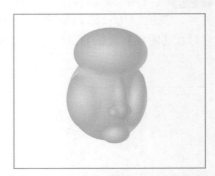

图 12.290　使用蒙版使图形融合

Step 13 使用同样的方法，利用【自由变换】命令和复制图层，制作出眼眶和嘴部的外形，如图 12.291 所示。

Step 14 在【图层】面板上单击 ■（添加图层蒙版）按钮，在工具栏中选择 ✐（画笔工具）进行涂抹，使眼眶、嘴与脸部融合。现在脸部基本形状就拼合完成了，如图 12.292 所示。

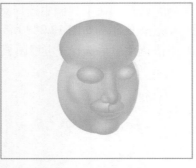

图 12.291　制作出眼眶和嘴部

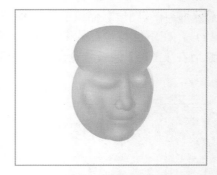

图 12.292　拼合完成的脸部

Step 15 在工具栏中选择 ✐（钢笔工具），在视图中绘制出人物脸部的轮廓，如图 12.293 所示。

Step 16 单击鼠标右键，在弹出的快捷菜单中选择【建立选区】命令。在菜单栏中执行【选择】>【反向】命令，将脸部轮廓之外多余的部分选择并删除，这样脸部的轮廓就基本绘制完成了，如图 12.294 所示。

> **提示：**为了在绘制过程中更好地调整脸部的结构，删除脸部多余的部分，不要将脸部的图层拼合，而是在不取消选区的情况下在每个图层中删除多余的部分。

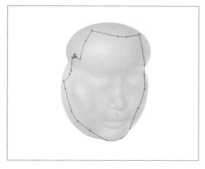

图 12.293　绘制脸部轮廓路径

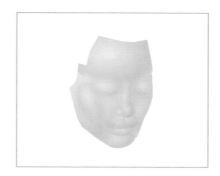

图 12.294　脸部的基本形状

12.8.2　绘制眉毛和眼睛

在眼睛的绘制过程中，首先利用【添加杂色】滤镜和【径向模糊】滤镜生成眼球的效果，再绘制眼轮廓，将两者组合形成完整的眼睛。绘制出眉毛以后，使用 ![涂抹工具]（涂抹工具）、![减淡工具]（减淡工具）、![加深工具]（加深工具）等工具进行修改，使眉毛具有质感。

Step 01 在【图层】面板上单击![创建新图层]（创建新图层）按钮，新建一个图层，将其命名为"眉毛"。在工具栏中选择![钢笔工具]（钢笔工具），绘制眉毛的轮廓，如图 12.295 所示。

Step 02 单击鼠标右键，在弹出的快捷菜单中选择【建立选区】命令，将路径转化为选区后填充为深褐色，如图 12.296 所示。

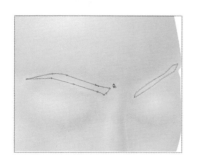

图 12.295　绘制眉毛轮廓的路径

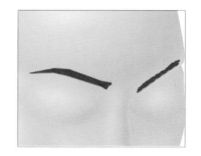

图 12.296　转化为选区并填充

> **提示：**由于绘制的人物脸部角度为半侧面，因此一侧的五官会产生透视变形，在绘制时要注意使五官与脸部角度保持一致。

Step 03 在工具栏上选择![涂抹工具]（涂抹工具），设置点状笔刷和适当的笔刷流量，如图 12.297 所示。

Step 04 根据眉毛的走向在眉毛图形上进行涂抹。在工具栏中选择![减淡工具]（减淡工具），将眉毛两端的颜色减淡。在工具栏中选择![加深工具]（加深工具），加深眉毛的中段的颜色，效果如图 12.298 所示。

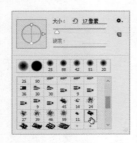

图 12.297　设置点状笔刷

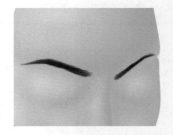

图 12.298　涂抹出眉毛效果

Step 05 在【图层】面板上单击 🔲 (创建新图层) 按钮，新建一个图层，将其命名为"眼球"。在工具栏中选择 ⬚ (矩形选框工具)，在视图中建立一个矩形选区，并使用 15% 灰色进行填充。

Step 06 在工具栏中选择 ⬭ (椭圆选框工具)，在矩形图形中间建立正圆选区，并使用浅褐色进行填充，如图 12.299 所示。

Step 07 在菜单栏上执行【选择】>【变换选区】命令，将选区缩小，使用深褐色对正圆选区进行填充。将前景色设置为白色，在工具栏中选择 🖌 (画笔工具)，绘制眼睛图形上的白色高光，效果如图 12.300 所示。

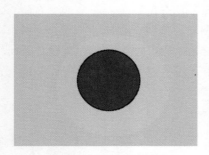

图 12.299　为选区填充颜色

图 12.300　绘制眼睛的高光

Step 08 在菜单栏上执行【滤镜】>【杂色】>【添加杂色】命令，打开【添加杂色】对话框，设置合适的杂色数量，选中【高斯分布】单选按钮和勾选【单色】复选框，如图 12.301 所示。单击【确定】按钮，观察到眼球添加了杂点，如图 12.302 所示。

图 12.301　【添加杂色】对话框

图 12.302　图像出现杂点

Step 09 在菜单栏上执行【滤镜】>【模糊】>【径向模糊】命令，打开【径向模糊】对话框，设置合适的模糊【数量】，选中【缩放】单选按钮，如图 12.303 所示。单击【确定】按钮，观察到杂点出现了发散效果，如图 12.304 所示。

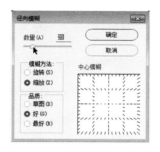

图 12.303　【径向模糊】对话框

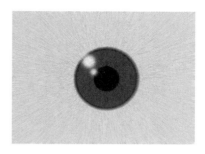

图 12.304　图像出现径向模糊效果

Step 10 在工具栏上选择 （加深工具），在眼球边缘涂抹，进一步加深颜色。在工具栏上选择 （减淡工具），在瞳孔周围涂抹，减淡部分区域颜色。观察到，眼球的立体效果进一步加强了，如图 12.305 所示。在【图层】面板上隐藏【眼球】图层备用，如图 12.306 所示。

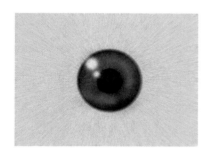

图 12.305　眼球的立体效果加强

图 12.306　隐藏【眼球】图层

Step 11 绘制眼轮廓。在【图层】面板上单击 （创建新图层）按钮，创建新图层，将其命名为"眼轮廓"。

Step 12 在工具栏上选择 （钢笔工具），在眼眶内绘制出眼睛外部轮廓的形状，如图 12.307 所示。单击鼠标右键，在弹出的快捷菜单中选择【建立选区】命令，并将选区填充为深褐色，如图 12.308 所示。

图 12.307　绘制出眼睛外部轮廓

图 12.308　转化选区填充颜色

Step 13 在工具栏上选择 (钢笔工具) 绘制出眼睛内部轮廓的形状，如图 12.309 所示。单击鼠标右键，在弹出的快捷菜单中选择【建立选区】命令，按 Delete 键将选区内的图像删除。这样，就制作出了眼睛轮廓的形状，如图 12.310 所示。

图 12.309　绘制出眼睛内轮廓路径　　　　图 12.310　制作出眼睛的轮廓

> **提示**：在使用 (钢笔工具) 绘制好外部轮廓后，可使用【描边路径】命令直接绘制出眼部轮廓的形状。也可在建立选区后在菜单栏中单击【编辑】>【描边】命令，对选区进行描边来制作出眼部轮廓。

Step 14 激活【眼球】图层。在菜单栏上执行【编辑】>【自由变换】命令，调节眼球的大小，使其位于眼部轮廓之中，如图 12.311 所示。调整好后将眼部轮廓以外的部分删除，如图 12.312 所示。

图 12.311　调整眼球图像大小　　　　图 12.312　删除多余眼白的区域

> **提示**：在删除多余眼白的时候，可打开【路径】面板，将眼部外轮廓的路径转化为选区，在菜单栏上执行【选择】>【反向】命令，将眼轮廓以外的部分选择，按 Delete 键将其删除即可。

Step 15 在工具栏上选择 (加深工具)，描绘出上眼睑在眼球上的投影。在工具栏上选择 (减淡工具) 进行修改，使眼球更具有立体感。满意后将眼球和眼轮廓图层拼合，如图 12.313 所示。

Step 16 复制眼睛图形并调整其位置。在工具栏上选择 (模糊工具)，对两只眼睛的内眼角进行模糊处理，满意后将两个图层拼合。

Step 17 制作双眼皮。创建新图层，将其命名为"眼皮"。在工具栏上选择 (画笔工具)，在眼睛上方的位置绘制出双眼皮的大体轮廓。在工具栏上分别选择 (橡皮擦工具)、 (加深工具) 和 (减淡工具)，仔细修改双眼皮效果，如图 12.314

所示。

图 12.313　绘制出眼睑的投影

图 12.314　绘制的眼睛效果

Step 18 在工具栏上选择 （画笔工具），在选项栏上按下 （切换画笔）按钮，打开【画笔】面板，设置笔刷，如图 12.315 所示。

Step 19 创建新图层，将其命名为"睫毛"。在工具栏上选择 （钢笔工具），在上眼睑绘制出两条路径，然后使用刚才设置的笔刷绘制出眼睛的睫毛，如图 12.316 所示。效果满意后拼合图层。这样，眼睛图形就制作完成了。

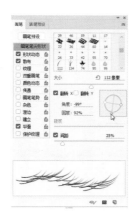

图 12.315　设置画笔

图 12.316　绘制睫毛

12.8.3　绘制嘴唇

Step 01 绘制嘴唇，在【图层】面板上单击 （创建新图层）按钮，创建新图层，将其命名为"嘴"。

Step 02 在工具栏上选择 （钢笔工具），勾勒出嘴部的轮廓线，如图 12.317 所示。单击鼠标右键，在弹出的快捷菜单中选择【建立选区】命令，并将选区填充为【浅洋红】颜色，如图 12.318 所示。

Step 03 在工具栏上选择 （画笔工具），描绘出上嘴唇与下嘴唇的分界线，如图 12.319 所示。

Step 04 在工具栏上分别选择 （加深工具）和 （减淡工具），绘出嘴唇的亮面和暗面，使嘴唇具有立体效果，如图 12.320 所示。

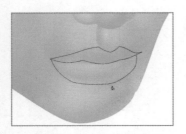

图 12.317　绘制嘴的路径

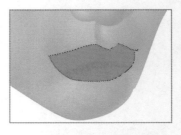

图 12.318　转化选区填充颜色

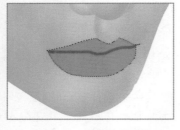

图 12.319　绘制出分界线

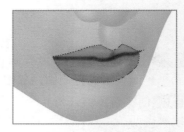

图 12.320　使嘴唇具有立体感

Step 05 在菜单栏上执行【滤镜】>【杂色】>【添加杂色】命令，设置适当的杂色数量，如图 12.321 所示。单击【确定】按钮，观察到嘴唇上出现了杂点，效果如图 12.322 所示。

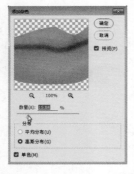

图 12.321　【添加杂色】滤镜

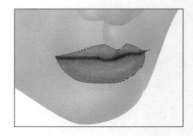

图 12.322　出现杂点效果

Step 06 在工具栏上选择 ✐（画笔工具），将前景色设置为淡粉色，绘制嘴唇上最光亮的部分，如图 12.323 所示。在工具栏上分别选择 👆（涂抹工具），沿嘴唇的纹理拖动，涂抹出嘴唇的光泽，如图 12.324 所示。

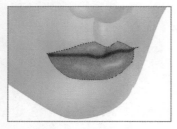

图 12.323　绘制出光亮部分

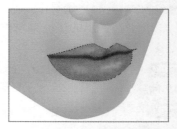

图 12.324　涂抹后的效果

Step 07 在工具栏上分别选择 ⊚（加深工具）和 🔍（减淡工具）对嘴唇进行调整，突出立体感。在工具栏上选择 ✏（画笔工具），进一步描绘出嘴唇的高光，如图 12.325 所示。

Step 08 取消嘴唇选区。在工具栏上选择 ⬤（模糊工具），在嘴唇的边缘进行涂抹。在菜单栏上执行【图像】>【调整】>【色彩平衡】命令，调整嘴唇的颜色。在【图层】面板上降低【嘴】图层的不透明度，使嘴唇质感更加逼真，如图 12.326 所示。人物嘴唇就绘制好了。

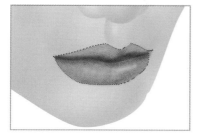

图 12.325　描绘出嘴唇的高光

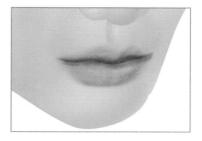

图 12.326　绘制好的嘴唇效果

Step 09 激活脸部图层，在工具栏上选择 🔾（套索工具），在选项栏上设置羽化值为 2 像素，在嘴唇的上部选择如图 12.327 所示的区域。

Step 10 在工具栏上分别选择 🔍（减淡工具）和 ⊚（加深工具），绘制出嘴唇的亮部和暗部，如图 12.328 所示。五官就全部绘制完成了。

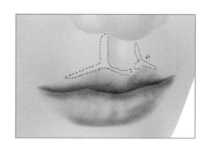

图 12.327　建立亮部选区

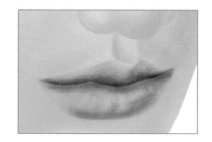

图 12.328　绘制出亮部和暗部

12.8.4　绘制头发

头发制作方法就是首先要将黑色球体进行压扁变形，使用【切变】滤镜对图像进行扭曲变形，然后将其复制制作出发缕，最后通过多次复制发缕图层组合成人物的头发效果。

Step 01 在【图层】面板上单击 ▣（创建新图层）按钮，创建新图层，将其命名为"发丝"。

Step 02 在工具栏上选择 ◯（椭圆选框工具），在视图中绘制一个正圆选区，使用黑色渐变色进行填充，如图 12.329 所示。

Step 03 在菜单栏上执行【编辑】>【自由变换】命令，将球体压扁。在菜单栏上执行【滤镜】>【扭曲】>【切变】命令，拖动节点使图形弯曲，调整满意后单击【确定】按钮，如图 12.330 所示。

图 12.329 填充为黑色球体

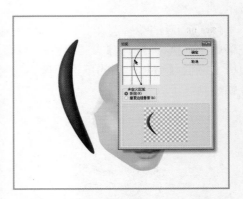

图 12.330 将球体变形

> **提示**：为了便于制作，可以将制作好的发缕多复制一次进行备份并隐藏显示，这样在制作刘海和辫子的时候就不用重新制作黑色球体了。

Step 04 复制【发丝】图层，调整位置使它们堆叠在一起，如图 12.331 所示。在【图层】面板上单击 ■（添加图层蒙版）按钮，使用 ✔（画笔工具）在衔接处进行涂抹，使发丝衔接，制作出发缕，如图 12.332 所示。

图 12.331 复制发丝图层

图 12.332 制作出发缕

Step 05 为了制作头发时能够很好地把握发式，新建一个图层，在工具栏上选择 ✒（钢笔工具），绘制出头发的大体轮廓，然后对路径进行描边，如图 12.333 所示。这样就可依照轮廓制作头发。

Step 06 将制作好的发缕多次复制，并将它们排列出侧面两鬓的头发，如图 12.334 所示。效果满意后将两侧的头发图层拼合。

Step 07 使用同样的方法制作出额头上方的头发和后面的头发，如图 12.335、图 12.336 所示。效果满意后将所有头发图层拼合。

Step 08 在工具栏上选择 ✎（涂抹工具），设置点状笔刷和适当的笔刷流量，在头发与脸部衔接的地方涂抹出发际线的效果。在工具栏上分别选择 🔍 （减淡工具）和 👌 （加深工具），进一步进行调整，加强头发的立体效果，如图 12.337 所示。

Step 09 在【图层】面板上单击 🔲 （创建新图层）按钮，创建新图层，将其命名为"耳朵"。使用绘制脸部的方法制作出人物的耳朵。调整图层顺序，将【耳朵】图层排列到【发丝】图层的下方，效果如图 12.338 所示。

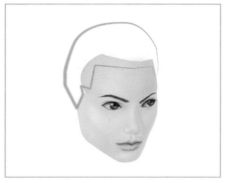

图 12.333　绘制头发轮廓

图 12.334　制作侧面的头发

图 12.335　制作额头上方的头发

图 12.336　制作出后面的头发

图 12.337　涂抹出发际线

图 12.338　制作出人物的耳朵

Step 10 将发缕拼合成额前的刘海，在菜单栏上执行【编辑】>【自由变换】命令，调整额前刘海的大小。在该命令选项栏上按下 🔳 （变形模式）按钮，切换到变形模式，对刘海形状进行仔细调整，效果如图 12.339 所示。

Step 11 在菜单栏上执行【图像】>【调整】>【色彩平衡】命令，将头发的颜色调整为深褐色。

Step 12 在【图层】面板上单击 🔲（创建新图层）按钮，创建新图层。在工具栏上选择 ✏️（画笔工具），在选项栏上将画笔的混合模式设置为【颜色】，使用较小笔刷流量的柔性笔刷，为人物绘制淡淡的彩妆，如图 12.340 所示。

图 12.339　制作出刘海的效果　　　　　图 12.340　调整头发颜色并加上彩妆

Step 13 多次复制发缕图形，使用【切变】滤镜和【变形】命令调整形状，将发缕排列成麻花辫其中一节的形状，如图 12.341 所示。效果满意后将图层拼合。

Step 14 将辫子的一节多次复制，将其制作成麻花辫。再次将发缕多次复制，制作出辫梢，满意后将辫子和辫梢图层拼合。在菜单栏上执行【图像】>【调整】>【色彩平衡】命令，调整辫子的颜色，效果如图 12.342 所示。

图 12.341　制作一节辫子　　　　　图 12.342　制作出麻花辫

12.8.5　制作上肢和短背心

身体的制作包括四肢和衣服。四肢的制作方法与脸部点制作方法基本相同，只用肤色的球形和圆柱形拼出四肢的各个部分，使用【蒙版】、【高斯模糊】滤镜以及 ✏️（橡皮擦工具）进行柔化处理。衣服的制作主要在于褶皱的制作和质感的表现，使用变形后的黑色球体通过柔化边缘制作出褶皱的效果；使用滤镜制作出衣服的质感。

Step 01 为了制作时能够把握好人物的形体和动态，先绘制一个底稿作为辅助。在菜单栏上执行【编辑】>【自由变换】命令，调整头部的大小和角度，将其移动到视图的上方，如图 12.343 所示。

Step 02 在工具栏上选择 ✐（钢笔工具），绘制出人物形体的动态轮廓路径，如图 12.344 所示。

图 12.343　调整头部大小和角度　　　　　图 12.344　绘制形体动态轮廓

Step 03 在【图层】面板上单击 ▣（创建新图层）按钮，创建新图层，对绘制的形体动态轮廓路径进行描边，将其作为辅助的底稿，如图 12.345 所示。

Step 04 在【图层】面板上单击 ▣（创建新图层）按钮，创建新图层。在工具栏上选择 ◯（椭圆选框工具），在视图中绘制一个正圆，并将其填充为肤色球体。

Step 05 在工具栏上选择 ▢（矩形选框工具），绘制一个矩形并填充为肤色，如图 12.346 所示。

图 12.345　制作形体底稿　　　　　图 12.346　填充肤色球体和圆柱体

Step 06 在【图层】面板上单击 ▣（创建新图层）按钮，创建一个新图层，将其命名为"背心"。在工具栏上选择 ✐（钢笔工具），在视图中绘制出短背心的轮廓。单击鼠标右键，在弹出的快捷菜单中选择【转换为选区】命令，使用深灰色到黑色的渐变色填充选区。

Step 07 复制圆柱体和球体图层，将它们排列出人物的颈部、肩膀和胳膊。在菜单栏上执行【编辑】>【自由变换】命令，调整复制图形的大小。按下 🖰（变形模式）按钮，切换到变形模式后进一步调整图形的形状，如图 12.347 所示。

Step 08 在【图层】面板上单击 ▣（添加图层蒙版）按钮，使用 ✏（画笔工具）在衔接处进行涂抹，使各部分融合。在工具栏上分别选择 🔍（减淡工具）、✍（加深工具），进一步调整图形的立体效果，如图 12.348 所示。合并所有颈部、肩膀和胳膊图层。

图 12.347　排列出上肢

图 12.348　使各部分融合

Step 09 在【图层】面板上单击 🖹（创建新图层）按钮，创建新图层。在工具栏上选择 ◯（椭圆选框工具），绘制正圆图形并使用黑色渐变色进行填充。复制渐变色正圆图形，在菜单栏上执行【滤镜】>【扭曲】>【切变】命令，调整复制图形形状，使其形成短背心的褶皱效果，如图 12.349 所示。

Step 10 在【图层】面板上单击 ▣（添加图层蒙版）按钮，使用 ✏（画笔工具）在衔接处进行涂抹，使背心的各个部分衔接，合并所有背心图层。根据光源的方向，在工具栏上分别选择 🔍（减淡工具）和 ✍（加深工具）进行调整，进一步加强短背心的立体效果，如图 12.350 所示。

图 12.349　绘制胸部和褶皱

图 12.350　使各个部分衔接

Step 11 在菜单栏上执行【滤镜】>【滤镜库】命令，选择【纹理】类型中的【纹理化】滤镜，将【纹理】设置为【砂岩】，调整纹理参数，满意后单击【确定】按钮，如图 12.351 所示。此时观察到短背心出现了无光绒面的质感，如图 12.352 所示。

Step 12 使用肤色球体排列出手的形状，如图 12.353 所示。在【图层】面板上单击 ▣（添加图层蒙版）按钮，使用 ✐（画笔工具）在手的各个部分衔接处进行涂抹，最后效果如图 12.354 所示。

> **提示：** 劳拉是双手握枪的女中豪杰，在绘制手的时候要注意握枪时手部的部分区域会被枪遮挡住。

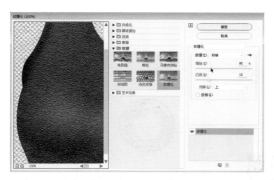

图 12.351 【纹理化】对话框

图 12.352 短背心的质感效果

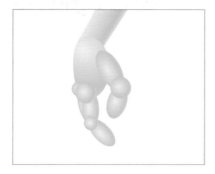

图 12.353 排列出手的形状

图 12.354 使手的各个部分衔接

Step 13 使用同样的方法制作出另一只手，效果如图 12.355 所示。这样，人物的上半身就基本绘制完成了，如图 12.356 所示。

图 12.355 握枪的手部效果

图 12.356 上半身效果

Step 14 在【图层】面板上单击 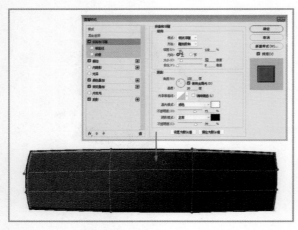 （创建新图层）按钮，创建新图层。在工具栏上选择 ⬚（矩形选框工具），绘制矩形图形，将其填充为褐色。打开【样式】面板，为矩形添加【深灰色反转】样式，并叠加纹理效果，使用【变形】命令调整形状，如图 12.357 所示。

Step 15 在【图层】面板上单击 ⬚ （创建新图层）按钮，创建新图层。在工具栏上选择 ◌（椭圆选框工具），绘制环形并填充为深灰色，在【样式】面板中为其添加【黑色电镀金属】样式，这样就制作出了腰带的金属扣眼，如图 12.358 所示。

图 12.357　制作出腰带质感

图 12.358　制作出金属扣眼

Step 16 在【图层】面板上单击 ⬚ （创建新图层）按钮，创建新图层。在工具栏上选择 ▢（圆角矩形工具），绘制出圆角矩形并将路径转化为选区，填充为灰色。打开【样式】面板，为其添加【光面铬合金】样式，如图 12.359 所示。

Step 17 在【图层】面板上单击 ⬚ （创建新图层）按钮，创建新图层。在工具栏中选择 ⌘（自定形状工具），在该工具选项栏上打开【自定形状拾色器】面板，选择【爪印】形状，拖动鼠标绘制路径后将其转化为选区，在【样式】面板中为其添加【黑色电镀金属】样式，如图 12.360 所示。

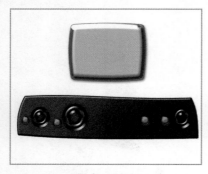

图 12.359　制作金属带扣

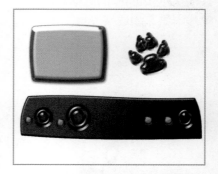

图 12.360　制作带扣上的图案

Step 18 在菜单栏上执行【图像】>【调整】>【色彩平衡】命令，调整腰带的颜色，使其呈现出深褐色。在工具栏中分别选择 🔍 （减淡工具）和 🔎 （加深工具），进一步调整加强立体感，如图 12.361 所示。

Step 19 在菜单栏上执行【编辑】>【自由变换】命令，调整腰带的大小，并将其移动到合适的位置，效果满意后将所有腰带图层拼合，如图 12.362 所示。

图 12.361　制作腰带的两部分

图 12.362　腰带的效果

12.8.6　制作短裤和下肢

Step 01 在【图层】面板上单击 🔲 （创建新图层）按钮，创建新图层，将其命名为"短裤"。

Step 02 在工具栏中选择 🖊 （钢笔工具），在视图中绘制短裤轮廓的路径，如图 12.363 所示。单击鼠标右键，将短裤轮廓路径转化为选区，使用深灰色填充选区，如图 12.364 所示。

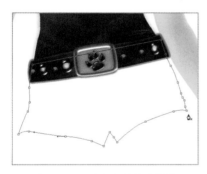

图 12.363　绘制短裤轮廓路径

图 12.364　转化选区并填充颜色

Step 03 复制黑色球体并将其压扁，在菜单栏上执行【滤镜】>【扭曲】>【切变】命令进行变形，制作短裤上的褶皱，如图 12.365 所示。

Step 04 在【图层】面板上单击 🔲 （添加图层蒙版）按钮，使用 🖌 （画笔工具）在衔接处进行涂抹，制作出柔和的纹理效果。在工具栏中分别选择 🔍 （减淡工具）和 🔎 （加深工具），进一步制作出立体感，如图 12.366 所示。效果满意后合并所有短裤图层。

Step 05 在【图层】面板上单击 🔲 （创建新图层）按钮，创建新图层，将其命名为"腿部"。

图 12.365　绘制短裤的褶皱

图 12.366　调整短裤的褶皱效果

Step 06 在工具栏中选择 ⬚（矩形选框工具），在视图中建立矩形选区，并将其填充为肤色，如图 12.367 所示。

Step 07 在菜单栏上执行【编辑】>【自由变换】命令，调整矩形图形的大小和位置。在选项栏中按下 🔲（变形模式）按钮，切换到变形模式，根据底稿仔细调整图形的形状，最后效果如图 12.368 所示。

图 12.367　建立矩形选区

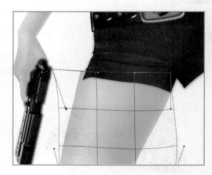

图 12.368　人物腿部的效果

Step 08 使用同样的方法制作人物另一侧的腿，如图 12.369 所示。在工具栏中分别选择 🔍（减淡工具）和 ✋（加深工具）进行调整，进一步加强腿部图形的立体效果，如图 12.370 所示。

图 12.369　制作出另一侧的腿

图 12.370　加强人物腿部的立体效果

Step 09 在【图层】面板上单击 🔲（创建新图层）按钮，创建新图层。在工具栏中选择 🔲（矩形选框工具），在视图中建立矩形选区，并填充为褐色。

Step 10 为矩形图形添加图层样式，在菜单栏上执行【编辑】>【自由变换】命令和【编辑】>【变换】>【变形】命令，调整矩形图形的大小和形状，使其形成绑在腿上的枪套皮带，如图 12.371 所示。使用"几何拼图法"制作出枪套，如图 12.372 所示。

图 12.371　制作出枪套皮带

图 12.372　制作出枪套

Step 11 将所有人物图层拼合，进行整体调整。导入一幅图像作为背景，然后将所有图层拼合。本例的最终效果如图 12.373 所示。

图 12.373　手绘人物的最终效果

12.9　手绘轿车

实例简介

本例通过绘制轿车，讲述使用 Photoshop 绘制较复杂的静物的方法。

实例效果

本例的最终效果如图 12.374 所示。

图 12.374　手绘轿车的最终效果

操作步骤

12.9.1　绘制轿车主体

Step 01 在菜单栏上执行【文件】>【新建】命令，创建一幅 1500×900（像素）的图像。在工具栏中选择 ⟋（钢笔工具）绘制轿车的轮廓，如图 12.375 所示。

Step 02 在工具栏中选择 ▢（渐变工具），在该工具的选项栏上单击渐变色示意窗，打开【渐变编辑器】对话框，设置渐变色效果，如图 12.376 所示。

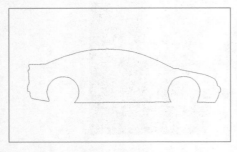

图 12.375　绘制轿车轮廓图

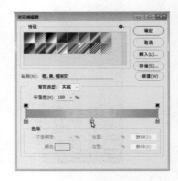

图 12.376　设置渐变色

Step 03 在【图层】面板上单击 ◰（创建新图层）按钮，创建一个新图层。将图像中的路径转化为选区，使用 ▢（渐变工具）对选区进行线性填充，效果如图 12.377 所示。

Step 04 在工具栏中选择 ⟋（钢笔工具）绘制轿车侧面车窗、车灯的轮廓，如图 12.378 所示。

Step 05 在工具栏中选择 ▢（渐变工具），在该工具的选项栏上单击渐变色示意窗，打开【渐变编辑器】对话框，设置渐变色效果，如图 12.379 所示。

Step 06 在【图层】面板上单击 🔲（创建新图层）按钮，创建一个新图层。将图像中的路径图形转化为选区，使用 🔲（渐变工具）对选区进行线性填充，再次创建新图层，在车窗、车灯的选区内填充灰色，效果如图 12.380 所示。

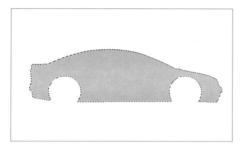

图 12.377　使用渐变色填充选区

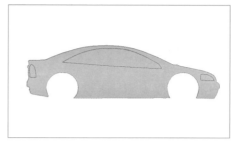

图 12.378　绘制车窗、车灯轮廓

图 12.379　设置渐变色效果

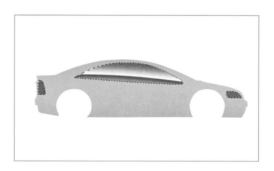

图 12.380　在车窗、车灯选区填充颜色

Step 07 在【图层】面板上选择车窗所在的图层，在菜单栏上执行【图像】>【调整】>【亮度/对比度】命令，打开【亮度/对比度】对话框，拖动调节滑块，调整车窗的亮度和对比度，效果如图 12.381 所示。

Step 08 在【图层】面板中单击 🔲（创建新图层）按钮，创建新图层。在新图层中使用同样的方法绘制并调整轿车的前、后车窗，效果如图 12.382 所示。

图 12.381　调整车窗的亮度和对比度

图 12.382　调整轿车的前、后车窗效果

Step 09 在【图层】面板上单击 🔲（创建新图层）按钮，创建新图层。在前车窗玻璃处使用白色绘制椭圆形图案，使用【自由变换】命令将其变形，效果如图 12.383 所示。

Step 10 在菜单栏上执行【滤镜】>【模糊】>【高斯模糊】命令，打开【高斯模糊】对话框，拖动调节滑块，使白色图形模糊，形成车玻璃的高光效果，如图 12.384 所示。

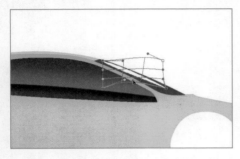

图 12.383　绘制前车窗玻璃的高光区域

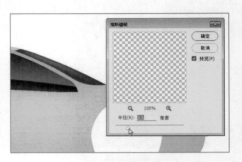

图 12.384　设置高光区域的模糊效果

12.9.2　绘制车窗的边框

Step 01 打开【路径】面板，将侧面玻璃轮廓的路径曲线显示出来。使用 （钢笔工具）绘制一条比侧面玻璃轮廓稍小的路径，单击鼠标右键，在弹出的快捷菜单中选择【建立选区】命令，将路径曲线转化为选区，如图 12.385 所示。

Step 02 使用同样的方法在图像中添加车窗的边框选区，创建一个新图层，在选区内填充灰色，如图 12.386 所示。

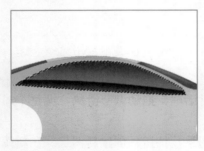

图 12.385　将绘制的路径曲线转化为选区

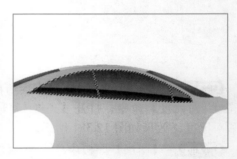

图 12.386　绘制车窗的边框选区并填充颜色

Step 03 在【图层】面板下方单击 （添加图层样式）按钮，打开【图层样式】对话框，设置参数，如图 12.387 所示。观察到车窗的边框产生了厚度感。

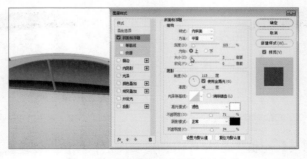

图 12.387　设置车窗边框的立体效果

Photoshop CC

Step 04 将车窗边框的上边框选择并复制到新的图层，向上轻移，使用【亮度 / 对比度】命令进行调整，效果如图 12.388 所示。

Step 05 在【图层】面板上单击 （创建新图层）按钮，创建新图层。在新图层中绘制一些黑色的长条，如图 12.389 所示。

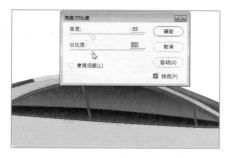

图 12.388　复制并调整上边框效果

图 12.389　绘制黑色长条图形

Step 06 在【图层】面板下方单击 （添加图层样式）按钮，打开【图层样式】对话框，为黑色的线条添加浮雕效果。将该图层排列在窗框图层之下，并降低该图层的不透明度，此时图形效果如图 12.390 所示。

图 12.390　调整图层顺序后的效果

12.9.3　绘制车身棱线及车门把手

Step 01 为了更好地把握汽车的明暗、色调，现在为图像添加灰色的渐变色背景。在【图层】面板上选择【背景】图层，在工具栏上选择 （渐变工具），设置背景色为深灰至淡灰的渐变效果，如图 12.391 所示。

Step 02 选择车身的轮廓图层，在工具栏中选择 （钢笔工具），绘制如图 12.392 所示的路径曲线。

图 12.391　设置背景色

图 12.392　绘制路径曲线

Step 03 单击鼠标右键，弹出快捷菜单后选择【建立选区】命令，将路径曲线转化为选区。将选区中的图像复制到新图层。在【图层】面板下方单击 fx.（添加图层样式）按钮，打开【图层样式】对话框，设置参数，如图 12.393 所示。

Step 04 选择车身轮廓图层，在工具栏中选择 ∅（钢笔工具），绘制如图 12.394 所示的路径曲线。

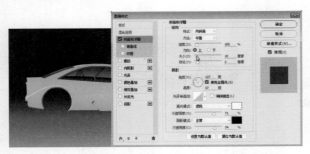

图 12.393 设置【图层样式】对话框

图 12.394 绘制路径曲线

Step 05 单击鼠标右键，弹出快捷菜单后选择【建立选区】命令，将路径曲线转化为选区。在工具栏中选择 ◔（加深工具），在选区的上半部分拖动鼠标；在工具栏中选择 ◕（减淡工具），在选区的下半部分拖动鼠标，如图 12.395 所示。取消选择，此时的图像效果如图 12.396 所示。

图 12.395 使用加深、减淡工具进行调整

图 12.396 调整后的图形产生立体效果

Step 06 在【图层】面板上单击 ◻（创建新图层）按钮，创建新图层。在工具栏中选择 ∅（钢笔工具），在图像中绘制车身接缝的路径曲线。单击鼠标右键，在弹出的快捷菜单中选择【描边路径】命令，使用 1 像素的黑色对路径曲线进行描边。

Step 07 在【图层】面板上单击 ◻（创建新图层）按钮，创建新图层。单击鼠标右键，在弹出的快捷菜单中选择【描边路径】命令，使用 1 像素的白色对路径曲线进行描边。将白色线条图层排列在黑色线条图层之下，分别调整这两个图层的不透明度，使其形成车身的接缝线效果，如图 12.397 所示。

Step 08 在工具栏中选择 ∅（钢笔工具），在图像中绘制车门把手的路径曲线，如图 12.398 所示。

Step 09 单击鼠标右键，弹出快捷菜单后选择【建立选区】命令，将路径曲线转化为选区。将选区中的图像复制到新的图层，在【图层】面板下方单击 fx.（添加图层样式）

按钮，打开【图层样式】对话框，为车把手的轮廓添加浮雕效果，如图 12.399 所示。

图 12.397　制作车身的接缝效果

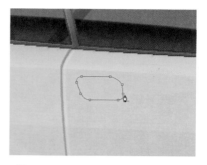

图 12.398　绘制车门把手的路径曲线

Step 10 在工具栏中选择 （多边形套索工具），在车门把手处建立选区。在工具栏中选择 （加深工具），在选区上部拖动鼠标，使颜色加深；在工具栏中选择 （减淡工具），在选区下部拖动鼠标，使颜色减淡，最后效果如图 12.400 所示。

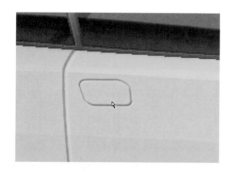

图 12.399　为车把手设置浮雕效果

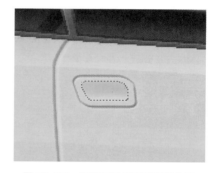

图 12.400　设置车门把手的渐变效果

Step 11 单击鼠标右键，在弹出的快捷菜单中选择【描边】命令，使用灰色对选区边缘进行描边，效果如图 12.401 所示。

Step 12 在【图层】面板上单击 （创建新图层）按钮，创建新图层。在工具栏中选择 （钢笔工具），继续绘制门把手的路径轮廓。单击鼠标右键，在弹出的快捷菜单中选择【建立选区】命令，将路径曲线转化为选区，如图 12.402 所示。

图 12.401　使用灰色描边选区

图 12.402　将路径曲线转化为选区

Step 13 在工具栏中选择■（渐变工具），在选项栏上单击渐变色示意窗，打开【渐变编辑器】对话框，设置渐变色效果，如图 12.403 所示。

Step 14 在选区内从上至下拖动鼠标，观察到渐变色被填充在选区内，效果如图 12.404 所示。

图 12.403　设置渐变色效果

图 12.404　填充渐变色后的效果

Step 15 在【图层】面板上选择汽车轮廓图层，在工具栏中选择[::]（矩形选框工具），选择汽车下部，在菜单栏上执行【选择】>【修改】>【羽化】命令，设置【羽化半径】为 180 像素。在菜单栏上执行【图像】>【调整】>【亮度/对比度】命令，打开【亮度/对比度】对话框，将选区内的图像降低亮度，效果如图 12.405 所示。

Step 16 在菜单栏上执行【选择】>【取消选择】命令，取消图像中的选区。此时图像的效果如图 12.406 所示。

图 12.405　调整图像的亮度、对比度

图 12.406　取消选择后的图像效果

12.9.4　绘制轮胎

Step 01 现在绘制轮胎。在【图层】面板上将【背景】图层之外的其他图层隐藏。在【图层】面板上单击 回（创建新图层）按钮，创建新图层。在工具栏中选择 ○（椭圆选框工具），绘制灰色圆环，如图 12.407 所示。

Step 02 在【图层】面板下方单击 fx.（添加图层样式）按钮，打开【图层样式】对话框，设置参数，如图 12.408 所示。

Step 03 在【图层】面板上单击 回（创建新图层）按钮，创建新图层。在工具栏中选择 ♪（钢笔工具）绘制梯形图案，并使用浅灰色填充路径，如图 12.409 所示。复制梯形图形并将其垂直翻转，效果如图 12.410 所示。

图 12.407　绘制灰色圆环

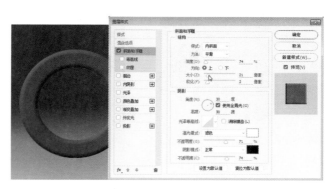

图 12.408　设置图层样式

图 12.409　绘制并填充梯形路径

图 12.410　复制并垂直翻转梯形

Step 04 合并两个灰色梯形图层，将合并后的图形复制并旋转 90 度，继续执行复制并旋转的操作，可得到如图 12.411、图 12.412 所示的图案效果。

图 12.411　复制并旋转合并后的图形

图 12.412　最后的图形效果

Step 05 在工具栏中选择 ◯ （椭圆选框工具），使用浅灰色绘制圆环和稍小一些的圆，并将其移动至合适的位置，这样就形成了轮毂的大体形状，如图 12.413 所示。

Step 06 在【图层】面板下方单击 fx. （添加图层样式）按钮，打开【图层样式】对话框，设置参数，如图 12.414 所示。使灰色的图案产生浮雕效果。

Step 07 在【图层】面板上单击 □ （创建新图层）按钮，创建新图层。在工具栏中选择 ✿ （自定义形状工具），绘制如图 12.415 所示的路径曲线。

图 12.413　制作轮毂的大体形状

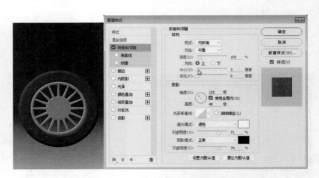

图 12.414　设置轮毂的浮雕效果

Step 08 单击鼠标右键，在弹出的快捷菜单中选择【建立选区】命令，将路径曲线转化为选区，使用灰色进行填充。在【图层】面板下方单击 fx.（添加图层样式）按钮，打开【图层样式】对话框，设置浮雕效果后如图 12.416 所示。

图 12.415　绘制自定义图形路径曲线

图 12.416　为自定义图形添加浮雕效果

Step 09 在菜单栏上执行【图像】>【调整】>【色彩平衡】命令，将轮毂图案的上半部分向黄色调节，将图案的下半部分向青色调节。在工具栏中分别选择 ◔（加深工具）、 ✐（减淡工具）对图案的局部进行调整，如图 12.417 所示。

Step 10 使用上面介绍的方法绘制刹车盘及刹车钳子，并将其排列在轮毂图层之下，效果如图 12.418 所示。

图 12.417　调整轮毂立体效果

图 12.418　车轮的最后效果

Photoshop CC

12.9.5　绘制车灯

Step 01 在【图层】面板上显示所有图层。在工具栏中选择 ✐（钢笔工具），绘制车灯的轮廓路径，如图 12.419 所示。

Step 02 单击鼠标右键，在弹出的快捷菜单中选择【填充路径】命令，使用灰色进行填充。在菜单栏上执行【滤镜】>【纹理】>【拼缀图】命令，使灰色的图案呈现方格拼缀图效果，如图 12.420 所示。

图 12.419　绘制车灯轮廓路径　　　　图 12.420　车灯呈现方格拼缀效果

Step 03 在【图层】面板上单击 ▣（创建新图层）按钮，创建新图层。在工具栏中选择 ✐（画笔工具），使用白色绘制车灯的高光区域，如图 12.421 所示。

Step 04 在工具栏中选择 ✐（涂抹工具），设置涂抹的【强度】为 50%，对车灯的高光区域进行涂抹，效果如图 12.422 所示。

图 12.421　绘制车灯高光区域　　　　图 12.422　设置高光区域的模糊效果

Step 05 在【图层】面板上单击 ▣（创建新图层）按钮，创建新图层。在工具栏中选择 ✐（钢笔工具），绘制如图 12.423 所示的路径曲线。

Step 06 单击鼠标右键，在弹出的快捷菜单中选择【建立选区】命令，将路径曲线转化为选区。在工具栏中选择 ✐（颜料桶工具），在选区内填充红色和白色，效果如图 12.424 所示。

Step 07 在工具栏中选择 ✐（画笔工具），使用橙色、黄色、灰色、淡灰色在选区中进行绘制，效果如图 12.425 所示。

图 12.423　绘制路径曲线

图 12.424　在选区内填充颜色

Step 08 在工具栏中选择 🖐 （涂抹工具），设置涂抹的【强度】为 70%，在选择区域内进行涂抹，效果如图 12.426 所示。

图 12.425　使用画笔工具进行绘制

图 12.426　使用涂抹工具后的效果

12.9.6　绘制背景和车灯光晕

Step 01 此时图像的整体效果如图 12.427 所示。为了使图像富有气氛而便于后面的绘制，可以把背景图层绘制得更精致一些。本例在背景图像中绘制了若隐若现的灰色格子，并为图像的上边和下边绘制了黑色和灰色的长条色块，还为图像加入了英文字母和汽车的阴影效果，如图 12.428 所示。

图 12.427　此时汽车图形的整体效果

图 12.428　添加背景图形后的效果

Step 02 复制汽车图层，在菜单栏上执行【编辑】>【自由变换】命令，将复制得

Photoshop CC

到的图层垂直翻转，并降低该图层的不透明度，形成汽车的倒影效果，如图 12.429 所示。

Step 03 现在制作车灯的光晕效果。为了在后面的步骤中可以方便地调整光晕的效果和位置，所以要将光晕绘制在新的图层中。

Step 04 在【图层】面板上单击 ▣（创建新图层）按钮，创建新图层。在新图层中填充黑色。在菜单栏中执行【滤镜】>【渲染】>【镜头光晕】命令，打开【镜头光晕】对话框，单击【确定】按钮，此时图像效果如图 12.430 所示。

图 12.429　制作汽车倒影

图 12.430　设置镜头光晕效果

Step 05 在【图层】面板上，将镜头光晕图层的混合模式设置为【滤色】，观察到光晕变成了透明的效果，如图 12.431 所示。

Step 06 在菜单栏上执行【编辑】>【自由变换】命令，将光晕图像缩小后移动到前车灯的位置。复制光晕图层，将复制图层移动到后车灯的位置，效果如图 12.432 所示。

图 12.431　设置图层的混合模式

图 12.432　调整光晕图形的位置

12.9.7　绘制车身排气口

Step 01 在【图层】面板上选择车身的图层，在工具栏中选择 ✎（钢笔工具），绘制如图 12.433 中所示的路径曲线。

Step 02 单击鼠标右键，在弹出的快捷菜单中选择【建立选区】命令。在菜单栏上执行【图像】>【调整】>【亮度/对比度】命令，打开【亮度/对比度】对话框，拖动调节滑块，降低选区内图像的亮度，如图 12.434 所示。

Step 03 在工具栏中选择选择 ▽（多边形套索工具），在图像中绘制排气口形状的选区，如图 12.435 所示。在工具栏中选择 ◔（加深工具），在选区内拖动鼠标，使选区内的颜色加深，效果如图 12.436 所示。

图 12.433　绘制路径曲线

图 12.434　降低选区内亮度

图 12.435　绘制排气口形状选区

图 12.436　加深选区内颜色

Step 04 在工具栏中选择 ⚲ （多边形套索工具），建立如图 12.437 所示的选区，并使用黑色进行填充。

Step 05 在工具栏中选择 ⚲ （加深工具），在排气口的上半部分拖动鼠标，使其产生明显的阴影效果。在工具栏上选择 🔍 （减淡工具），在排气口的边缘部分拖动鼠标，使其颜色变得明亮一些，效果如图 12.438 所示。

图 12.437　绘制选区并填充黑色

图 12.438　调整排气口的立体效果

Step 06 在【图层】面板上单击 🔲 （创建新图层）按钮，创建新图层。在工具栏中选择 ⚲ （多边形套索工具），在图像中绘制如图 12.439 所示的选区，并使用棕色进行描边。

Step 07 在菜单栏上执行【选择】>【存储选区】命令，对图像中的选区进行保存。取消选择，在菜单栏上执行【滤镜】>【模糊】>【高斯模糊】命令，对棕色图形进行模糊处理。

Step 08 在菜单栏上执行【选择】>【载入选区】命令，载入上一步骤中所保存的选区。

将选择区域以外的棕色删除。使用 █ （橡皮擦工具）在选择区域的下部进行拖动，使其产生透明效果，如图 12.440 所示。将该图层与车身图层进行合并。

图 12.439 绘制选区并进行描边

图 12.440 删除多余的图形区域

Step 09 在工具栏中选择 █ （加深工具），在选区的边缘处拖动鼠标，使阴影效果更加明显。取消选择，此时图形效果如图 12.441 所示。

Step 10 在工具栏中选择 █ （多边形套索工具），在图像中建立长条选区，如图 12.442 所示。单击鼠标右键，在弹出的快捷菜单中选择【通过拷贝的图层】命令，将选区内的图像复制到新的图层。

图 12.441 进一步加深阴影效果

图 12.442 建立长条选区

Step 11 在【图层】面板下方单击 █ （添加图层样式）按钮，打开【图层样式】对话框，设置参数，如图 12.443 所示，观察到图层中的长条图案形成了一条凹槽的浮雕效果。

Step 12 使用同样的方法在该凹槽的下方再制作一条凹槽，如图 12.444 所示。将两个凹槽图层与车身图层合并。

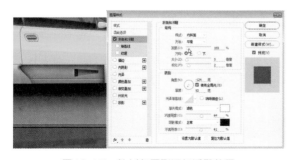

图 12.443 为长条图形添加浮雕效果

图 12.444 车身排气口的最终效果

Step 13 使用该小节介绍的方法还可以绘制车身上其他的孔洞和凹槽效果，如图 12.445 所示。由于绘制方法类似，这里不再赘述。

图 12.445　制作车身上的其他凹槽

12.9.8　车身局部换颜色和贴图

Step 01 将组成车身的所有图层合并。在工具栏中选择 ✐（钢笔工具），绘制如图 12.446 所示的路径曲线。

Step 02 单击鼠标右键，在弹出的快捷菜单中选择【建立选区】命令，将路径曲线转化为选区。在菜单栏上执行【图像】>【调整】>【色相/饱和度】命令，在弹出的【色相/饱和度】对话框中拖动色相调节滑块，将选区内的车身图像改变为蓝色，效果如图 12.447 所示。

图 12.446　绘制路径曲线

图 12.447　调整选区内图形颜色

Step 03 使用同样的方法，在汽车的其他局部建立选区并改变颜色，效果如图 12.448 所示。

Step 04 在【图层】面板上单击 🗋（创建新图层）按钮，创建新图层。在新图层中绘制图标，如图 12.449 所示。

Step 05 在菜单栏上执行【编辑】>【自由变换】命令，将该图标缩小并移动到适当的位置，如图 12.450 所示。在【图层】面板上，将该图层的混合模式设置为【线形光】，并将其【不透明度】设置为 80%。

Step 06 在工具栏中选择 Ｔ（横排文字工具），输入轮胎上的英文字母。在文字图层上单击鼠标右键，弹出快捷菜单后选择【栅格化文字】命令，将文字转化为图形。
在菜单栏上执行【编辑】>【变换】>【旋转 180 度】命令，将文字图形旋转 180 度，
效果如图 12.451 所示。

图 12.448　调整汽车其他区域的颜色

图 12.449　创建新图层并绘制图标

图 12.450　调整图标图形的位置

图 12.451　调整文字图形位置

Step 07 在图像中建立矩形选区，如图 12.452 所示。在菜单栏上执行【滤镜】>【扭
曲】>【极坐标】命令，打开【极坐标】对话框，选中【平面坐标到极坐标】单选按钮，
单击【确定】按钮。观察到横排文字被扭曲为圆环状。

Step 08 在菜单栏上执行【编辑】>【自由变换】命令，将文字圆环放置在轮胎上，
并调整其大小和位置，如图 12.453 所示。

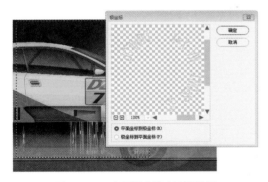

图 12.452　在图像中建立矩形选区

图 12.453　调整文字圆环的位置

Step 09 使用该小节介绍的方法还可以在车身上绘制其他图案，由于绘制方法类同，
这里不再赘述。仔细调整各图层的色调及对比度使画面协调，拼合图像。这样，这一

幅华丽的轿车图像就绘制完成了，最终效果如图 12.454 所示。

图 12.454　手绘轿车图像的最终效果

12.10　手绘古装仕女

实例简介

本例通过绘制古装仕女，讲述使用 Photoshop 绘制人物的方法。

实例效果

本例的最终效果如图 12.455 所示。

图 12.455　手绘古装仕女的最终效果

操作步骤

12.10.1 绘制草稿

Step 01 启动 Photoshop，打开本书配套资源中【素材】>【第12章】中的"侍女背景.jpg"图像文件，作为本例手绘作品的背景图层。在工具栏中选择 ⬙（钢笔工具），绘制人物身体各部位的大致轮廓曲线，如图 12.456 所示。

Step 02 在【图层】面板上单击 ▣（创建新图层）按钮，创建新图层。在左手臂的路径曲线内填充皮肤的颜色。再次创建新图层，在身体躯干的路径轮廓内填充皮肤的颜色。这样，依次在右手臂、颈、头的路径曲线内填充皮肤的颜色，并使它们置于不同的图层。

Step 03 在【图层】面板下方单击 ⨍.（添加图层样式）按钮，打开【图层样式】对话框，为各图层添加【内阴影】效果。此时图像效果如图 12.457 所示。

图 12.456 人物身体的大致轮廓曲线

图 12.457 添加内阴影后的图像效果

Step 04 在【图层】面板上单击 ▣（创建新图层）按钮，创建新图层。在工具栏中选择 ⬙（钢笔工具），绘制围胸、下裙的轮廓曲线，如图 12.458 所示。

Step 05 在工具栏中选择 ▸（路径选择工具），选择绘制的围胸、下裙轮廓曲线，单击鼠标右键，在弹出的快捷菜单中选择【填充路径】命令，使用粉色进行填充，效果如图 12.459 所示。

图 12.458 绘制围胸、下裙的轮廓曲线

图 12.459 填充颜色后的图形效果

Step 06 单击鼠标右键，在弹出的快捷菜单中选择【建立选区】命令，将路径曲线转化为选区。在工具栏中选择 ✍ （画笔工具），使用较浅和较深的颜色绘制衣服大致的纹理，如图 12.460 所示。

Step 07 在工具栏中选择 ✍ （涂抹工具），在选项栏中将【强度】设置为 50%，在衣服区域内进行涂抹操作，使衣服的纹理看上去更自然，如图 12.461 所示。

图 12.460　绘制衣服大致的纹理

图 12.461　涂抹后的衣服效果

Step 08 在【图层】面板上单击 ▣ （创建新图层）按钮，创建新图层。在新图层中绘制团扇的大体样子，如图 12.462 所示。打开本书配套资源中【素材】>【第 12 章】>中的"扇面.jpg"图像文件，如图 12.463 所示。

图 12.462　绘制团扇的大体样子

图 12.463　导入素材中的扇面图形

Step 09 在工具栏中选择 ◯ （椭圆选框工具），选择扇面图像中的圆形区域，使用 ✛ （移动工具）将其拖动到仕女图像中。在菜单栏中执行【编辑】>【自由变换】命令，调整扇面的大小，将其移动到团扇合适的位置，如图 12.464 所示。

Step 10 合并扇面图层与团扇图层。在菜单栏上执行【编辑】>【变换】>【扭曲】命令，拖动变换框四角的调节手柄使团扇变形，如图 12.465 所示。

图 12.464 调整扇面的大小和位置

图 12.465 调整团扇的位置和形状

12.10.2 绘制头发

Step 01 在工具栏中选择 （钢笔工具），在图像中绘制发型的大体样子和头发的大体走向，为了更好地预览到人物头部的最终效果，要同时绘出五官的大体形状。如图 12.466 所示。

Step 02 在【图层】面板上单击 （创建新图层）按钮，创建新图层。在工具栏中选择 （直接选择工具），选择头顶的路径曲线，单击鼠标右键，在弹出的快捷菜单中选择【描边子路进】命令。

Step 03 再次创建新图层，选择鬓部的路径曲线对其进行描边。使用同样的方法依次对各部位的路径线条进行描边，并使不同部位的线条分布在不同的图层。图像效果如图 12.467 所示。

图 12.466 绘制发型的轮廓路径

图 12.467 描边后的发型效果

Step 04 在工具栏中选择 （画笔工具），在选项栏中设置笔刷，如图 12.468 所示。根据头发线条所在的图层，使用深棕色和浅棕色对头发进行填色，在工具栏中选择 （涂抹工具），修整色块的形状，效果如图 12.469 所示。

Step 05 在工具栏中选择 （钢笔工具），继续绘制面部五官，使其形状和位置更精确一些，效果如图 12.470 所示。

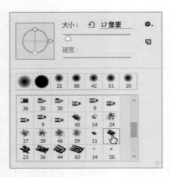

图 12.468　设置画笔效果

图 12.469　头发的初步效果

Step 06 在【图层】面板上单击 🔲（创建新图层）按钮，创建新图层。在工具栏中选择 ✒（钢笔工具），绘制前面头发的路径线条，如图 12.471 所示。

图 12.470　继续绘制五官

图 12.471　绘制前面头发的路径

> **说明：** 为了便于观察头发效果是否与画面协调，可以先绘制面部五官的大致样子。采用对路径进行描边的方法即可得到面部五官的草图。操作的时候要注意将五官分别绘制在不同的图层，便于在后面的步骤中分别仔细刻画。

Step 07 单击鼠标右键，在弹出的快捷菜单中选择【描边路径】命令，使用棕色进行描边，得到数根头发丝的图像。在工具栏中选择 🖎（加深工具）和 🔍（减淡工具），调整头发丝线条颜色的明暗度。

Step 08 复制头发丝图层，在菜单栏上执行【编辑】>【自由变换】命令，变换新图层中线条的形状并调整其位置。将多个头发丝的图层合并，在工具栏中选择 🖎（加深工具）和 🔍（减淡工具），调整头发丝的明暗度。效果如图 12.472 所示。

Step 09 在【图层】面板上单击 🔲（创建新图层）按钮，创建新图层。在工具栏中选择 ✒（钢笔工具），绘制鬓部头发的路径线条，如图 12.473 所示。

Step 10 对路径进行描边后，在工具栏中选择 🖎（加深工具）和 🔍（减淡工具），调整头发丝线条颜色的明暗度。再次创建新图层，根据图像的具体需要添加新的路径线条并描边，得到如图 12.474 所示的鬓部的头发效果。

图 12.472　制作一缕一缕的头发丝效果

图 12.473　绘制鬓部头发的路径线条

Step 11 继续使用上述步骤中介绍的方法绘制其他部位的头发，如图 12.475 所示。注意在绘制的时候要注意将不同部位的头发绘制在不同的图层，便于在后面的步骤中分别调整效果。

图 12.474　鬓部的头发效果

图 12.475　绘制其他部位的头发

12.10.3　绘制脸庞

Step 01 在【图层】面板上单击 （创建新图层）按钮，新建一个图层，将其命名为"颜色"。仔细设置面部的高光部、受光部和暗部的颜色。选择人物面部所在的图层，在工具栏中选择 （画笔工具）进行绘制，使脸庞产生立体效果，如图 12.476 所示。

> 说明：如果对面部颜色的设置没有把握，可以寻找一张色彩表现出色的人物图片，使用 （吸管工具）提取图片上面部各区域的颜色。

Step 02 在工具栏中选择 （涂抹工具），在选项栏中将【力度】设置为 30%，在人物的面部区域进行涂抹操作。调整颜色的位置和效果，使面部的颜色相互融合，立体效果进一步增强，如图 12.477 所示。

Step 03 在适当的区域建立带有羽化效果的选区，在菜单栏上执行【滤镜】>【模糊】>【高斯模糊】命令，使颜色变得更加均匀，效果如图 12.478 所示。

图 12.476　设置脸部的立体效果

图 12.477　使面部的颜色相互融合

Step 04 观察到此时颜色虽然变得更加均匀，但面部的细节部位同时也会变得模糊不清。在工具栏中选择 ⊘（钢笔工具），在需要有明显分界线的位置绘制路径曲线，例如在鼻孔处绘制路径曲线，如图 12.479 所示。

Step 05 将绘制好的路径曲线转化为选区，在工具栏中选择 ⊘（涂抹工具），在选区内进行涂抹操作，将选区隐藏，观察到鼻孔区域有了明显的分界线，如图 12.480 所示。

图 12.478　颜色变得更加均匀

图 12.479　在鼻孔处绘制路径

12.10.4　绘制眼睛

Step 01 在【图层】面板上激活眼睛所在的图层，在该图层的上方创建一个新的图层。在工具栏中选择 ⊘（钢笔工具），仔细绘制眼睛的形状，如图 12.481 所示。

图 12.480　鼻孔区域出现明显的分界线

图 12.481　绘制眼睛的形状路径

Step 02 在路径曲线内填充深棕色。复制该图层。单击原图层，在工具栏中选择 ✒

（画笔工具），绘制深棕色的眼角膜和淡灰色的巩膜。

Step 03 在工具栏中选择 （加深工具），在眼角膜中部拖动鼠标，形成瞳孔的效果；在工具栏中选择 （减淡工具），在眼角膜下部拖动鼠标，形成高光效果。在工具栏中选择 （涂抹工具），在眼线区域进行涂抹形成眼影，效果如图 12.482 所示。

Step 04 在【图层】面板上单击 （创建新图层）按钮，创建新图层。在工具栏中选择 （画笔工具），绘制一根眼睫毛的图像，将该眼睫毛图像多次复制，将复制得到的眼睫毛图像使用【自由变换】命令调整大小后排列在眼线周围，如图 12.483 所示。

图 12.482　绘制眼睛图形

图 12.483　绘制眼睫毛图形

Step 05 在工具栏中选择 （涂抹工具），在选项栏中将笔刷设置为【滴溅】类型，在睫毛区域拖动鼠标，得到毛茸茸的睫毛效果，如图 12.484 所示。

Step 06 使用同样的方法绘制另一只眼睛，效果如图 12.485 所示。

图 12.484　设置眼睫毛的自然效果

图 12.485　绘制另一只眼睛图形

12.10.5　绘制嘴唇

Step 01 在【图层】面板上单击 （创建新图层）按钮，创建新图层。在工具栏中选择 （钢笔工具），仔细绘制嘴唇的轮廓，如图 12.486 所示。

Step 02 单击鼠标右键，在弹出的快捷菜单中选择【建立选区】命令，将路径曲线转化为选区。在工具栏中选择 （画笔工具），使用深红色和桃红色对选区进行填充。

Step 03 在工具栏中选择 （涂抹工具），对嘴唇区域的颜色进行涂抹，使颜色相互融合，效果如图 12.487 所示。

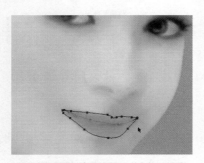

图 12.486　绘制嘴唇的轮廓路径

图 12.487　涂抹后的嘴唇图形效果

Step 04 在工具栏中选择 🔍（减淡工具），在选区中拖动鼠标，使下嘴唇的一些局部颜色变淡形成高光点。在工具栏中选择 👆（涂抹工具），将该工具的笔刷设置为【滴溅】类型，在嘴唇区域进行涂抹，形成嘴唇的纹理效果，如图 12.488 所示。

Step 05 在工具栏中选择 👆（多边形套索工具），选择唇缝区域，设置【羽化半径】为 2，在菜单栏上执行【图像】>【调整】>【亮度 / 对比度】命令，降低亮度，使唇缝的颜色加深。

Step 06 在工具栏中选择 👆（多边形套索工具），选择嘴唇上部的边缘区域，使用 🔍（减淡工具）进行涂抹，使嘴唇显得更有棱角感，如图 12.489 所示。

图 12.488　设置嘴唇的纹理效果

图 12.489　设置嘴唇的立体效果

12.10.6　绘制眉毛

Step 01 选择眉毛所在的图层，在工具栏中选择 ✒（钢笔工具）绘制眉毛的形状，使用深棕色填充路径。按 Delete 键删除路径，此时图形效果如图 12.490 所示。

Step 02 在工具栏中选择 👆（涂抹工具），在该工具的选项栏中，将笔刷设置为【滴溅】类型。使用鼠标在眉毛区域进行拖动，使其具有初步的立体效果，如图 12.491 所示。

Step 03 在【图层】面板上单击 🔲（创建新图层）按钮，创建新图层。在工具栏中选择 ✏（画笔工具），绘制一根黑色的眉毛的图像。多次复制眉毛图像，使用【自由变换】命令调整复制图形的大小和位置，如图 12.492 所示。

Step 04 在工具栏中选择 👆（涂抹工具），进一步对眉毛进行修饰，得到真实自然的眉毛效果。使用同样的方法绘制左边的眉毛效果，如图 12.493 所示。

图 12.490 绘制并填充眉毛路径

图 12.491 设置眉毛初步的立体效果

图 12.492 调整眉毛图形的效果

图 12.493 眉毛的最终图形效果

12.10.7 绘制耳朵

Step 01 选择耳朵所在的图层，在工具栏中选择 ⬚（钢笔工具），绘制耳朵外部轮廓的形状，如图 12.494 所示。

Step 02 单击鼠标右键，将路径曲线转化为选区。在工具栏中选择 ⬚（涂抹工具），在选区的边缘向外涂抹，删除选区以外的图形。观察到耳朵具有了准确的形状和明显的边界。在工具栏中选择 ⬚（钢笔工具），绘制耳朵的结构轮廓，如图 12.495 所示。

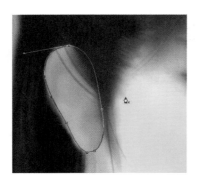

图 12.494 绘制耳朵外轮廓路径

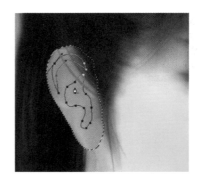

图 12.495 绘制耳朵的结构轮廓

Step 03 单击鼠标右键，将路径曲线转化为选区。在工具栏中选择 ⬚（画笔工具），在选区内填充棕色。在工具栏中选择 ⬚（加深工具）和 ⬚（减淡工具），调整棕色的明暗效果，如图 12.496 所示。

Step 04 取消图像中的选区。在工具栏中选择 🖐 （涂抹工具），在耳朵区域修整色块的位置并使颜色融合。在工具栏中选择 ⊙（加深工具）和 🔍 （减淡工具），调整耳朵细节部位的明暗，最后效果如图 12.497 所示。

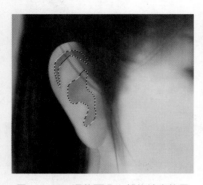

图 12.496　调整耳朵内部的轮廓效果

图 12.497　耳朵图形的最终效果

12.10.8　绘制面部阴影

Step 01 在【图层】面板上单击 🔲 （创建新图层）按钮，创建新图层。将新图层排列在面部图层的下面。在工具栏中选择 ✎（画笔工具），绘制面部投下的棕色阴影，如图 12.498 所示。

Step 02 在工具栏中选择 🖐 （涂抹工具），在选项栏中将【强度】设置为 30%，在阴影处进行涂抹，修整阴影的形状，使阴影的边缘逐渐变淡，效果如图 12.499 所示。

图 12.498　绘制面部棕色阴影

图 12.499　调整阴影的形状和效果

Step 03 合并阴影图层与面部图层。在工具栏中选择 📐 （多边形套索工具），在阴影的上边缘处建立选区，设置选区的【羽化半径】为 8 像素。在菜单栏上执行【滤镜】>【模糊】>【高斯模糊】命令，将选区中的图像进行适当的模糊处理，使面部边缘和阴影区域的颜色相互融合，如图 12.500 所示。

Step 04 取消选区。在工具栏中选择 ⊙（加深工具），在阴影较淡的区域拖动鼠标，使其效果加强。面部阴影的最终效果如图 12.501 所示。

图 12.500　阴影与面部边缘更加融合　　　　　图 12.501　面部阴影的最终效果

12.10.9　绘制纱衣

Step 01 在【图层】面板上单击 🔲（创建新图层）按钮，创建新图层。将新图层排列在团扇图层之下。在工具栏中选择 ✒（钢笔工具），绘制纱衣轮廓的路径曲线，如图 12.502 所示。

Step 02 单击鼠标右键，在弹出的快捷菜单中选择【填充路径】命令，设置填充的颜色为粉色。按 Delete 键，删除路径曲线，效果如图 12.503 所示。

图 12.502　绘制纱衣的轮廓路径　　　　　图 12.503　填充颜色后的纱衣效果

Step 03 在工具栏中选择 ✋（加深工具）和 🔍（减淡工具），在图像中拖动鼠标绘制衣服的褶皱效果。在工具栏中选择 👆（涂抹工具），进一步调整衣服的褶皱，如图 12.504 所示。

Step 04 在【图层】面板上，将衣服图层的【不透明度】设置为 35%。复制衣服图层，将复制图层的混合模式设置为【滤色】，观察到此时图像呈现出纱衣的半透明效果，如图 12.505 所示。

Step 05 在手臂图层之上创建新图层，在工具栏中选择 ✒（钢笔工具），绘制衣袖轮廓的路径曲线，如图 12.506 所示。使用粉色填充路径。在键盘上按 Delete 键，删除路径曲线，最后效果如图 12.507 所示。

图 12.504　绘制衣服的褶皱效果

图 12.505　设置纱衣的半透明效果

图 12.506　绘制衣袖的路径曲线

图 12.507　填充路径后的图形效果

Step 06 在工具栏中选择 ⬡（钢笔工具），绘制衣袖的褶皱轮廓。将路径曲线转化为选区，在工具栏中选择 ⬡（加深工具）和 ⬡（减淡工具），调整褶皱的明暗效果，如图 12.508 所示。

Step 07 在【图层】面板上，将衣袖图层的【不透明度】设置为 35%。复制衣袖图层，将其混合模式设置为【滤色】。观察到图像呈现出纱质衣袖的半透明效果，如图 12.509 所示。

图 12.508　设置衣袖的褶皱效果

图 12.509　设置衣袖的半透明效果

Step 08 在【图层】面板上单击 🔲（创建新图层）按钮，创建新图层。在工具栏中选择 ✏️（钢笔工具），沿着衣袖褶皱的高光部绘制路径曲线，使用白色对路径进行描边。删除路径曲线，此时图像效果如图 12.510 所示。

Step 09 在菜单栏上执行【滤镜】>【模糊】>【高斯模糊】命令，对白色线条进行模糊处理，处理后的效果如图 12.511 所示。

图 12.510　在高光部绘制白色线条

图 12.511　模糊白色线条后的图像效果

12.10.10　绘制纱衣的绣花

Step 01 创建新图层。在工具栏中选择 ✿（自定义图形工具），将【形状】设置为花的图案，在图像中拖动鼠标绘制花的路径曲线，如图 12.512 所示。

Step 02 使用白色对路径进行填充，使用黄色对路径进行描边。在花心处绘制一个黄色的圆形，最后效果如图 12.513 所示。

图 12.512　绘制花的路径曲线

图 12.513　添加颜色后的效果

Step 03 将花的图层多次复制。在菜单栏上执行【编辑】>【自由变换】命令，在选项栏中单击 🔲（在自由变换和变形模式之间切换）按钮，将每个图层中的图案进行变形处理，效果如图 12.514 所示。

Step 04 按住 Alt 键不放，使用 ✣（移动工具）拖动花的图形，即可在移动的同时将该图案复制。使用这种方法复制图案，并根据衣服的褶皱效果将不同形状的花的图案移动到衣服的各个位置，如图 12.515 所示。

图 12.514　调整复制花图形的形状

图 12.515　复制并调整花图形的位置

Step 05 将所有花图形所在的图层合并。在【图层】面板上将其【不透明度】设置为 60%，效果如图 12.516 所示。

12.10.11　绘制手

Step 01 在【图层】面板上选择手臂所在的图层，在工具栏中选择 ⬦（钢笔工具），仔细绘制手的路径曲线，如图 12.517 所示。

图 12.516　设置花朵图层的半透明效果

图 12.517　绘制手的路径曲线

Step 02 在【图层】面板上单击 ⬦（创建新图层）按钮，创建新图层。使用黑色对路径进行描边作为参考线稿。

Step 03 按 Delete 键，删除路径曲线。选择手臂所在的图层，在工具栏中选择 ✏（画笔工具），根据参考线稿绘制手的颜色。在工具栏中选择 ⬦（涂抹工具）进行修整，效果如图 12.518 所示。

Step 04 在工具栏中选择 ⬦（钢笔工具），在手指处有明显分界线的位置绘制路径曲线。将路径曲线转化为选区，使用 ⬦（涂抹工具）在选区内进行涂抹。将选区隐藏，观察到手指之间出现了明显的分界线，如图 12.519 所示。

> **说明**：如果对手上局部的颜色不满意，可以使用 ⬦（套索工具）在该处建立选区，设置适当的羽化值，使用【色彩平衡】命令调节该处的颜色直至满意。

图 12.518　绘制并修整手的颜色

图 12.519　设置手指间的分界线效果

Step 05 在工具栏中选择 ✎（钢笔工具），绘制指甲的轮廓曲线。使用桃红色填充路径，按 Delete 键，删除路径曲线。在工具栏中选择 ✎（减淡工具），将指甲图形中间区域的亮度提高，使指甲具有弧面的立体效果，如图 12.520 所示。

Step 06 使用同样的方法绘制另一只手，效果如图 12.521 所示。

图 12.520　绘制并设置指甲的立体图形

图 12.521　绘制另一只手后的图形效果

12.10.12　绘制首饰

Step 01 在工具栏中选择 ✿（自定义图形工具），在该工具的【形状】选项栏中选择"蝴蝶""花"等图案，在图像中进行绘制，如图 12.522 所示。

Step 02 在图像中单击鼠标右键，在弹出的快捷菜单中选择【填充路径】命令，使用黑色进行填充。按 Delete 键，删除路径图案，效果如图 12.523 所示。

Step 03 在菜单栏上执行【窗口】>【样式】命令，打开【样式】面板。选择一种样式的图标进行单击，即可为图案添加该样式的效果。本例选择如图 12.524 所示的浮雕效果。

Step 04 将具有浮雕效果的图案进行复制，使用【自由变换】命令调整它们的大小、方向和位置，拼成耳环的图案，如图 12.525 所示。

Step 05 合并耳环图层。在菜单栏上执行【编辑】>【自由变换】命令，将其缩小后并移动到耳垂的位置，如图 12.526 所示。

图 12.522　绘制合适的路径曲线

图 12.523　填充路径后的图形效果

图 12.524　为图形添加浮雕效果

图 12.525　拼接成耳环的形状

Step 06 在菜单栏上执行【图像】>【调整】>【亮度 / 对比度】命令，提高耳环图形的亮度，得到如图 12.527 所示的效果。

图 12.526　调整耳环图形的大小和位置

图 12.527　调整耳环图形的亮度

Step 07 在【图层】面板上单击 🖻（创建新图层）按钮，创建新图层。在工具栏中选择 ⬭（椭圆选框工具），绘制圆形选区。使用白色到粉色的径向渐变进行填充。

Step 08 复制圆形图形，使用【自由变换】命令将其水平放大后形成椭圆图形效果。多次复制圆形图形，使用【自由变换】命令调整其形状和位置，将其拼成发簪的图像，效果如图 12.528 所示。

Step 09 使用上述方法可以继续绘制其他首饰。绘图总是一步一步深入的，电脑绘图的一个好处就是可以反复修改。本例在绘制快要竣工时又根据图像的效果需要，绘制了左肩和脑后的几束头发。头发的绘制方法见本节的第 2 小节。本例还导入了一朵白色的花作为饰品，效果如图 12.529 所示。

图 12.528　制作发簪图形

图 12.529　添加饰品

Step 10 仔细调整各个图层的色调，满意后拼合图像。本例的最终效果如图 12.530 所示。

图 12.530　手绘仕女的最终效果